U0247212

流行体系

[法] 罗兰·巴特 著

Système de la Mode

Roland Barthes

敖军 译

上海人民出版社

序

　　本书作者罗兰·巴特,是位博学、早逝的思想家、法国文学意义分析家,他尝试在本书中将服装分为书写的、意象的以及真实的三种形态。

　　在这本书里,罗兰·巴特应用他在语言学和符号学方面的专门知识,将流行服装杂志视为一种书写的服装语言来分析。将这种书写的服装看作制造意义的系统,也就是制造流行神话的系统。罗兰·巴特的《流行体系》在某种意义上具有相当明确的商业性质,它的功能不仅在于提供一种复制现实的样式,更主要的是把时装视为一种神话来传播。从这个角度来看,罗兰·巴特认为流行服装杂志只是一台制造流行的机器。

　　我个人从事织品服装教育多年,近年来编译了一系列书籍,主要目的是企图为有心在服装这项重要的人类活动里,发展自我、或是发展事业的人,架构一个实用的时装体系。个人的时装体系是一个时装运作的体系,它说明的是随着时间永无止境变动着的服装。这个时装体系试图以三种层次来架构:

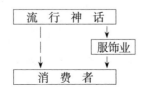

最高的层次，可称之为流行神话，这个层次将服装转移成为演说，传递的不是服装本身而是信息，也就是流行信息。居中的层次，是供应服装产品的整体服饰业。在地平线的层次，则是服装、时装产品消费者所在的社会层次。

各种流行神话以伪装或者不伪装的方式调节、玩弄着社会价值与人们的记忆。消费者处在这种服装的社会心理情境中，自觉或非自觉地追求流行服装。而服饰业者夹在流行神话与消费者需求之间，制造着服装的品牌神话。

罗兰·巴特的《流行体系》，相当详尽地诠释了这个时装体系中的流行神话。对有意制造或有意破解流行神话的读者，不仅可在本书中找到用之不竭的新观念，并可借由本书的阅读进程，探索当代思想大师的独特创建，以及当前世界学术、思想的多元风貌。

罗兰·巴特在国际学术界、思想界享有崇高的地位与影响力，其宽广、多元、庞博的著作，特异而引人的文风，远远超越了我个人有限的认知与阅读领域，因此，我个人仅能从一个长期从事织品服装教育工作者的角度与经验，先读者进行有关本书中译本的解读，至于对罗兰·巴特在本书中涉及诸多相关思想领域的杰出创建的解读，只有留给学界前辈及有心罗兰·巴特思想的朋友们了。

于　范

于木栅　1997 年 8 月 30 日

导　　读

　　"这项研究始于 1957 年,结束于 1963 年。"(法文原书第 7 页)《流行体系》(*Système de la Mode*)在巴特的著作中具有非常特殊的地位,首先它的写作、研究过程之长,远超过其他作品。如果我们把出版年代(1967 年)加入计算,这本书由开始着手到出版,竟然花去 10 年的工夫。[1]不但写作时间长,出版过程亦稍嫌迟缓,这本书似乎可以说是身世坎坷。作者在前言中说它一出版就经"过时"了。而且后来还不断地表示它在他自己眼中"失宠"。巴特说这只是一个"科学梦",提议"谢绝体系"[2],这些说法都使得《流行体系》看来像是巴特符号学时期的系统高峰,因此也受到强调简练风格、反系统写作的后期巴特的排斥和批判。虽然本书是巴特下了许多工夫的苦心之作,在讨论巴特的专著中,本书却因此常常受到冷落。然而,它其实贯穿了巴特前后期思想,具有转折上的关键性地位,这一点却很少为人指出。除了提出本书目前仍极富启发的线索外,这个暗藏但重要的连续性,也是本文特别想要强调的地方。

　　这本书的另一个特点,在于巴特一直强调它是一本建构方法的著作。这个方法以符号学理论为背景,但在面对它的研究对象时,却在一开始就作出了一个极为特殊的选择——这里谈的衣服,只是纸上的衣服,只是时装杂志中对服饰的文字描述,这里谈的流行,也只是时装杂志的意识形态,依巴特式的术语来说,也只是时装论述的神话学分析。不直接建构现实层面的对象,反而迂回地以其文字再现作为切入点。用中文的说法,似乎可以说是"隔了一层"。但巴特的工作领域便完全集中在这一"层"之上。巴特为什么要这么做呢?而且他因为强调方法上的严谨,一直不愿逾越此一界限,如此激进的选择,又产生了什么后果呢?

巴特在书中对这个选择提出了两点说明。第一,时装书写和言说中的衣服提供了一个纯粹的共时样态,同时,这样的衣服不再具有实用或审美上的功能,只有纯粹的传播功能。结构分析方法要求的对象同质性,因而得以确立。第二,时装杂志流传广泛,使得这类写作具有社会学上的重要性。

然而,如果我们仔细去看巴特在本书出版前发表的两篇重要的文章[3],我们可以发现巴特作这个选择,基本上是为了要解决一项理论上的困难。巴特原先的对象是广泛意义下的"衣服"(vêtement)。这是一个非语言的对象,如果能把它分析为符号体系,那么索绪尔早先所构想,超出语言但涵盖语言的一般符号理论,才有可能实现,这是巴特整个这一时期的理论指向,我们可以将之称为符号学的成败关键。一开始,他先把结构语言学中的潜在语言结构(langue)和个别言说实现(parole)应用到服饰现象上,提出了第一个区分:服饰体制(costume)有如语言结构,相对于个别穿着(habillement)有如言说实现。依结构分析方法,所要探讨的只是服饰体制的层次。到这里,结构分析的应用运作良好,而且可以对过去的服装史和社会学研究提出批评和补充——它们忽略了结构面的自主性和内在规约。接着,巴特开始尝试应用索绪尔符号理论的另一个基本区分:有可能分离出衣服的符征(signifiant,本书中译为"能指")和符旨(signifié,本书中译为"所指"),进而将它确立为符号吗?这时巴特开始遇到困难:衣服是一个连续体,要分离出符征(能指),便得找出不连续的单元,然而,如何切割这个连续体却没有一定的准则。再者,服饰的意义究竟为何,也难有客观上的确定性。由符征(能指)和符旨(所指)这两个角度来看,衣服(同时,所有外于语言的符号体系也是一样)都像是个模糊的对象。巴特解决这个问题的方式,便是本书所提出的方法性选择:由于时装杂志中的文字描述,已经将衣服的符征(能指)和符旨(所指)加以分离切割,那么它便成为符号学理论的最佳作用领域。

从这个长程研究背后的发展过程来看,巴特所作的转移显然不只是由真实的衣服转移到书写的衣服,其实,连整个研究领域都因此有所改变。他一开始想写的是一部服装体系的符号学,但后来写出来的却是一部流行研究。当然,在流行和服饰之间,关系十分密切。流行最主要和最大量的展现领域,便是服装,但它们的概念范围毕竟不能完全重叠。这个滑移也在书中留下痕迹;全书仿佛存在着两个论述,一是穿越时装描述揭露出来的服饰符码分析,另一个则是流行的神话运作解析(但实际上只是时装论述中所表现出的意识形态)。虽然我们可以说巴特是在"时装"(la mode vestimentaire,直译可作"服装中的流行")这个领域中找到了两者的重合点,但我们从巴特的用语和全书的构架中可以看出,他并没有放弃把成果延伸到这两个领域的雄心,这也是本书丰富性和复杂性的根源所在。

巴特在服装符码的讨论上,就符征(能指)的部分提出了一个特别的发明:元件套模(matrice,本书中译为"母体")。它是由三个基础元件组成的套式,分别为物件(object,本书中译为"对象物")、承体(support,本书中译为"支撑物")和变项(variant)。其中物件(对象物)和承体(支撑物)为物质性的实体,变项则是一种变化或品质说明。为什么要区别物件(对象物)和承体(支撑物)呢? 这是因为变项的作用点经常只是物件的一个部分。从技术的角度来看,承体包含于物件(对象物)之中(比如领子是衬衫的一部分),但就外形的角度来看,承体(支撑物)则和变项的关联密切——这时它是变项作用的接受者。巴特把这个关联所形成的单元称为"特征"(trait),如此一来服饰符征(能指)的基本套模便可由"物件(对象物)·承体(支撑物)·变项"改写为"物件·特征"。

由上面的简单陈述之中,我们已经可以看出,承体(支撑物)是一个不可化约的元件。它必须由物件之中分离而出,却又倾向和变项融合为一。

然而，在实际的操作过程中，流行对承体（支撑物）和变项却有不同的经营。巴特认为，流行在符征（能指）元件上操作的是变项的丰富变化，但变化作用的承体（支撑物）则典型不变。比如裙子的基本形式固定，其长度则上下不断移动。这使得流行群体可以不断地发布"新趋势"的来临，但其中的变化其实并未新到不能辨识，记忆上也因此简单容易。由此巴特解答了流行体系既是不断变易又是永恒回归的双重个性。承体（支撑物）和变项间的密切融合倾向，则解释流行变化中创造性的低微，为何难以为人察觉[4]。

在这个混合着真实和文字双重规约的符码层次上，巴特分析出来的服装流行便像是一个操作元件组合的机械。不过，因为把讨论集中在"写出来的"衣服，巴特也看出这里牵涉到的是一个更为基本的问题：文学和世界的关系。巴特用"兑换"（conversion）的概念来思考这个问题："当一个真实的或形象性的物品被兑换为文字时，究竟发生了什么事呢？"此时，服装符码的问题被置入了最基本的文学问题的脉络之中（"而且，被书写的流行不也是一种文学吗？"）。《流行体系》提出的元件套模（母体），就文学理论而言，便成为描述（description）的基本套模之一。后来的符号学发展，在叙述的问题上，文献比描述的讨论多出许多。从这个角度来看，《流行体系》提供的不是一套过时的符号学，而是提示了一个仍待发掘的领域。

《流行体系》全书主体的第二部分，修辞的系统，乃是巴特先前作品《零度写作》和《神话修辞术》的直接延伸。过去的延伸义体系（système conno-tatif）分析，现在被更名为修辞分析。它被细分为三个章节：符征（能指）的修辞（服装诗学）、符旨（所指）的修辞（流行的世界观）。最后，符号的修辞则作用于符征（能指）和符旨（所指）间的关系，并为流行提供理由。如果和《神话学》相比对，《流行体系》中的分析显然更为系统化。不只符号理论中的基本元素得到了各自的理论位置，延伸义的构成作用过程（它的"如何"）也得到更明确的解析。《神话修辞术》书末的理论展演告诉我们说，神话化的过程在于利用一个符码的整体作为第二个符码的符征（能指）。但我们并不是很清楚第一层次符码中,各个元素究竟如何个别作用,才能建构出第二层次的符码。《流行体系》先讨论第一层次"本义"体系,如此一来,利用它作为材料的第二层次,其作用过程便能得到明确的解析。这是全书所依据的建筑骨架,也就是说,想要知道二次度体系如何"负载"一次度体系,我们得先了解被负载者的属性。如果没有这个前置作业,整个分析仍然陷入笼统而模糊的状态。更进一步,巴特先前的两个操作性概念,"写作方式"(écriture)与"神话"(mythe),这时也明确地划分出各自独特的功能。作为"集体言说"的写作方式,现在占据的是修辞符征(能指)的地位;相对地,神话分析则被圈定为修辞符旨(所指)的分析,也就是说,它的对象是意识形态的内容。

仍须补充的是,巴特的符号学和其社会批评的关系十分紧密,它并不是一个纯理论兴趣的推展,反而一直和时代问题相关。《流行体系》因此可以放在巴特"解神话"的批判脉络之中去看。巴特1970年《神话修辞术》二版序言中的一段话,明确地表达了这个联接:"揭发不能没有细致的工具,相对地,符号学最终如果不能承担起符号毁坏者的责任,也不能存在。"[5]

就精确意义而言,《流行体系》谈的服装只是"写出来的"衣服。它处理流行时,也没有把它当作实践中的社会现象,而只是去分析时装杂志中的流行论述。我们前面强调过巴特在方法论上遭遇的困难,以及他迂回的解决之道:为了绕过和对象直接面对时所遭遇的困境,他透过谈论对象的论述来建构分析对象。然而,在本书的前言里,巴特却对言辞论述(discours verbal)的地位,提出了一个更具主动地位的看法。这篇前言显然是在研究完了时才写成。此时,巴特提出下面的主张:言辞论述不只代表着真实,它也宿命地参与其意义构成。巴特甚至把这种被描述者受描述语感染波及的必然性,更激进地表达为:"人的语言不只是意义的模范,而且还是它的基础。"

由此,巴特推演出两个关系重大的后果:

第一，逆转索绪尔的主张（语言学是符号学中的一支）："因此我们也许应该逆转索绪尔的说法，主张符号学只是语言学的一个部分。"如此，语言学不只是符号学的模范，反而是符号学的分析对象被圈定在言辞论述之中。言辞论述是分析者和任何分析对象间宿命性的中介。

第二，这么一来，选择分析"书写的"衣服，它的理由就不只是方法论上的考虑了。语言并不只是一个前置符码的再现体系；它在真实世界的意义建构过程中，扮演了构成者的角色。对于这样的过程，书写的流行便成为既必要又充分的分析对象："真实的服装体系从来只是流行为了构造意义所提出的自然地平；在言语之外，一点也看不到流行的整体和本质。"超越了方法论考量，这时巴特提出的是一个新的文化理论，它赋予语言基础性的地位，甚至更好的说法是，它把文化等同于语言。

巴特的这两条大胆的主张是否能为《流行体系》中的分析材料所支持呢？如果我们仔细去看，答案不可能是完全的肯定或否定，我们或许不应该把它们看作是本书的结论，而是巴特新立的假设。它们说明巴特思想重心正在位移，长时期地检验各种外于语言的体系之后，巴特的思想轨迹又回到语言，但这时他对语言的看法已更加丰盈——我们应该说这时他所主张的已不是一种局限于传统规范的语言学，而是一种必然内于语言结构又要溢出其原则的"超语言学"（translinguistique）。[6]《流行体系》代表巴特社会文化分析时期的终结，也代表着巴特符号学体系的完成。巴特的思想以不断的位移来进行自我超越，仔细去解读其中层层涌动的思想之流，我们才能看出其演变过程中既连续又断裂的分合因缘。《流行体系》同时是其中重大周期的完成点和转折点——理解巴特思想的一个重要契机。

林志明

于巴黎　1997年8月29日

注释：

[1]　巴特原来想把它写成国家博士论文，请列维-斯特劳斯指导遭到拒绝后，巴特又转请语言学家马丁内(André Martinet)担任论文指导。《流行体系》一书的章节形式和马丁内的《一般语言学要素》(*Eléments de linguistique générale*)十分相似。

[2]　*Roland Barthes par Roland Barthes*《巴特论巴特》，Paris，Seuil 1975，p. 175.

[3]　"Histoire et sociologie du vêtement Quelques observations méthodologiques"(《服装史和服装社会学方法论上的一些检讨》). *Annales*，No. 3，juillet - sept，1957，pp. 430 - 441.
"Langage et vêtement"(《语言与服装》) *Critique*，No. 142，mars，1959，pp. 242 - 252.

[4]　关于巴特服装符号学和流行理论更详细的比较讨论，请参看笔者的《流行，不需要意义——探索流行理论》，台北，《诚品阅读》，No. 25，1995 年 12 月，pp. 32 - 44(《流行体系》的出版年代，在此不幸地被误植为 1976 年)。

[5]　*Mythologies*(《神话修辞术》)，Paris，Seuil，1970 (coll Points)，p. 8.

[6]　Cf. Julia Kristeva，"Le sens et la Mode"(《意义与流行》)，*Critique* No. 23. 1967，pp. 1005 - 31.

目　　录

第二部分

流行体系分析

第一层次　服饰符码

一、能指的结构

第二层次 修辞系统

结 论

前　言

　　每一种方法都从第一个字开始就发生作用，本书正是一本有关方法的书，因此必须自成一说。不过，在开始这项**进程**(voyage)之前，首先要说明问题的来龙去脉。

　　本书主要探讨的对象，是对当前时装杂志刊载的女性服装进行结构分析，其方法源自索绪尔(Saussure)对于存在符号的一般科学假定，他将其命名为**符号学**(sémiologie)。这项研究始于 1957 年，结束于 1963 年。所以，当作者采用**符号学**并且第一次构思出它的陈述形式时，语言学在某些探索者的眼中，还未成为一种模式。除了一些零星、散落的研究外，符号学还是一门有待发展的学科。鉴于其基础的方法和难以确定的推论，任何一项采用符号学的工作，自然都要采取一种发现者——或更确切地说是一种探险者的姿态。面对一个特定的目标(在这里就是流行服饰)，其装备则是几个仅有的工作概念，符号学家如学徒一样冒险前行。

　　我们必须承认，这种冒险业已过时，当作者在写作本书时，他并不知道后来出现的几本重要著作。身居一个对意义的思考正在突飞猛进、不断深入并同时沿几个方向**分化**(divise)的世界，受益于充斥四周的诸多见解，作者自身已有所改变。这是否意味着当本书出版时(姗姗来迟)，他会无法确认这是他自己的作品？当然不会(否则，他也不会出版本书了)。但言下之意，这里所提出的**已经**是一种符号学史。新概念艺术如今正崭露头角，与之相比，本书只是一个略显稚拙的窗口，我希望人们从中看到的，不是一种确信无疑的学说，也不是一项调查得到的不变定论，而是信念、诱惑、学徒成长的轨迹——其意义、其用途也可能就在其中。

我主要试图用一种多少有点直接的方式，一步步地重建一种意义系统。我想尽可能不依赖外在概念，甚至是那些语言学的概念。虽然，这里经常会使用这些概念，而且是基本概念。沿着这条思路，作者碰到了许多障碍，其中有一些他很清楚是无法克服的（至少他并不试图掩饰这些困境）。更重要的是，符号学研究计划已改变了方向。最初我的计划是重建真实服装的语义学（将服装理解为穿着或至少是摄影的），然而，很快我就意识到必须在真实（或可视的）系统分析和书写系统分析之间抉择。我选择了第二条路，其原因将在以后说明，因为原因本身就是方法的一部分。以下的分析仅着眼于流行的书写系统。这样的选择或许颇令人失望，最能取悦于人的做法是分析实际的流行体系（社会学家对这类体系总抱有莫大的兴趣）。毋庸置疑，建立一种独立存在的、与**分节语言**（langage articulé）毫无关联的符号学会更有用处。

然而，最后出于符号学课题的复杂性和一定规则的考虑，作者选择了**书写的**（Mode écrite）（更确切地讲就是**描述的**（décrite））服装，而不是真实的服装进行分析。尽管研究对象包括整个文字表述，包括"语句"（phrases），但分析绝不仅仅停留在法语的某个部分。因为在这里，词语所支配的不是什么实在物体的集合，而是那些已经建立起（至少是理想状态下的）意指系统的服饰特征。因而，分析对象不是一个简单的专业词汇。它是一种真正的符码，尽管它是"言语的"（parlé）。所以，这项研究实际上讨论的既不是衣服，也不是语言，而是"转译"（traduction）。比方说，从一种系统到另一种系统的转译，因为前者已经是一种符号系统：一个暧昧的目标，因为我们习惯把真实置于一边，把语言放在另一边来加以区分，但转译却不一样。因此，它既不属于语言学（文字符号的科学），也不属于符号学（事物符号的科学）。

索绪尔曾经假定符号学"湮没了"(déborde)语言学,由此而衍生出来的研究,在上述情形下无疑是很不利的。但这种不利或许最终竟意示了某种真理。是否有什么实体系统,有某种量值系统,可以无须分节语言而存在?言语是否为任何意指规则不可缺少的中介? 如果我们抛开几个基本符号(怪僻、古典、时髦、运动、礼仪),那么,倘若衣服不借助于描述它、评价它并且赋予它丰富的**能指**(signifiant)和**所指**(signifié)来构建一个意义系统的言语,它还能有所意指吗? 人注定要依赖分节语言,不论采用什么样的符号学都不能无视这一点。或许,我们应该颠覆索绪尔的体系,宣布符号学是语言学的一部分;这项研究的主要作用就是要阐明,在像我们这样一个社会里,神话和仪式采取**理性**(raison)的形式,即最终采取话语的形式,人类语言不仅是意义的模式,更是意义的基石。于是,当我们考察流行时,就会发现,写作就像是在构建(甚至到了在具体说明这项研究的题目即**书写时装**时,居然毫无用处的地步):为了构成它的**意指**(signification)作用,书写的时装还要以真实时装体系为它的地平线:没有话语,就没有完整的流行,没有根本意义的流行,因而,把真实服装置于流行话语**之前**似乎不太合理:实际上,真正的原因是促使我们从创建的话语走向它构建的实体。

人类言语的无所不在是无罪的,为什么流行要把服装说得天花乱坠?为什么它要把如此花哨的语词(更别说意象了),把这种意义之纲嵌入服装及其使用者之间? 原因当然是经济上的。精于计算的工业社会必须孕育出不懂计算的消费者。如果服装生产者和消费者都有着同样的意识,衣服将只能在其损耗率极低的情况下购买(及生产)。流行时装和所有的流行事物一样,靠的就是这两种意识的落差,互为陌路。为了钝化购买者的计算意识,必须给事物罩上一层面纱——意象的、理性的、意义的面纱,要精心炮制出一种中介物质。总之,要创造出一种真实物体的虚像,来代替穿着消费的缓慢周期,这个周期是无从改变的,从而也避免了像一年一度的**夸富宴**(potlatch)那种自戕行为。因而,我们共同拥有的意象系统(总是从属于流行,并不单就衣服而言),其商业性本源已成为众所皆知的秘密。然而,这个王国一旦脱离其本源,很快就会改头换面[再说,它又怎么能够**复制**(copierait)本源呢?]:它的结构遵循某种普遍性的、任何符号体系都有的拘束。意象系统把欲望当作自己的目标(希望符号学分析把这一切变得昭然若揭),其构成的超绝之处在于,它的实体基本上都是**概念性**(intelligible)的:激起欲望的是名而不是物,卖的不是梦想而是意义。如果事情果真如此,那么,我们这个时代所拥有的,并且赖以构成的意象系统将会不断地从语义中衍生出来,而且依照这样发展下去,语言学将获得第二次新生,成为一切意象事物的科学。

使用的图形符号

∫ ：函数

≡ ：同义关系

)(：双重涵义或连带关系

· ：简单组合关系

≠ ：不同于⋯⋯

/ ：相关对立或意指对立

/⋯/ ：作为能指的词

[⋯] ：内隐术语

[—] ：标准

Sa/Sr ：能指

Sé/Sd ：所指

正文的注释包括两类数字：第一类标示章节；第二类，如果是罗马数字，表示一组文章，如果是阿拉伯数字，则表示一篇文章。

第一部分
流行体系序论
（符号学方法）

第一章 书写的服装

　　一条腰带，嵌着一朵玫瑰，系于腰间，一身轻柔的雪特兰洋装。

I. 三 种 服 装

1-1　意象服装和书写服装

　　打开任何一本时装杂志，眼前所看到的，就是两种我们将在此进行讨论的不同的服装。第一种是以摄影或绘图的形式呈现，这就是**意象服装**（vêtement-image）；第二种是将这件衣服描述出来，转化为语言。一件洋装，从右边的照片形式变成左边的：**一条腰带，嵌着一朵玫瑰，系于腰间，一身轻柔的雪特兰洋装。** 这就是**书写服装**（vêtement écrit）。原则上，这两种服装都是指同一物质（这件洋装就在这天穿在这位妇女身上），但结构互异[1]，因为它们构成的实体不同，从而也是因为这些实体相互之间的关系不同：一种实体是样式、线条、表面、效果、色彩，其关系是空间上的；而另一种实体是语词，其关系即使不是逻辑的，至少也是句法上的。第一种结构是形体上的，第二种结构则是文字上的。这是否意味着我们将无法区别每一种结构与其赖以产生的一般系统（意象服装与摄影、书写服装和语言）呢？当然不是。时装摄影与其他摄影不同，譬如，它与新闻摄影或者快照就没什么关系。它有自己的组织形式和规则。在摄影照片的沟通内部，它形成了特定的语言，无疑，这种语言有自己的术语系统和句法，有自身禁止或认可的"措辞"（tours）。[2]同样，书写服装不能等同于句子结构。因为，如果服装和话语一样，那么，改变话语中的术语就足以同时改变所描述服装的特性。但事实并非如此。当一本杂志称：**夏天穿山东绸**时，它也可以轻易地将这句话说成**山东绸与夏日同在**，而不会从根本上影响传递给读者的信息。书写服装是由语言支撑的，同时它又抗拒着语言，这种互动形成了书写服装。因而，在这里我们考察的是两种原始结构，尽管它们是从更为一般的系统中(一是语言，一是意象)衍生出来的。

1-2 真实服装

至少我们可以认为，这两种服装在试图表示真实的服装这一点上，再度表现出一种简单的同一性，即描述出来的洋装和照片上的洋装，都统一于两者所代表的那件现实中的洋装。无疑它们是同义的，但并不完全同一。因为就像在意象服装和书写服装之间存在着实体和关系的差别一样，它们在结构上也有所不同，从这两种服装到**真实服装**(vêtement réel)，存在着一种向其他实体、其他关系转化的过程。因而，真实服装形成了有别于前两者的第三种结构，即使它们视它为原型，或者更确切地说，即使是引导前两种服装信息传送的原型属于这第三种结构。我们已经知道，意象服装单元停留在形式层面上，书写服装单元停留在语词层面上，而真实服装单元则不可能存在于语言层面，因为我们知道，语言不是现实的摹写[3]。我们也无法将其固定在形式层面，尽管这种诱惑难以抗拒，因为"看"(voir)一件真实服装，即使有介绍说明这种优越条件，也不可能穷尽其实存，更不用说其结构了。我们所看到的，不外乎一件衣服的部分，一次个人的、某种环境下的使用情况，一种特定的穿着方式。为了用系统化的术语，即用一种相当规范并足以解释所有类似服装的术语，来分析真实服装，我们必须设法回到控制其生产的活动上去。换句话说，有了意象服装的形体结构和书写服装的文字结构，真实服装的结构也只能是技术性的。这种结构单元也只能是生产活动的不同轨迹，它们物质化的以及已经达到的目标：缝合线是代表车缝活动，大衣的剪裁代表剪裁活动。[4]于是，在实体及其转形上，而不是在它的表象和**意指**作用上，建立起一种结构。民族学或许能为此提供相对较为简单的结构模型。[5]

II. 转 换 语

1–3　结构的转译

对任何一个特定的物体来说(一件长裙、一套定做的衣服、一条腰带),都有三种不同的结构:**技术的**(technologique)、**肖像的**(iconique)和**文字上的**(verbale)。这三种结构的运作模式各异。技术结构作为真实服装赖以产生的母语,不过是"言语"(paroles)的一种情形而已。其他两种结构(肖像的和文字的)也都是语言,但是,如果我们相信时装杂志,相信它们所说的是在讨论原本意义上的真实服装,那么,时装杂志语言就是从母语中"转译"(traduites)过来的衍生语言。它们像媒介一样,介于母语及其"言语"情形(真实服装)之间。在我们的社会里,时装的流行在相当程度上要依靠**转形**(transformé)的作用:从技术结构到肖像和文字结构,这之间存在着一种过渡(至少依据时装杂志引发的顺序)。然而,这种过渡,就像在所有结构中一样,只能是时断时续的:真实服装只有经由一定的操作者——我们称之为**转换语**(shifters),才能够**转形**为"表象"(représentation),转换语的作用是将一种结构转变为另一种结构,或者说,从一种符码转移到另一种符码。[6]

1–4　三种转换语

既然我们研究的有三种结构,自然也就应该有三种**转换语**供我们支配,即从**真实到意象、从真实到语言**,以及**从意象到语言**。对于第一种转译,从技术服装到肖像服装,基本的**转换语**是制衣纸版,其分析式的(**图式**)设计代表服装生产的流程。还必须附上以图形或者照片的形式表示的流程图,强调某种机械装置,放大某个细节以及视线的角度,以展现某种风格或"效果"(effet)的技术本源。对于第二种，从技术服装到书写服装，基本的**转换语**是缝制流程或方案；它通常是一种文本，当然与时装文学大异其趣。它的目标不是去勾画**是什么**，而是要**做什么**。此外，缝制流程与时装评论也不属于同一种写作。前者几乎没有名词或形容词，而多为动词和量词。[7]作为一种**转换语**，它构成了一种转化语言，介于服装生产及其存在、本源和成型、技术和意指作用之间。我们或许想把所有具有明显的技术起源(**缝制、裁剪**)的时装术语都纳入这一基本的**转换语**之中，把它们视为从真实到言语的众多转译者。但如此却忽略了一个事实，亦即一个语词的价值并不在于它的起源，而在于它在语言系统中的位置。一旦这些术语转移到描述性的结构之中，很快就会背离其本原(从某些方面来说，就是曾经缝制过、裁剪过)以及目标(服务于装配组合，支持装配线的生产)。对它们来说，创造性的活动是无从认识的，它们已不再属于技术结构，我们也不再称其为**转换语**。[8]第三种转换是从肖像结构转化为言语结构，从服装的表象转向叙述。因为服装杂志利用它可以**同时**传递从这两种结构中(一是一幅洋装摄影，一是对这件洋装的描写)衍生出来的信息优势。可以使用省略的**转化语**来简化：不再有什么式样图，或者缝制方式的文本，有的只是语言的首语重复，要么是以极度的方式(**"这套"定做的衣服**，**"这件"雪特兰长裙**)，要么是以零度的方式(**一朵玫瑰花嵌在一条腰带上**)。[9]正是由于事实上这三种结构具有严格限定的转译操作者，因而，它们仍然区别明显。

Ⅲ．术 语 规 则

1-5 口述结构的选择

要想研究流行时装，首先就必须对这三种结构分别进行透彻的分析，因为一种结构不能脱离其组成单元实体的同一性而加以定义；我们必须去研究行动，或者意象，或者语词，但并不是同时对这三种实体都进行研究，即使它们形成的结构联合起来便可构成某个事物的全部，为了方便起见，我们称这一事物为**流行时装**(vêtement de Mode)。每一种结构都要求进行本源性分析，因此我们必须进行抉择。对(以意象和文本的形式)"表现"(représenté)的服饰，即时装杂志刊登的服装进行研究，比直接分析真实服装，有着方法论上的优势。[10] "印在纸上"(imprimé)的衣服为分析家展示了人类语言和语言学家背离的东西：纯粹的**共时性**(synchronie)。时装的共时性年年风云变化，但在一年之中，它是绝对稳定的。通过研究杂志上的衣服，或许我们可以窥出时装的流行状态，而无须像语言学家梳理混杂的信息连续体一样，人为地去分裁。在意象服装和书写(或者更确切地说，是描述的)服装之间，也存在着选择。从方法论的角度来看，这一次又是物体结构上的"纯粹性"(pureté)在左右着这种选择。[11] 真实的服装受制于实际生活的考虑(遮身蔽体、朴素、装饰)，而在"表现"的服装中，这些终极目标都消失了，不再有遮护、蔽体或装饰的作用，充其量也不过是在意示着一种遮护、朴素或装饰。但意象服装仍保留着这种价值，即它的形体特性，这使得它的分析有进一步复杂化的危险。只有书写服装没有实际的或审美的功能，它完全是针对一种意指作用而构建起来的：杂志用文字来描述某件衣服，不过是在传递一种信息，其内容就是：流行(la Mode)。我们或许可以说，书写服装的存在完全在于其意义，就此，我们有一个绝佳的机会来发掘其纯粹性中所有的语义关联。书写服装排斥任何多余的功能，也没有什么模糊的时间性。正是基于这种原因，我们才决定去探求文字结构。这并不意味着我们将只是简单地对流行语言进行分析。的确，研究所使用的术语是(法国人的)语言主要领域的一个特殊部分。然而，我们将不会从语言的角度出发来研究这一部分，而是在它隐示的服装结构之中进行研究。我们分析的对象不是(法国人)语言中**子符码**(sous-code)的那一部分，而是语词赋予真实服装的**超符码**(sur-code)部分。因为，正如我们即将看到的[12]，词取代物，取代了自身已经形成意指系统的衣服。

1-6 符号学和社会学

尽管我们选择口述结构是出于事物内在的原因,但从社会学中,也不难找到依据。首先是因为经由杂志(特别是经由文本),时装的传播已相当广泛,有一半的法国妇女定期阅读至少是部分带有时装内容的杂志。因此,对时装的介绍(不再是其生产)就成了一个社会事实。因此,即使流行时装还纯粹只是一种虚象(还未影响真实服装),它也会像黄色小说、**连环漫画**以及电影一样,成为大众文化无可争议的一个要素。其次,书写服装的结构分析,也有效地为掌握真实的服装供求状况铺路,而社会学为此还需要对现实生活中的流行时装变化和流行周期进行可能性研究。不过,在这一点上,社会学和符号学的客观性却是截然不同的:流行时装的社会学(尽管它仍有待构建[13])产生于虚构本源的**样式**(modèle)(由**时装团体**构想出来的时装),紧接着(或者说接下去应该是),便是经由一系列的真实服装来实现这一式样(这是式样流行的问题)。社会学竭力想把这种行为系统化,并与社会环境、生活水平和角色联系起来。符号学走的是另一道路,它对时装的描述自始至终都是虚构的,甚至可以说,是纯概念性的。它使我们意识到的不是真实,而是意象。时装社会学完全针对实际生活中的服装,而时装符号学则指向一组表象。因此,口述结构的选择不是走向社会学,而是走向涂尔干(Durkheim)和莫斯(Mauss)假定的**唯社会学**(sociologique)。[14]时装描述的功能不仅在于提供一种复制现实的样式,更主要的是把时装作为一种**意义**(sens)来加以广泛传播。

1-7 文字体

既然口述结构已经确立,那么,我们应该选择什么样的**文字体**(corpus)来进行研究呢?[15]到目前为止,我们仅参考了时装杂志。一方面是因为,文学自身的描述,尽管对众多的作家来说很重要(巴尔扎克、米什莱、普鲁斯特),但由于它们过于零散,并且因时易变,难以利用;而另一方面,百货公司的目录对于时装描述又过于平凡。于是,时装杂志成为最佳的文字体。当然也不是所有的时装杂志都如此。时装杂志不是要描写某个具体的流行,而是要重建一种形式体系。根据这一预定目标,有两个限制因素可以名正言顺地介乎其中。第一个选择涉及时间。为了构建一种结构,有效的做法是把我们的研究局限于流行领域,即共时性。正如我们曾经说过的,流行的共时性是由服装自我构建的:一年中的流行。[16]这里,我们选择了1958年至1959年度(从6月到6月)的杂志来进行研究。当然,日期在方法论上无关紧要,你可以选择任何其他年份。因为我们并不想着力描绘某一特定的流行,而是普遍意义上的流行。从年份中抽取出来,把它们汇集在一起,原材料(表述)就必须以一种功能的纯形式体系取而代之。[17]因此,这里不涉及任何具体琐碎的流行,更不会去研究服装史。我们不想着眼于流行的特定实体,而是要探讨其书写符号的结构。[18]同样地(这也是给予文字体的第二个限制),如果有人对流行时装之间的物质差别(意识形态的、美学的、社会的)感兴趣,那么,去研究某一年内的所有杂志也是一件很有意思的事情。从社会学的观点来看,这倒是一个很重要的问题,因为每本杂志都有其限定的社会大众,同时又是表象的特定组成。但是,杂志、读者群及意识形态上的社会学差别并不是我们要探讨的课题。我们的目标只是想发现流行的(书写)"语言"(langue)。因而,我们只对两本杂志:《她》(Elle)和《时装苑》(Le Jardin des Modes)进行详尽的研究,间或参考一些其他出版品[主要是《时尚》(Vogue)和《时尚新闻》(L'Écho de la Mode)][19],以及一些报纸上每周一次的流行专栏。这项符号学课题需要在文字体的建构之中合理地渗入衣服符号可能出现的所有**差别**(différences)。但在另一方面,这些差别重复次数的多少却显得无关紧要。因为产生意义的是差别而不是复制。从结构上看,流行的罕见特征与它的常见特征同等重要,一朵栀子花的重要性并不亚于一件长裙。我们的目标是**区分**(distinguer)单元,而不是计算单元。[20]最后,在这个已大为缩小的文字体中,我们再进一步消除了那些可能意示着一种终极目标而非意指作用的**标写**（notations），如广告，即使它自称是在阐明流行，以及那些服装生产的技术说明书。我们既不在乎化妆，也不考虑发型，因为这些因素包含了它们自身特有的变项，而这些变项会阻碍服装自身清单的形成。[21]

1-8　术语规则

接下来，我们将在这里单独探讨**书写服装**。决定我们所要分析的文字体构建的先决原则是：**除了保留时装杂志提供的语言以外，排除其他原始资料**。无疑地，这大大缩小了分析的材料范围。一方面，它排除了借助于任何有关文字纪录（例如字典上的定义）的可能性；另一方面，我们也因此而无法使用照片——这个丰富来源的资料。总之，它只是在边缘上利用时装杂志，似乎是在复制意象。这种原始资料的困窘，抛开方法论上的不得已不谈，可能也有一定的好处：把服装简化到口述层次上，从而我们碰到一个新问题，表述如下：**一件物体，不管它是真实的，还是虚构的，当它转化为语言的时候会如何？**或者进一步问，**当事物与语言相遇时，会如何？**面对如此广泛的问题，如果流行服饰不值一提，那么，我们要记住，在文学和世界之间，同样也建立了这样的关系：文学难道不正如我们的书写服装一样，是一种把真实转化成语言，并在这种转化中获得存在的体系吗？更何况，书写服装不也是一种文学吗？

Ⅳ. 描　　述

1-9　文学描述和流行描述

其实，流行和文学都是采用同样的技巧，其目的不过是为了把某一事物适当地转化为语言：这就是**描述**（description）。然而，这种技巧在流行和文学中的使用又不尽相同。在文学中，描述意在某个隐含事物（不管它是实在的抑或虚构的）：它必须使这一事物存在。在流行中，被描述的物体已成为事实，形体式样各不相同（不是它的实际形式，因为它不过是一张照片）。流行描述的功能因而大为萎缩，但也正因如此，它又是原始性的：因为它不受事物摆布，按照定义，语言沟通的信息是照片或图片所无法传递的，除非它过于冗长、累赘。书写服装的重要性证实了具体语言的功能的存在。而意象，不管它在现代社会的发展如何，是不容臆断的。那么，尤其是在书写服装中，和意象相比，语言究竟有什么具体功能呢？

1-10 认知层面的固化

言语的主要功能是在某种可理解性（或者如传播论者所说的可获取性）上固化认知。事实上，我们知道一种意象无可避免地包括几种认知层面，而意象的读者在层面的选择上有相当大的自由支配权（即使他并不知道这种自由）。当然，这种选择并不是没有限度的：这里有**最大限度的**（optima）层面：即居于信息的可理解性最高之处；但从纸张纹理到领尖，从领子到整件长裙，我们对意象所投下的每一瞥都不可避免地意示着一种选择。也就是说，意象的意义从来都不是固定的。[22]语言抛弃了这种自由，同时也丢掉了不确定性。它意示着一种选择并强行赋予这种选择，它要求对这件长裙的认识点到为止（不愠不火），它把品读的层次集中于它的布料、腰带及装饰用的附件上。每一个书写语词都有权威功能，因为它有所比较选择，经过替代而不是只依靠眼睛。意象冻结了无数的可能性，而语词则决定了唯一的确定性。[23]

1-11 知识的功能

言语的第二个功能就是**知识**（connaissance）的功能。语言能够传递那些摄影根本无法传递，或者很难传递出来的信息：布料的颜色（如果照片是黑白的）、视觉无法窥知的细节（**装饰性纽扣、珍珠缝**），以及由意象的二维特征造成的隐藏要素（一件衣服的背面）。通常，语言为意象增添了**知识**

(savoir)。[24]因为流行是一种模仿现象,言语自然也就担负起说教的功能:流行文本以貌似权威的口吻说话,仿佛它能透视我们所能看到的外观形式,透过其杂乱无章或者残缺不全的外表而洞悉一切。因此,它形成了拨云见日的技巧,从而使人们在世俗的形式下,重新找到了预言文本的神圣光环。尤其是流行的知识不是毫无回报的,那些不屑于此的人会受到惩罚——背上**老土**(démodé)的垢名。[25]知识之所以有如此功能,不过是因为它赖以存在的语言自我构建了一种抽象体系。并不是流行语言把服装概念化了,正好相反的是,在大多数情况下,它勾勒服装的方式比摄影还要具体,姿态中所有琐碎细微的**标记**(notation),它都竭力再现(**嵌着一朵玫瑰**)。但由于它只允许考虑不太过分的概念(**白色、柔韧、丝般柔滑**),而不在乎物形完整的物体。语言凭借它的抽象性,孤立出某些**函数**(functions)(在该术语的数学意义上),它赋予服装一种函数对立的体系(例如,**奇幻的/古典的**),而真实的或者照片上的服装则无法以一种清晰的方式表现这一对立。[26]

1‐12 强调的功能

言语正好也可能——并且常常——去复制照片中那些明晰可见的服装要素:**大领子、没有纽扣、裙子的摆动线条**等等。这是因为言语也有强调功能。照片把服饰当作一个直观的整体,并不着力表现其优势的或被消耗的那一部分。但评论可以从一个整体中挑出某一要素,刻意强化其价值:这就是明确的**标记**(**注意:领口开于斜线处**[27])。这种强调当然是基于语言固有的特质,即它的不连贯性。被描述的服装只是断片化的服装,反映在照片上,它便是一连串选择、截取的结果。**轻柔的雪特兰洋装上高系一条腰带,上嵌一朵玫瑰**,这句话告诉我们的只是某个部分(质料、腰带、细节),而省略了其他部分(袖子、领子、外形、颜色),仿佛穿这件衣服的女人只带着一朵玫瑰和一身轻柔就出门了似的。事实上这是因为,书写服装的局限已不在质料,而是在价值的局限。如果杂志告诉我们,这条腰带是皮质的,那是因为腰带的皮革确有其价值(而不是因为其外形等等)。如果它提及洋装上的一朵玫瑰,那是因为玫瑰有着与洋装同等的价值。如果把领口、褶裥也纳入**语词**(dites)之中,它们也就变成了服装,有着完整的价值,获得了堪与整件大衣媲美的地位。语言规则应用在服装领域,就必须在基本成分和装饰附件之间作出判断。但这是一种斯巴达式的法则:它把饰品置于琐碎细物的地步。[28]语言的强调有两种功能。其一,当照片像所有的信息载体一样,濒于淡化的时候,它可以重现照片传递的一般信息:我看到的洋装照片愈多,收到的信息也就愈加乏味。文字标写不仅为信息注入了新的活力,而且,当它十分明确的时候(**注意……**),它通常并不针对那些标新立异的细节,后者只是靠新奇感来维持其信息力量。它关注的是纷繁各异的流行所共有的因素(领子、镶边、口袋)[29],对这些流行所包含的信息予以补充是很有必要的。在这里,流行表现得就像是语言本身,因为把句子或单词转换一下所产生的新奇感,往往会形成一种强调,以修复在其系统内的耗损。[30]其二,强调语言可以宣称某种服饰特征仍具有良好的功能,而延续其生命。描述的目的不在于把某种要素孤立出来,以褒扬其审美价值,而只是以一种分析的方式提供一种概念。正因为如此,它在一大堆细节中形成一个井然有序的整体:这里的描述是结构化进程的工具。尤其是,它能调整对意象的认知。在意象中,一张洋装照片无所谓开始或结束,其限度不具任何优势。看这些照片,可以似是而非,也可以眨眨眼睛再看。我们所给予的那一瞥不会持久,因为没有规律性的视线。[31]而当我们描述这件洋装时(我们只是看它),从腰带说起,再到玫瑰,至雪特兰结束,洋装本身却很少被提及。因此,描述把有序的持久过程引入流行时装的表象中,就好像是一场揭幕式:按照一定的顺序,层层揭开服装的面纱,而这种顺序又不可避免地意示着一定的目标。

1–13 描述的终极目标

什么目标? 要知道,从现实的角度来讲,流行服饰的描述不带任何目的。我们不能单凭流行描述就做成一件衣服。制衣打版的目的是过渡性的:它涉及生产制造。书写服装的目的似乎纯粹是内省的:服装仿佛在**自说自话**(se dire),指称自我,从而陷入了一种同义反复的境地。描述的功能不论是固象,还是探索,抑或强调,其目的不过是为了表现流行的某种存在状态,而这种存在只和服装本身保持一致。意象服装无疑地可以是**流行时装的**(à-la-Mode)(这完全是出于其定义的缘故),但它不能直接成为流行时装。比方说,它的物质性、整体性、迹象,使它所表现的流行时装成为一种属性而不是存在。呈现在我面前的**这件**洋装(不是描述的)绝不仅止于流行而已,在它成为流行之前,可能是暖和的、新奇的、有吸引力的、朴素的、遮身蔽体的。反过来,同样件洋装,如果是描述的,就只能是流行时装本身。没有什么功能,也没有什么偶然因素得以成功地把它存在的迹象排除在外,因为若提及功能和偶然因素,其本身就源自流行时装公然的意图。[32]总之,描述的真正目标是经由流行时装间接的、具体的认识导向意象服装直接的、发散的认识。从中,我们再度发现了人类学规则的显著差异,它与阅读截然对立:我们看意象服装,我们读描写的衣服,与这两种活动对应的可能是两种不同的受众。意象使购买行为变得毫无必要,它取代了购买。我们沉醉于意象中,梦想把自己等同于模特儿,而在现实生活中,我只能买几个小的珠宝饰物来赶赶时髦。言语则与此相反,它使服装摆脱了所有物质现实束缚。描述的服装鼓励购买,它不过是非个人化的事物系统,这些事物聚集在一起便创造了流行。意象激发了幻想,言语刺激了占有欲。意象是完整的,它是一种饱和的系统;言语是零碎的,它是一个开放的系统,一旦两者不期而遇,后者定会让前者**大失所望**。

1–14 语言和言语、服装和装扮

语言(langue)和**言语**(parole),借助于这个自索绪尔以来已成为经典的概念对立[33],我们对意象服装和书写服装,对表现物和描写物之间的关系会有进一步的理解。语言是一种制度,一个有所限制的抽象体。言语是这种制度短暂的片刻,是个人为了沟通的目的而抽取出来并加以实体化的那一部分。语言来源于言语用词,而所有的言语本身又是从语言中形成的。从历史的角度来看,这是结构与事物之间的辩证关系:用沟通的观点来说,这又是符码与沟通之间的辩证关系。[34]与意象服装相比,书写服装有一种结构上的纯粹性,这多少有点类似于语言和言语的关系:描述必然要并且也是充分地建立在对制度的限制加以表现的基础之上,而正是这种限制使呈现在这里的**这件**衣服变成了流行。它全然不顾这件衣服以什么样的方式穿着于某一特定的个人身上,即使这个人也是"制度化"(institutionnel)的,譬如,一个**封面女郎**。[35]这是一个重要的区别,有必要的话,我们可以称这种结构化、制度化的穿着方式为**服装**(vêtement)(与语言相对应),而把同样的穿着方式但是已经实体化的、个人化的、穿过的称作**装扮**(habille-ment)(与言语相对应)。毋庸置疑,描写服装并不完全具备普遍意义,它仍有待于**选择**(choisi)。**可以说,它是一个语法的例证,但不是语法本身。不过,为了表述一种信息式的语言,至少它不会是静态的,即任何东西都不能干扰它所传递的单纯意义:它完全是意义**(sens)**上的,而描述是一种无噪音**(bruit)的言语。然而,这种对立只有在服饰系统的层面上才有价值。因为在语言系统的层面上,描述本身无疑是由言语的特定情形决定的(在**这本**杂志上,在**这一页的这一件**上)。更何况,描述还可以是一种托庇于具体言语的抽象服装。书写服装既是一种衣服层面上的制度"语言",又是语言层面上的行动"言语"。这种矛盾状态十分重要,它将指导我们对书写服装的整个结构进行分析。

注释:

[1] 最好是用物而不是词来加以界定,但是既然现在人们对结构这个词寄予如此厚望,那么,在这里,我们就转借其在语言学中的意义:"具有内部依赖性的自在体。"[叶尔姆斯列夫(L. Hjelmslev):《语言学论文集》(*Essais linguistiques*),1959 年。]

[2] 这里我们碰到了摄影沟通的矛盾:原则上,照片是完全相似的,可以定义为**一种没有符**

码的信息。但实际上,没有意指作用的照片又是不存在的。因而,我们必须假定,一种照片符码只是在第二层面上(以后,我们将称之为含蓄意指层面)起作用[参见《照片信息》(Le message photographique),载于《沟通》(*Communications*) 1961 年第 1 期,第127 -138 页,以及《意象修辞学》(La rhétorique de l'image),载于《交流》1964 年第 4 期,第40 -51 页]。至于服饰画,问题就比较简单了,因为一张图示的**式样**指涉一个公开的文化符码。

[3]   参见马丁内(A. Martinet):《普通语言学原理》(*Éléments de linguistique générale*,1960),1.6。

[4]   当然,除非这些术语是在一个技术语境下,比方说,一个生产程序下提出的。否则,有着技术初源的这些术语,就会有不同的价值(参见 1 - 5)。

[5]   例如,古汉(A. Leroi-Gourhan)把衣服区分为两边平行直垂的,以及裁剪和敞开式、裁剪和闭合式、裁剪和双排纽式等[《环境和技术》(*Milieu et techniques*),巴黎,阿尔班—米歇尔出版社,1945 年,第 208 页]。

[6]   雅各布森(Jakobson)把**转换语**这个词的意义限制为符码和信息之间的中介要素[《普通语言学论集》(*Essais de linguistique générale*),巴黎,子夜出版社,1963 年,第 9 章],这里,我们扩大了这个词的涵义。

[7]   例如:"**把所有布片沿你要裁剪和缝制的画线摆好,垂直对折后,用长针做稀疏的缝线,边宽 3 公分,肩底 1 公分。**"这就是一种过渡语言。

[8]   我们可以把服装目录视为一种**转换语**,因为它的目的,是想通过语言的中介,来影响实际的购买行为。然而,事实上,服装目录遵循时装描述的所有规范:它不会为了劝诱我们说某件衣服正流行,而刻意去解释它。

[9]   根据泰尼埃(L. Tesniéres)[《句法结构的要素》(*Éléments de syntaxe structurale*),巴黎,克林克西出版社,1959 年,第 85 页]所说,**首语重复法**(anaphora)"没有相应的结构联结,只有补充性的语义关联"。例如,在指示语**这**与裙装照片之间没有任何结构联系,而是两种结构之间纯粹而简单的契合。

[10]   特鲁别茨柯伊(Troubetskoy)在他的《音位学原理》(*Principes de Phonologie*,1949)一书中提出了对真实衣服进行语义分析的可能性。

[11]   这些原因随操作方法而定,我们在前言中已经提出了最根本性的原因,它涉及时装基本的**言语**本质。

[12]   参见第三章。

[13]   早在斯宾塞(Herbert Spencer),时装就成了社会学研究的对象。首先,它创造了"一种集体现象,用特殊、直接方式,向我们表明……什么是我们自身行为的社会性"[施特策尔(J. Stoetzel):《社会心理学》(*La psychologie sociale*),巴黎,弗拉马里翁出版社,1963 年,第 245 页];其次,它在论证上表现出来的一致和变化只用社会学的方法才能加以解释;最后,它的传递似乎是靠着某些中介系统来完成的。拉札菲尔德(P. lazarsfeld)和卡茨(E. Katz)研究过这些系统[《个人影响:在沟通热潮中的人们所施展的天地》(*Personal influence :the part played by people in the flow of mass-communicutions*),伊利诺斯州,格伦科,自由出版社,1955 年]。不过,样式的实际流行还不完全是社会学的研究对象。

[14]   《论分类的几种初级形式》(Essai sur quelques formes primitives de classification)《社会学年鉴》(*Année sociologique*)第 6 卷,1901 年至 1902 年,第 1 - 72 页。

[15]   **文字体**:"有关所从事的研究工作的模糊的、共时性的陈述的总称。"[马丁内:《原理》(*Éléments*)]。

[16] 一年内有季节性的流行,但比起那些纷繁出新、变幻不同的年度流行语,季节所创造的历时性系列更少。共时性的部分是**"线条"**,它才是年度的。

[17] 有时候,我们也依赖其他的共时性的东西来支配或者作为一个有趣的例子。

[18] 当然,也不排除对流行历时性的一般思考(参见附录1)。

[19] 然而,这种选择并不完全是随意的。《她》和《时尚新闻》似乎比《时尚》和《时装苑》更具**流行魅力**。

[20] 出现次数的差异具有社会学意义而不是系统上的重要性,它向我们表明了一本杂志(从而也是一个读者群)的**品味**(痴迷),而不是事物的一般结构,意指单元的频繁度只与杂志互相对比有关。

[21] 流行声明可以无须说明来源而加以引用,就像语法中的例子一样。

[22] 就像我们从翁布雷达纳(Ombredanne)对电影画面的感性认识所做的实验中所看到的那样[参见莫兰(E. Morin):《电影即人类意象》(*Le cinéma ou l'homme imaginaire*),子夜出版社,1956年,第115页]。

[23] 这就是为什么所有的新闻照片都附有标题的缘故。

[24] 从照片到图示,从图示到图表,从图表到语言,认识的投入逐渐增加[参见萨特(J. P. Sartre):《想象》(*L'imaginaire*),巴黎,伽利玛出版社,1947年]。

[25] 参见2 - 3;15 - 3。

[26] 就照片来说,语言的作用有点类似于音位学在语音学中的作用,因为它允许把现象孤立起来,"就像从声音中产生的抽象物,或者是声音的功能特征组"[比森(E. Buyssens)引自特鲁别茨柯伊:《语言学符号的本质》(La nature du signe linguistique),载于《语言学报》(*Acta linguistica*)Ⅱ:2,1941年,第82—86页]。

[27] 实际上,所有的时装评论都是一种内隐的**标记**。参见3 - 9。

[28] 反过来讲,流行中所谓**饰品**往往是必不可少的。言语系统绞尽脑汁想使琐碎细物变得有所意指。**饰品**一词是从实际经济结构中派生出来的。

[29] 这些服饰属项已完全将它们自身纳入了各种意指变化之中(参见12 - 7)。

[30] 参见马丁内的《原理》一书,6 - 17。

[31] 美国一家服装厂曾经组织了一项实验,结果尚无定论[记载于罗思坦(A. Rothstein):《照片新闻学》(*Photo-journalism*),纽约,摄影图书出版公司,1956年,第85页、第99页]。它试图发现人们在**阅读**人体轮廓外观时的视线移动路径。阅读的重点区域,即视线时常落到的地方,当然非脖子莫属,用服饰术语来讲,即领子。当然,也难怪,这家工厂是卖衬衫的。

[32] 流行时装(**舞裙**)的功能化是一种含蓄意指现象。因此,它完全是流行体系的一部分(参见第十九章Ⅱ)。

[33] 索绪尔:《普通语言学教程》(*Cours de linguistique generale*),巴黎帕约出版社,1949年第4版,第3章。

[34] 马丁内《原理》1.18——吉罗(P. Guiraud)曾经分析了符码与语言的同一性,信息与言语的同一性[《语言学定量分析力学》(La mécanique de l'analyse quantitative en linguistique),载于《应用语言学研究》(*Études de linguistique appliquée*)第2期,迪迪耶出版社,1963年,第37页]。

[35] 有关封面女郎,参见18.11。

第二章 意义的关系

为多维尔的节日午宴准备的一件轻柔的无袖胸衣。

I. 共变领域或对比项

2-1 对比替换测试

在书写服装中,我们面对的是一种捉摸不定的沟通方式,其单元和功能对我们来说都是未知数,因为尽管它的结构是口述的,但它并不与语言的口述完全一致。[1]这种沟通是如何建构起来的呢? 我们将试图利用语言学提供的一种操作模型:**对比替换测试**(l'épreuve de commutation)。假设我们有一个整体性的结构,对比替换测试就是人为地改变这个结构中的某个术语[2],然后观察这种变化是否导致了这个结构在解读或用法上的变化。因此,经由一连串的近似值,我们一方面可以找出导致解读或用法变化的最微小的实体片断,从而将这些片断定义为结构单元;另一方面,经由观察同时发生的变化,我们可以理出一个**共变**(variations concomitantes)的大致清单,从而确立这一结构整体中的**对比项**(classes commutatives)数量。

2-2 对比项:服装和世事

杂志充分利用对比替换测试,并将其公开应用于某些特选的事例中。例如,看到"**这件大号的长袖羊毛开衫没有衬里时显得很朴素,如果正反都可穿则显得很明快**"这样的句子,我们会立即发现其中有两种共变:衣服的变化(从**没有衬里**到**两面穿**)产生了特性的变化(从**朴素**到**明快**)。反之,特性变化也需要衣服的变化。把所有表示这一结构的表述合并在一起,我们就可以假定两种大的对比项的存在(在书写服装的层面上)。一个在于所有的服饰特征之中,另一个在于所有的个性特征(**朴素、明快**等等)或者事境特征(**晚上、周末、商场**等)之中。一面是样式、布料、颜色,而另一面是场合、职业、状态、方式,或者我们可以进一步将其简化为一面是服装,另一面是**世事**(monde)。但这还不够全面。如果我们抛开对这些特选事例的考察,转向那些明显缺乏这些双重共变的简单表述,我们就会时常碰到从我们的两种对比项——服装和世事——中派生出来的术语,它们都有明晰的语言阐述。如果杂志告诉我们:**印花布衣服赢得了大赛**,我们可以试着人为地替换一下,并且借助于文字体中的其他表述方式,比方说,我们可以认为从印花到单色的转换(在其他地方)包含着从大赛到花园聚会的转换。总之,衣服的变化不可避免地伴随着世事的变化,反之亦然。[3]世事和服装这两类对比项,包揽了众多的流行表述。杂志给予衣服的所有这些表述,都蕴涵着某种功能,或者更笼统地说,是某种适用性:**饰件意示着春天。——褶裙是午后的必备。——这顶帽子显得青春朝气,因为它露出了前额。——这些鞋子适于步行……**等等。当然,给予我们刚才确定的两个类项以一个名称"世事"、"服装",再"充入"(emplissant)一些杂志自己实际上永远不会承认的内容(它从来不提"世事"或"服装"),分析家就能够提出他自己的语言,即一种元语言。严格说来,我们应该限制自己,只把这两个类项称作 X 和 Y,因为最终它们的基础仍是一种完全形式上的东西。然而在这一点上,最好的办法还是,指出这两个类项中包含的实体差异(一是服装的,一是世事的[4])并且首先注明在这里引用的示例中,两个类项同样实际,或者说,可以同样明确:无论是服装,还是世事,从来都没有脱离文字表达。[5]

2-3 对比项:服装和流行

服装和世事这两项还依然无法揭示我们研究的整个文字体。在许多**表述**上,杂志只是简单地描述一下服装,从不把它和个性特征或**世事情境**

联系在一起。一方面是**一件碧绿的雪特兰外套,前胸从颈部开襟至腰部,袖子到肘部,裙子上有两个表袋**,另一方面又有**胸系带系于背后,领子系成小披巾状**。在此类例子中,我们所掌握的只有一个类项:服装。从而,这些表述缺乏相应的术语,少了它,对比替换测试以及书写服装的结构都无从谈起。在第一个例子中,衣服的变化需要世事的变化(反之亦然),但是因为衣服要继续创造一个对比项,改变描述的术语,即使是一种纯粹的、简单的描述,也会导致**别处**随之而来的变化。在这里,有必要重申一下:一件衣服的每一种描述都有其特定的目的,即表现流行,或者更确切地说是传递流行:任何一件加以注释的衣服都与流行时装保持一致。由此,描述服装中的某一因素的变化决定了流行时装的共变。因为流行时装是一个规范的整体,一套没有量刑等级的法律,所以,改变流行就是背离流行。改变流行的表述(至少在术语上)[6],例如,假设胸衣系带不再系于**背后**,而是系于**前面**,那么,相应地便会从流行转为不流行。当然,流行这一项只有这一种变化(**流行/不流行**),但已足以证明这一点。因为尽管这种变化还很单纯,但已能够进行"对比替换测试"。在所有那些衣服与世事毫不相干的情况下,我们会发现自己面对的是一对新的对比项,它是由服装和流行组成的。不过,与第一对(**服装/世事**)不同的是,从第二对中(**服装/流行**)派生出来的术语是现实化的,或者程度不等地加以明确的:流行从来都是难于言表的,它就像一个单词的所指一样,始终是内隐的。[7]

2-4　A组和B组

概括说来,现在可以断言,我们研究的文字体所具有的表述方式包含着两种术语,它们产生于两类对比项。有时候这两种术语都是明确的(**服装/世事**),而有时,一种明确(**服装**),另一种则很含蓄(**流行**)。但不管我们研究的是哪一类对比项,衣服这一术语总要被提及,并且它从属的组项也是现实化的。[8]这就是为什么对比总是要么在服装和世事之间,要么在服装和流行之间进行,而从不直接就在世事和流行之间,或者进一步在世事性的衣服和流行之间进行。[9]尽管我们掌握着三种主要的类项,但分析的只是两种对比体:A组(服装「世事)和B组(服装「流行」)。因而,只要确定A组所有的表述和B组所有的表述方式,就能穷尽文字体。

Ⅱ. 意指关系

2-5　同义

我们可以把对比项比做一个库藏,杂志从中取出一定数量的特征,赋予每一种情况,从而组成流行的表述。这些特征或特征群总是以成对的形式出现(对于对比替换来说很有必要)。但是,粘合这些特征或特征群的关系本质是什么?以A组为例,两组之间的关系初一看,颇为不同,有时是目的性的(**这些鞋子是为走路而做的**),有时又是随意性的(**这顶帽子显得青春朝气,因为它露出了前额**);在某些时间上是过渡性的(**装饰附件意示着春天**),而在另一些时间上又是情境式的(**有人在大赛上看到印花布衣服。百褶裙是午后穿的**)。对时装杂志来说,服装和世事似乎可以纳入任何一种关系形式。从一定角度来讲,这就意味着,这种关系的内容对杂志来说是无关紧要的事情。关系是恒定的,而其内容则变化无常,由此我们知道,书写服装的结构与关系的持久性有关,而不是与其内容有关。[10]或许这种内容完全是一派胡言(例如,饰件绝不会意示春天),但却不会破坏服装与世事的相互关系。在某些方面,这种相互关系是空泛的:从结构上看,不过是一种同义(équivalence)而已[11]:饰件**适于**春天;这些鞋子**适宜**走路;印花布衣服**宜于**大赛。换句话说,当我们试图把服装理由的多样性减少到一般的功能,以包容其全部内容时(这是结构分析的任务),却发现,表述在功能上的精确性不过是一种更为模糊关系的变形,是一种简单同义的变形。关系的"空泛"在B组中仍然表现得十分突出。一方面,由于此组中(**服装**「流行」)的第二个术语总是模棱两可的[12],关系就鲜有变化;另一方面,流行纯粹是一种价值观,它无法生产服装或者建立其某一种功能。雨衣当然是避雨用的。正是基于这种原因,至少是最初的原因或者部分的原因,在世事(雨)和服装(雨衣)之间存在着一种真正的转换关系。[13]但是,当一件裙子只是因为它迎合了流行的价值观而得以描述时,那么,在这件裙子和流行之间,除了纯粹是传统上的(而非功能上的)一致以外,毫无任何其他联系。服装与流行的同义的确是由杂志而非功用创造的。因此,两个对比项之间的同义关系总是确定无疑的:在B组中因为它是公然宣称的,在A组中则是因为它经由杂志提供的变幻形象而成为恒久不变的。

2-6 方位

当然也不能一概而论。服装和世事、服装和流行的同义是一种定性的同义。由于构成同义的两个术语不是同一类物质实体,不能以同样的方式加以利用。世事性的标注是不确定的(没有严格的界限),是难以计数的和抽象的。世事和流行的组项是非物质性的。与此相反的是,衣服的组项是由质料物的明确组合构成的。这不可避免地使得当它们在同义关系下对峙时,一面是世事和流行,另一面是服装,从而演变成展示关系的术语:服饰特征不仅成为世事特征或者流行的肯定[14],而且它也在展示着服饰。也就是说,通过在可视的和不可视的之间建立起同义关系,服装和世事或者服装和流行之间的关系就只奉行一种功用,即一种**读解**(lecture),我们不能把这种读解与表述的直接阅读混为一谈,后者的目的在于字母形式的单词和意义形式的单词之间的同义关系。实际上,这种文字表述从属于**阅读**(lire)的第二层面,即服装与世事或服装与流行的同义。杂志的每一个表述,都在超越构成表述的语词,创建一种意指作用体系,这种体系包含的能指,即服装,其术语皆为具体的、物质的、可数的、可视的。而非物质的所指,即世事或流行,则依具体情况而定。为了和索绪尔的命名法保持一致,我们可以称这两个术语(即服饰能指和世事所指或流行所指)之间的相互关系为**符号**（signe）[15]，例如"印花布衣服赢得了大赛"这一整句话就变成了一个符号，其中，**印花布衣服**是（服饰）能指，**大赛**是（世事）所指。**胸衣系带垂挂于背后，领子系成小披巾状**这一句也成了一个有着隐含所指**"流行的"**的能指，并且最终变成了一个完整的符号，就像语言中的一个单词。

2-7 分析的方向：深度和广度

由此，我们可以为书写服装分析两个互补方向：其一，正如我们已经看到的那样，每一个表述至少包含两种读解，一是对单词本身的阅读，一是对意指着**世事[流行]≡服装**的关系的阅读，或者也可以说，服饰符号的读解是经由一种话语转化为一种功能（**这件服装服务于世事的用途**），或者一种价值的肯定（**这件衣服很时髦**）而进行的。所以，我们可以断定，书写服装至少包括两种类型的意指关系。因此，我们应该再往分析的深度发展，努力把意指因素从形成它们的流行表述中分离出来；其二，以后会提到，所有的服饰符号都是根据一种差异系统组织起来的，因此，我们将设法揭示书写服装的**服饰符码**（code vestimentaire）**的存在，其中的能指项（服装）将替代所指项**（世事或流行），甚至超越符号本身。[16]服饰所指就是以这样的方式于其内部组织起来的[17]，也就是说，它们的范围将成为研究的对象。符号系统并不存在于能指到所指的关系中（这种关系可以构成一个符号的基础，但对一个符号来说并非必不可少），而是在于能指自身的相互关系中：一个符号的**深度**（profondeur）不会在其限度之内增加点什么。广度把它在于其他符号的关系中所扮演的角色看作是一个系统化的流行，它与它们或者类似，或者不同：每一个符号都来源于其周围环境而不是其根基。因此，书写服装的语义分析若想"诠释"（démêler）系统，就必须在深度上开掘，若想在这一系统的每一层面分析符号的连续性，就必须在广度上拓展。我们将开始尽可能清晰地理顺系统的层叠关系，而对于这种系统的存在，我们已有预感。

注释：

[1] 参见1-1。

[2] 我们必须记住索绪尔所说的："当我们是说'术语'而不是'词语'的时候，系统的观念便油然而生。"[戈德尔（R. Godel）:《索绪尔〈普通语言学教程〉手稿来源》（*Les sources manuscrites du cours de linguistique générale de F. de Saussur*），（日内瓦，德罗兹出版社，巴黎，米纳尔出版社，1957年，第90页、第220页）]。

[3] 当然，除非杂志自己在把世事的变化（"这件羊毛衫适合城市人或者乡下人穿"），把服装的变化（"适宜夏夜的平纹细布或者塔夫绸"）**一笔勾销**。参见11-3和14-2。

[4] 这里我们使用的**"世事"**不是纯粹社会意义上的，而是指属于世界的，内在于世界的东西。

[5] 我们将会看到(17-4)，当某些世事的术语从所指固化为能指（**一件运动衫**）的时候，会变成服饰术语。

[6] 以后我们将会看到（参见4-9和5-10），流行表述可以包括非意指变化，因为即使是书写服装的结构也不是和语言的结构完全一致。

[7] 这里我们不依据其语言学意义，把符号中能指和所指的一致，（包括所指的模糊特征）称作同构。

[8] 示例:I. 印花布衣服⌒**大赛**

    饰件⌒**春天**

   这顶帽子⌒**青春朝气**

   这些鞋子⌒**走路**

   II. 胸衣系带系于…………⌒[流行]

   前胸开襟低至腰部……⌒[流行]

[9] 在世事的服装和流行之间有一种关系，但这种关系是间接的，必须用关系的第二系统来解释（参见3-9和3-11）。

[10] 严格来讲，关系的内容在（目前我们所关注的）一定的结构层面是无关紧要的，但并不是在所有层面上都如此。衣服的书写功能属于含蓄意指层面，它们则属于流行体系（参见19-11）。

[11] **同义但不是同一**:服装不是世事。下面的例子清楚地表明了这一点，显然它们都是以一种矛盾的形式标记的:**适宜花园聚会穿的花园式样**。以后，图形符号"≡"将会用于标记同义关系（不是"="，它是用以表示同一的符号），从而可以写成:**服装≡世事**，以及**服装≡流行**。

[12] 几乎总是:说是**几乎**，是因为有时杂志会说:**蓝色是时尚**。

[13] 再说，这将使问题走向片面化。因为，我们会看到(19-2)，每一种功能也是一个符号。

[14] 肯定但不是特征，因为"**流行**"组只有一种变化:**时髦/不时髦**。

[15] 根据索绪尔的观点，符号是能指和所指的结合，而不是像大家所公认的那样，单独为一个能指（马丁内:《原理》）。

[16] 第五章将分析流行的符号。

[17] 这是流行体系最重要的部分，我们将在第五章到第十二章中加以探讨。

第三章　在物与词之间

一条小小的发带透出漂亮雅致。

I. 同时系统:原则和示例

3-1　同时系统的原则：含蓄意指和元语言

我们已经知道,流行表述至少包含两个信息系统:一是特定的语言系统,即一种语言(如法语或英语)。另一种是"**服饰**"(vestimentaire)系统,取决于服装(如**印花布衣服、饰件、百褶裙、露背背心**等等)指涉的是世事(**大赛、春天、成熟**),还是流行。这两种系统不是截然分开的,服饰系统似乎已被语言系统取而代之。叶尔姆斯列夫曾在原则上论述了在单个表述中,两种语义系统的一致所造成的问题。[1]我们知道,语言学可划分为**表达层**(E)和**内容层**(C),这两个层面是由关系(R)联结起来的,层面的整体和它们的关系形成一个系统(ERC)。组建的系统自身成为扩展后的第二系统的简单要素。在**分节**(articulation)的两个不同点上,这两个系统可以分开。第一种情况,第一系统构成了第二系统的表达层:(ERC)RC:系统 1 与**直接意指**(dénotation)层面相对应,系统 2 与含蓄意指(connotation)层面相对应。第二种情况,第一系统(ERC)构成了第二系统的内容层:ER(ERC)。系统 1 便与**对象语言层**(langage-objet)相对应,系统 2 与**元语言层**(métalangage)相对应。含蓄意指和元语言相互对立观照,这取决于第一系统在第二系统中的位置。这两个对称的疏离可以用一个粗略的图表来表示(事实上在语言内部,表达和内容经常混在一起):

2	E		C
1	E	C	

E		C
	E	C

根据叶尔姆斯列夫的观点,元语言是**操作法**(opérations),它们组成了科学语言的主体,其作用在于提供一种真实系统,我们将其理解为所指。它源自最初的能指整体,源自描述本质。和元语言相反,含蓄意指具有一种普遍的感染力或理念规则,它渗透在原本是社会性的语言中。[2]在含蓄意指中,第一层的字面信息支撑起第二层的意义。含蓄意指现象至关重要,尽管它在所有文化的语言中,尤其在义学中的重要性还未曾被人们所认识。

3‐2 三系统体:分节点

既然有了含蓄意指或元语言,两种系统就足够了。然而,我们不妨设想出三系统体。但分节语言的信息依照惯例都是由两系统充斥的(就像在那些广泛社会化的事例中一样,其直接意指、含蓄意指将成为我们主要关注的目标)。这三位一体的第三种系统自然就只能由语言以外的符码组成了,其实体是事物或意象。例如,一个有着直接意指、含蓄意指的语言体可以容纳一个事物的主要意指系统。整体表现出两种不同的分节方式:一是从(事物)的真实符码转移到语言的直接意指系统,另一种是从语言的直接意指系统到它的含蓄意指系统。元语言和含蓄意指的对立与两者在物质上的这种差异是一致的:当语言直接意指代替了真实符码,便充当起元语言的角色来,而符码则成为一个术语的所指,或者也可以完全是一个纯粹的**术语**系统的所指。然后,这种双重系统被当作最终含蓄意指的能指,融入第三及最终系统,即我们所说的**修辞**(rhétorique)系统。

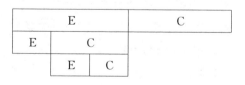

3. **语言分节:修辞系统**	E			C	
2. **语言分节:术语系统**	E		C		
1. **真实符码**		E		C	

系统 3 是纯粹的含蓄意指,居于中间的系统 2 既是直接意指(与系统 3 有关),同时又是元语言(与系统 1 有关)。分节点的这种不对称(一是能指,一是所指)源于实体的差异。因为系统 2 和系统 3 都是语言的,它们的能指都具有同一种性质(它们是单词、句子、语音形式)。系统 1 和系统 2 则与此相反,它们是混合的,一个是真实的,另一个是语言的,所以,它们的能指不能直接互相联系。真实符码的实体不经中介,无法补给文字符码的实体。在这种疏离的状态下,真实符码被语言系统的非实体性和概念性的部分,即语言的所指取而代之。这里有必要举个例子,我们选择了作为**习得**(enseignée),换句话说,也就是作为**言说**(parlée)的公路符码为例。[3]

3-3 习得的公路符码

我面前有三种不同颜色的灯(红、绿、黄),无须任何语言,我就能理解,每个信号都有不同的涵义(停、走、小心[4])。我只须学习一段时期,就能直接领会符号在其所使用的情境中的意义,只要不断重复地把绿色和走、红色和停联系在一起,我就能学会如何释读语义关系。我面对的绝对是一个符码,并且是真实的、非语言的,由可视的能指组成的,就是聋哑人使用起来也易如反掌。但是,如果我是从老师那里懂得了信号的意义,那么,他的言语就代替了真实符码。因为言语本身就是一个意指系统。于是,我就面对一个双重的、由不同成分混杂的整体,半真实,半语言的。在第一系统(或公路符码本身)中,一定的颜色(能感知到的,只是无以名状)意示着一定的情境。在老师的言语中,这种语义上的同义在第二语义系统中重新复制,它把文字结构(**一个句子**)变成某种概念(**一个命题**)的能指。基于这种分析,我有两个转换系统,图示如下[5]:

2. **言语符码**	Sr /红色是停的 符号/:句子	Sd "红色是停的符号":命题	
1. **真实符码**		Sr 对红色的感知	Sd 意味着停

我们必须暂时在此打住。因为，即使我的老师非常客观地照本宣科地用一种中立的口气告诉我："红色是停的符号"，简单地说，即使他的用词达到了一种严格真实直接意指状态（这颇有点乌托邦色彩），语言也从来不会稳稳当当地代替最基本的意指系统。如果我是以经验方式（言语之外）习得公路符码，那么，我认识到的是差异而不是性质。（对我来说），红、绿、黄不是实存，存在的只是它们的关系，它们的对立游戏。[6]当然，语言中介有一个优点，它无须一个功能表。但是，通过孤立远离符号，它使人"忘记"（oublier）主要能指的实际对立。我们可以说，语言固化了红色与停的同义，红色成了表示禁止的"自然"（naturel）色。颜色从符号转化为象征。意义不再是一种形式，它采取了实体的形式。当语言应用于其他语义系统时，就会使它趋于中立。制度最具社会性的地方正在于它有一种力量使人们可以制造所谓的"自然"。但事实也并非尽皆如此。比方说，我的老师的言语就从来不会是中立的。即使当他仿佛只是在告诉我红色表示禁止的时候，他实则也在告诉我一些其他事情——他的情绪、他的性格、他希望在我眼中扮演的"角色"（rôle），我们之间作为学生和老师的关系。这些新的所指不依赖于习得的符码语词，而是话语的其他形式（"价值"、措辞、语调，所有那些组成老师修辞和习惯用语的东西）。换句话说，其他的语义系统不可避免地建立在老师的言语之上，即含蓄意指系统之上。最后一点，我们在这里研究的是一种三元体系，它包括真实符码、术语或直接意指系统，以及修辞或含蓄意指系统。根据业已勾勒出来的理论框架，现在可以填上内容：

3. 修辞系统	Sr 老师的习惯用语		Sd 老师的"角色"	
2. 术语系统	Sr /红色是停的 符号/(句子)	Sd "红色是停 的符号":(命题)		
1. 真实公路符码		Sr 对红色的感知	Sd 禁止的情境	

这个图表推导出两个话题。

3-4 系统的分离

首先,因为两个下级系统完全体现在上级系统中,所以,在修辞层面上,整体被全盘接收。无疑我收到的信息是客观的:**红色是停的符号**(我行为的相符性就是证明),但实际上我所体验过的是我的老师的言语、他的习惯用语。假如,比方说,这个用语不过是一种恐吓,红色的涵义也就不可避免地会带上一定的恐怖因素。在信息快速传递过程中(正如我们所体会的那样),我不可能把术语系统的能指放在一头,而把修辞系统的能指置于另一头,不可能把红色和恐怖分开。两种系统的分离只能是理论上的,或者实验性的,它与任何一种实际情况都不相吻合。因为当人们在面对恐吓性的言语时(而这往往是含蓄意指的),他很少能够当场把直接意指信息(话语的内容)和含蓄意指信息(恐吓)分开。恰恰相反,第二系统有时会渗透进第一系统,甚至会取而代之,干扰它的可理解性。一个威胁性的口吻扰乱性之大足以把整个我们的系统搅成一团糟。反过来,两种系统的分离又是使信息脱离第二系统而最终将其所指"客观化"(objectiver)(如,霸道)的一种手段。医生就是这样对待他病人的满口脏话的。他不能允许自己把侵犯性话语的实际所指和它形成的神经性符号混淆起来。但是,如果这位医生不是处在实验情境下,而是在一个现实环境中收到同样的话语,此时,这种分离就相当困难了。

3-5 系统的等级

由此我们引入第二个话题。假设有人能够把这三个系统分离,它们也不表示着同一种沟通形式。真实符码基于一段见习期,然后再是一段持续期。先假想一种实际的沟通。一般来说,这是一种简单和狭隘的沟通(例如,像航空母舰上的道路标志或着陆信号之类的)。术语系统表示一个快速沟通(它无须时间去发展,词语缩短了见习时间),但这种沟通是概念性的,它是一种"纯粹"(pure)的沟通。修辞系统下活动的沟通方式具有更为宽泛的意义,因为它为信息开创了一个社会的、情感的、理念的世界。如果我们用社会来界定真实,那就只有修辞系统更为真实,而术语系统则过于形式化,类似于逻辑,所以显得不够真实。但是,这种直接意指符码更是一种"选择",我们最好用一个带有纯粹人类尝试的证据来说明这一问题。一条狗懂得第一符码(信号)及最终符码(主人的声调),但它不理解直接意指信息,只有人类才可能理解。如果我们按照人类学的观点,硬要把这三个系统纳入一个等级体系中,以衡量人类相对于动物的能力大小,那么,我们可以说,动物能够接收并释放信号(第一系统),而只能接收第三系统。[7]对于第二系统,它既不能接收,也不能释放。但人类则可以把对象转化为符号,把这些符号转化为分节语言,把字面信息转换成含蓄意指信息。

II. 书写服装的系统

3-6 系统的崩溃

我们已经对同时系统作了一般性论述,它使我们可以描述书写服装所谓的"地质学"(géologie),可以对它所涉及系统的数量和性质进行详细说明。我们如何来清点这些系统呢?经由一系列有限度的对比替换测试:我们只须将这些测试用于表述的不同层面,观察它是否意示着特殊的不同符号,于是,这些符号必然指向本身即有差异的系统。例如,对比替换测试可以把单词称为语言系统的**一部分**(pars orationis),同样这个单词(或短语,甚至是句子)也可以是服饰意指作用的一个因素,可以是流行的一个能指,可以是一文体能指。正是对比替换层面的多重性证明了同时系统的多样性。这是关键,因为这里所提出的整个符号学分析都有赖于语言和书写服饰符码之间的区别。这或许令人颇为反感,但是,这种区别的合理性是建立在语言和描述不具备同一对比替换面这一事实基础上的。既然书写服装中有两种类型的同义或两组对比项（A组:**服装≡世事**;B组:**服装≡流行**），我们首先将分析那些有着明确所指的表述（A组），然后，再分析隐含所指的表述（B组），以便紧接着考察两组类型之间的关系。

3-7 A组系统

假设有一个明确（世事的）所指的表述:**印花布衣服赢得了大赛**。我知道，这里至少有两个意指系统。第一个系统原则上是居于现实。如果我去了（至少在那一年）欧特伊(Auteuil)，不必借助于语言，我也会**看到**，在印花布衣服的数量和大赛的节日气氛之间的同义。这种同义明显就是每个流行表述的基础，因为它是先于语言的经验，其要素是真实的，而非言语的。显然，它是把真实服装和世事的经验事境联系在一起。它的典型符号是:**真实服装≡真实世事**。正是由于这个原因，以后，我们将称之为**真实服饰符码**(code vestimentaire réel)然而在这里，即，在书写服装的范围之内（我们保证遵从其术语规则），现实（欧特伊的赛场，作为一种特定布料的印花布）仅仅只是一个参照。我看见的既非印花布衣服，也不是赛场。无论印花布衣服也好，大赛也好，它们都是通过从法语（或英语）中借用过来的文字要素呈现在我面前的。于是，在这句表述中，语言创造了信息的第二个系统，我称之为**书写服饰符码**(code vestimentaire écrit)或**术语系统**(système terminologique)。[8]因为它所做的一切不过是以一种粗略的方式，用一个术语系统的形式来直接意指世事及服装的现实存在。如果我打算把对书写服装的阐释就停留在这个层次上，那么我会以这样的表述来结束:**今年，印花布衣服是大赛的符号**。在这一系统中，能指不再（像在系统1中那样）是**印花布衣服**，而是表述所必需的整个语音（在这里是图形的）实体，即所谓的**句子**。所指不再是**大赛**(les Courses)，而是由句子所体现的一组概念[9]，即所谓的**命题**(proposition)。[10]这两个系统之间的关系遵循元语言的原则:真实服饰符码的符号变成了书写服饰符码的简单所指（命题）。第二所指反过来又被赋予一个自发的能指:句子。

	Sr 句子	Sd 命　题	
		Sr 真实服装	Sd 真实世事

系统 2 或术语系统

系统 1 或服饰符码

但这还不够。在我的表述中,还有其他的典型符号(其他的同义),因而也还有其他的系统。首先可以肯定,在**印花布衣服**和**大赛**之间,在服装和世事之间的同义只是由于它标示(意指)着流行才产生(书写)的。换句话说,在大赛中穿上印花布衣服反过来变成了一个新的所指(流行)的能指。但是,因为这个所指只是鉴于世事与服装的同义被**书写**出来才得以实现的,因而同义本身这个概念便成了系统 3 的能指,它的所指是流行。经由简单的标记,流行含蓄意指着印花布衣服和大赛之间的意指关系,而直接意指则主要是在系统 2 的层面上进行的。第三系统(**印花布衣服≡大赛≡[流行]**)的重要性在于,它使 A 组中所有的世事表述都能意指流行(它确实没有 B 组表述得那么直接[11])。不管怎样,既然它是大为简化的系统,它对于每一事物的典型符号就只有一种二元变化(**标记的/非标记的;入时的/过时的**),我们将它简单地称为流行的含蓄意指。根据疏离系统的原则,系统 2 的符号成为系统 3 的简单能指。术语表述通过标写的单独作用,以一种补充的方式指涉流行。最后,所有这三个已经确认的系统类型,甚至把最后一个独创所指也算上,因而也包括最后一个典型符号:当杂志宣称**印花布衣服赢得了大赛**时,它不仅是在说,印花布衣服意指大赛(系统 1 和系统 2)以及两者之间的相互关系意指流行(系统 3),而且它还以一种竞争(赢得了)的戏剧化形式来伪装这种相互关系。因此,我们面对的是一个新的典型符号,其能指是完整形式的流行表述,其所指是杂志制造或者试图赋予世事和流行的表象。正如在公路符号中习得的那样,杂志的习惯用语创建了一种含蓄意指信息,旨在传递有关世事的某种视像。因而,我们称这第四种也是最后一种系统为修辞系统。人们可以在每一个有着明确(世事[12])所指的表述中找到这四种意指系统的严谨形式:(1)真实服饰符码;(2)书写服饰符码,或术语系统; (3)流行的含蓄意指;(4)修辞系统。这四种系统的阅读顺序明显与它们的理论阐述相对立。前两个是直接意指层,后两个是含蓄意指层,以后我们会看到,这两个层面构成了一般系统分析层面。[13]

4. 修辞系统	Sr 杂志的习惯用语		Sd 世事的表象
3. 流行的含蓄意指	Sr 标写		Sd 流行
2. 书写服饰符码	Sr 句子	Sd 命题	
1. 真实服饰符码		Sr 衣服	Sd 世事

3-8 B组系统

　　这每一个系统在B组表述中会变成什么? 即什么时候书写服装是隐含所指**流行**的直接能指? 以下面这个表述为例:**女士的裙装将短至膝盖,采用淡色的格子布,脚穿双色浅口轻便鞋。**我们可以设想一个真实的情境,所有那些看到这样服装的女士,都会立即将这些服饰特征(其中没有一个涉及世事的所指)理解为流行的普遍符号。很明显,我们在这里讨论的主要符码既是真实的,又是服饰的,与A组的符码类似,区别在于所指不再是世事,而直接(不再是间接的了)是流行。不过,这种真实符码只是作为书写服饰符码的**参照物**(référence)出现在杂志上。A组表述的构造再次与B组表述的构造表现同一性,除非,再强调一遍(因为正是这一点上,出现了差别),所指**流行**总是隐含的。既然流行是系统2的所指,它就无法作为系统3的含蓄意指的所指,不再有这种必要,因而也就渐趋消亡。

实际上，意指流行的不再是符号的简单标写：**衣服≡世事**，而是服饰特征的细节，以及它们"**自身**"的组织在**直接**意指着流行，就像在 A 组中的表述一样，这一细节，这一组织直接意指世事的情境（大赛）：在 B 组的表述中不再有流行的含蓄意指。服装表述（**女士的裙装将短至……**）采取了律法并且几乎是教律的形式（这对我们的分析并不重要，对此，我们已有所保留），从中，我们再度发现了一个含蓄意指系统——修辞系统。如同在 A 组表述中的事例一样，它以一种高高在上的、本质上霸道的方式传递着杂志拥有的或者试图给予的流行表象——或者更确切地说，是世事中的流行表象。B 组的表述由三种系统组成：真实服饰符码，书写服饰符码或术语系统，以及修辞系统。含蓄意指层面只包含一种系统而不是两种。

3. 修辞系统	Sr 杂志的习惯用语	Sd 世事的表象
2. 书写服饰符码	Sr 句子　　Sd 命　题	
1. 真实服饰符码	Sr 服装　　Sd 流行	

3-9　两种类型的关系

所有的书写服装都可以分为两组（A 组和 B 组）类型，第一组有四个系统，第二组有三个系统。这两组之间的关系是怎样的呢？首先，我们注意到，两组在直接意指层面上有同样的典型能指：服装，或更确切地说，是一连串的服饰特征。由此，当人们想研究符码 1 和符码 2 的结构时，就只剩一个能指，即服装供其分析。不管它是 A 组类型表述的一部分，还是 B 组类型表述的一部分，也就是说，不管它属于哪一组。说明了这一点后，我们必须重新强调两组之间的区别。这种区别在于：流行在 A 组中是含蓄意指的价值，而在 B 组中是直接意指的价值。在 B 组符码 2 的层面上，流行的意义并不来自简单标写(标记行为),而是源于服饰特征本身,更确切地讲,标写被直接纳入特征细节之中,它不能以一个能指发挥作用,流行也无法逃脱它作为一个直接所指的境遇。但杂志经由介入 A 组中服装和流行之间的世事所指,成功地避开流行,使其退回隐含或潜在的状态。[14]流行是一种武断的价值观,结果,在 B 组中,一般系统也是随意武断的,或者可以说,是公然地在文化意义上的。相反的,在 A 组中,流行的武断性变得遮遮掩掩,一般系统表现出自然本性,因为服装不再以符号,而是以功能的形式出现。像**露背背心系于背后**之类的描述,就是建立一个符号[15],而宣称**印花布衣服赢得了大赛**,就是把符号隐藏于(比如,自然)世事与服装近似的表面现象之下。

Ⅲ. 系统的自主性

3-10 系统自主的程度

为了分析流行的一般系统,有必要对组成一般系统的每一个系统分别进行研究。因此,重要的是弄清这些系统自主的程度如何。因为如果某些系统是紧密相连的,自然必须将它们一起分析。如果一个系统从整体中抽去其**所指**之后,我们仍然可以就剩余的表述进行研究,而丝毫不会改变剩余系统的个别意义。那么,这一系统就是(相对)独立的。于是,我们只须将这一系统和次级系统的"**剩余物**"(reste)对比一下,就能判断出其自主性。

3-11 修辞系统

与前一个系统的"剩余物"相比,修辞系统是(相对)独立的。以下面这一表述为例:**一条小小的发带透出漂亮雅致**(A组)。在这个表述中,很容易把一系列的修辞**能指**孤立出来。首先,动词透出的隐喻用法把术语符码的所指(**漂亮雅致**)转化为纯粹是能指(**发带**)的产物[16];其次,形容词**小小的**(petit)用其模糊性,既表示物理上的尺度(≠**大**),同时又表示一种道德的判断(＝**谦恭、朴素、迷人**)。[17]这个(法语)句式与**对句**(distich)的形式相映成趣:

> Un (e) petit (e) ganse
>
> Fait l'élégance. [18]

最后一点,表述的这种孤立使它显得像一句过分造作的箴言。即使所有这些修辞能指都是从表述中抽取出来的,仍然存在这样一种类型的文字表述,即**一条发带是漂亮雅致的一个符号**。就在这样一个大大简化到只剩直接意指的形式中,这一表述仍浓缩了系统1、2、3。由此,把修辞系统看作是一个独立分析对象还是合情合理的。

3-12 流行的含蓄意指

流行的含蓄意指(A组的系统3)没有自主性:**标写**(notation)无法和**标记**(noté)分开。因而这一系统依附于书写服饰符码。我们在其他地方已经看到,在B组中,流行的标写与服饰特征的术语表述是一致的。正因为如此,它成了简单直接意指的所指。因而,我们无法对流行的含蓄意指进行独立分析。

3-13 书写服饰符码和真实服饰符码的理论自主性

这样,就只剩下两个下级系统(不管它是A组,还是B组):术语系统和真实服饰符码。原则上讲,这两个系统都是独立的,因为它们由不同的实体组成(一是"语词",一是事物和情境)。人们无权将它们同一起来,无权宣称,在真实服装和书写服装之间,在真实世事和命名的世事之间,不存在区别。首先,语言不是实在的摹写;其次,在书写服装中,如果术语系统不是用以表示一种假定的世事和服装之间、流行和服装之间存在着**真正的**(réelle)同义关系,它就无以生存下去。当然,这种同义不是凭经验建立的,

(杂志)无从"证实"(prouve)印花布衣服的确适合大赛,或者一条胸衣背带就意味着流行,但这对于两个系统之间的区别来说意义不大,因为人们有足够的权力(并且是被迫的)把它们区分开来。它们的合法性标准是不同的,术语系统的合法性取决于(法语)语言的一般规则,而真实服饰符码的合法性则取决于杂志:服装和世事的同义,以及服装和流行的同义都必须符合**时装团体**的规范(极尽模糊晦涩之能事)。因而,两个系统原则上是自主的。[19]整个流行的一般体系当然也就包括了三个层面,供我们进行理论分析,即修辞的、术语的、真实的。

注释:

[1]　《论文集》(*Essais*)。

[2]　《神话修辞术》(*Mythologies*),门槛出版社,1957 年,第 213 页。

[3]　当然,从比森开始[《语言和话语》(*Les langages et les discours*),布鲁塞尔,勒贝格拉出版社,1943 年],公路符码就被当作符号学研究的一个基本范例。这个例子很有用,不过我们得记住,公路符码是一个非常"贫乏"的符码。

[4]　要注意,在这种基本符码中,所指自身组成结构上的对立:有两个两极对立的术语(**停/走**)和一个混合的术语(**停+走=小心**)。

[5]　这张表的明显不足在于它实际上混淆了其所指与能指,这与语言的本质有关。因此,语义上的同义关系的每一次扩充(它的空间化)都是一次变形。**概念**是从索绪尔的理论中得来的概念,还有待于讨论。在这里只是作为一种提示,而不想再重开这种讨论。

[6]　事实上,这只是一种乌托邦的情境。作为一个有着文化适应性的个人,即使没有语言,对于"**红色**",我也会有一种神秘观念。

[7]　一条狗不能利用它发出的信号建立起具有推理以及伪装的第二系统。

[8]　我们不能称之为语言系统,因为以下的系统也是语言的(第45页)。

[9]　在索绪尔看来,即使这一术语也是值得怀疑的。

[10]　句子与命题之间的区别来自逻辑。

[11]　由于流行在 B 组中是直接意指的,在 A 组中是含蓄意指的,因此,对于普通经济学体系,尤其对所谓伦理学体系来说,两组之间的这种区别是至关重要的(参见 3 - 10 和第二十章)。

[12]　提及**明确所指**,显然,我们指的是第二系统或术语系统。

[13]　参见 4 - 10。

[14]　关于隐含的和潜在的,参见 16 - 5。

[15]　除非,B组的修辞系统能够将这种符号转化为一种"**自然事实**"("**裙子太短了**")(参见第

十九章）。

[16] 从现在开始,当我们使用**所指**和**能指**这两个术语时,如没有进一步具体说明,就是指书写服饰符码或术语系统中的要素。

[17] **小**是为数很少的几个既属于直接意指系统,又属于含蓄意指系统的术语之一(参见4-3和17-3)。

[18] 当然,英文翻译无法重现法语表述中的押韵对句形式,但在两种语言中,具有这一进程的例子不胜枚举[原英文版译者注]。

[19] 这种区别显然是有根据的,因为(假设的)实在本身就在创建一个符码。

第四章　无以穷尽的服装

城市里的日常服装以白色为主调。

I. 转形与分形

4-1　原则和数量

　　试想（如果可能的话），一位女士穿着一件永不终止的服装，就是那种根据时装杂志上所说的每一句话缝制出来的衣服。文本本身的未完成，造成了这件衣服的永无止境。整个服装必须是井然有序的，即剪开，分成意指单元，以便相互之间可以互为比照，并以此方式，重建流行的一般意指作用。[1]这种无以穷尽的服装有双重维度，一方面，它通过组成其表述的不同系统不断深化，另一方面，它又像所有的话语一样，沿着语词的长链自我扩展。它可以由叠加其上的"集合"（bloc）（系统或符码）组成，也可以由并列的断片所组成（能指、所指，以及它们的联合，即符号）。于是，在**一条小小的发带透出漂亮雅致**中，我们就可以看出[2]，在垂直方向上，有四个"集合"或系统（的确，其中有一个是流行的含蓄意指，直接从分析中抽去），而在水平方向上，在术语层面上，有两个术语，一是能指（**一条小小的发带**），一是所指（**漂亮雅致**）。因而我们的分析在沿着语链的同时，必须深入语链的背后或下面。也就是说，对任何一种流行表述，都要预先使用两种操作手段：一是当我们在系统自身内部简化系统时所进行的**转形**（transformation），另一个是当我们试图孤立能指元素和所指元素时所进行的**分形**（découpage）。转形的目标在于深度上的系统，分形的目标在于广度上的每一系统的符号。转形或分形应在对比替换测试的保护下进行。我们只考虑无以穷尽的服装中,那些一旦变化就会导致所指变化的因素。反过来,对于那些虽有变异但却对所指无任何影响的因素,只得宣布它毫无意义。我们应该预先使用多少分析操作手段?因为流行的含蓄意指完全依附于书写服饰符码,所以,要缩简的就只有三种系统(在 A 组和 B 组中),从而也就只有两种转形:从修辞系统转到书写服饰符码,从书写服饰符码转到真实服饰符码。对于分形来说,并非所有这些都是必要的,或者说是可能的。把流行的含蓄意指(A 组系统 3)孤立出来,并不能创造一种自行的操作手段,因为能指(标写)充斥着整个表述,而它的所指(流行)又是隐含的。在此,我们无意把术语系统(系统 2)分成意指单元,因为这无异于去构筑一个法语(或英语)的语言系统,而这,严格来说,应该是语言学本身的事情。[3]而把修辞系统分成这样的单元,既是可能的,又是必须的。至于说分解真实服饰符码(系统 1),因为这一符码只有经由语言才能得到,要把它分成节断,尽管很有这种必要,也需要一定的“准备”(préparation)阶段,也就是说,需要某种“妥协”(compromis)。总之,无以穷尽的服装仍然必须受制于“转形”的两种操作方式和“分形”的两种操作手段。

II. 转形 1:从修辞到术语

4−2 原则

第一种转形不会造成任何根本性的问题,因为它不过是把句子(或一段时期)的修辞价值剥去,以把它精简至服饰意指作用的一个简单的文字(直接意指)表述。众所周知(尽管我们很少从含蓄意指的语义学角度出发来研究它们),这些价值包括隐喻、音调、文字游戏和韵律,人们可以轻而易举地把这些东西“脱水”(évaporer),变成服装与世事,或服装与流行之间的一个简单的文字同义。当我们读到:**百褶裙是午后的必备**,或者,**女士将穿双色浅口无带皮鞋**,用下面的话代替就足够了:**百褶裙是午后的符号,或**

者,双色浅口无带皮鞋意示着流行,从而可以直接到达术语系统或书写服饰符码,这也是第一种转形的目的。

4-3 混合术语:"小小的"

我们唯一可能碰到的麻烦在于,遇到文字单元时,无法立即判断出是属于修辞系统,还是属于术语系统。这主要是由于它们的术语环境。它们有多重价值,并且实际上又同时是两个系统中的一部分。正如我们所提到的那样,形容词"小小的"即是此类例子。"小小的"这个词如果是对尺寸的通常理解,那么它属于直接意指系统;如果它是指朴素、节约甚至带有感情色彩(爱心的妙意),那么它就属于含蓄意指系统。[4]对于像"辉煌的"(brillant)或"严格的"(strict)之类的形容词,同样也是如此,我们可以同时照字面意义或隐喻涵义去理解它们。要解决这一难题,即使不借助于文体判断,也是举手之劳。很明显,**一个小小的发带**,在这一表述中,"小小的"这一项是一个服饰能指(属于术语或者直接意指系统),这只是出于它可能会碰到"大大的发带"而言,也就是说,出于它是相关对立**大/小**的一部分,时装杂志将证明它在意义上的变化。除此之外,我们就可以断定(在发带的例子中),"小小的"完全属于修辞系统,然后,才会准确地把**一条小小的发带透出漂亮雅致**简化为**一条发带是漂亮雅致的符号**。

Ⅲ. 转形 2:从术语到服饰符码

4-4 转形 2 的界限

我们曾经说过[5],原则上,书写服饰符码和真实服饰符码都是自主的。然而,如果书写系统的目标在于真实符码,那么,失却了"转译"(traduisent)它的语词,这种符码将永远是遥不可及的。它的自主性已足以要求独创性的解读,一种有别于语言的解读(不是纯粹语言学上的),但它还难以使我们考察从语言中分离出来世事和服装之间的同义。以方法论的观点来看,这种矛盾状态实在令人不解。因为如果我们把书写服装的单元当作文字单元,那么,在这一服装中,我们唯一能够接触到的结构就是法国人(或英国人)的语言。我们分析的是句子的意思,而不是服装的意思。如果我们把它们当作事物,当作服装的真实要素,那么,从它们的排列组合中,我们找不到任何意义,因为这些意义就是制造它的那些杂志的言语。我们要么靠得太近,要么离得又太远。无论哪种情况下,我们都缺乏核心关系,即杂志所体现的服饰符码的核心关系,一种在目标上是真实的,同时在物质实体上又是书写的核心关系。当有人告诉我:**城市里的日常服装以白色为主调**,即使我把这一表述简化到它的术语状态(**日常服装上的白色主调是城市的符号**),从结构的角度来看,在主调、白色、日常服装和城市之间,除了句法上的关联,即那些主语、动词、补语等等以外,我找不到还有什么关系。这些关系从语言中衍生出来,但无法构建出服装的语义关系。它既不懂动词、主语,也不知道补语,它所知晓的只是布料和颜色。当然,如果我们考虑的只是描述问题,而不是意义问题,我们就会毫不犹豫地把杂志的表述"转译"成质料和实际用途。因为语言的功能之一就是传递那些实在的信息。但在这里,我们探讨的不是"诀窍"(recette)。倘若我们不得不去"理解"(réaliser)杂志的表述,那将会有多少不确定因素(形式、数量、白色主调的排列组合)! 实际上,我们必须意识到,服装的意义(正是在表述这一点上)是直接从属于文字层面的。白色主调**正是通过它的模糊不清来意指的**。语言是一道界线,没有它意义是无法理解的,也无法把语言的关系与真实服饰符码的关系等同起来。

4-5 自主性

这种循环表明了写的多义形式,它把一个术语的使用(usage)和提及(mention)混为一谈,不断利用它的自主性混淆语言的客观性,同时把语词既指涉为物,又意示着词。Mus rodit caseum, mus est syllaba, ergo ...[6]

（**老鼠啃干酪,老鼠是音节,所以……**）,这种写作方式,玩真实于股掌之中,拿住,再放走,多少有点像一种模糊逻辑,它把 mus 既当作一个音节,又当作一只老鼠,在音节之下令老鼠"大失所望"的同时,又在音节中塞满了老鼠的现实存在。

4-6 关于伪句法

我们的分析看来只能永远地困于这种模糊性之中了,除非它认为乐在其中,而有意利用这种模糊。其实,我们不必脱离这一条语词链(它维持着服装的意义),也可以设法用一种**伪句法**(pseudo-syntaxe)替代语法关系(其本身不具任何服饰意义),其分节方式摆脱了语法的束缚,唯一的目的就是表现服饰的意义,而不是话语的概念性。我们从以下这个术语表述开始:**日常服装的白色主调是城市的符号**。从某种意义上讲,我们可以"蒸发"(évaporer)短语的句法关系,用极为形式化的功能,即足够空泛的功能,来取而代之,以便能从语言学向符号学的方向转化[7],从术语系统转向我们有理由相信最终达到的服饰符码。此时,这些功能是我们已经使用过的**同义**(l'équivalence)(≡)以及**组合**(·)(combinaison)。我们还不知道这种组合采取的是蕴涵(implication)、**连带**(solidarité),还是简单的联结(liaison)[8],因而只有采取像下面这样一种半文字、半符号的表述类型:

日常服装·主调·白色≡城市

4-7 混合的或伪真的符码

现在,我们可以来看看转形2的结果是什么样子。它是一个特定的符码,从语言中形成它的单元[9],从逻辑中形成它的功能,这一逻辑相当普遍化,足以使它代替真实服装的某种关系。换句话说,它是一个混合的符码,介于书写服饰符码和真实服饰符码之间。我们业已达到的这种半文字、半规则系统的表述(**日常服装·主调·白色≡城市**)代表着转形的最佳状态。因为等式的文字术语再也无法合理地进一步分解下去。任何想把**日常服**

装分解成它的组成部分(一件衣服的衣件)的企图都会超越语言,滑向,譬如说,服装的技术或视觉上的感知,从而违背了术语规则,这是其一;其二,我们可以肯定,这一等式的所有术语(**日常服装、主调、城市**)都有意指价值(在服饰符码的层面上,而不再是语言层面),因为改变它们中的任何一个术语,句子的服饰涵义都会随之改变。我们不可能用**蓝色**代替**白色**,而对衣服和城市之间的同义关系不产生影响,也就是说,不改变整个意义。如果术语规则认同这一点,那么这就是分析所能达到的最终符码。现在,我们必须对我们一直使用到现在的真实服饰符码的概念进行修正(以前,我们无法做到这一点),它实际上是一个伪真符码。撇开流行的含蓄意指(Λ组系统3)不谈,书写服装的整体应包括下列系统:

    3. **修辞的**:城市里上的日常服装以白色为主调;

    2. **术语的**:日常服装的白色主调意指城市;

    1. **伪真的**:日常服装·主调·白色＝城市。

4‐8 转形2带来的束缚

    转形2不能从书写服饰符码完全转形为真实服饰符码,它仅仅满足于产生一种脱离语言句法,但部分仍是书写的符码。转形2的这种不彻底性,给我们的分析带来了一定的限制。通常的限制在于术语规则,因为它规定:不得违反所分析服装命名的本质,即,不得从语词转向意象或技术。当服装是以其种类命名时,如**帽子、便帽、无沿帽、钟形帽、草帽、毡帽、圆顶高帽、风帽**等,这种限制尤显重要。为了将这些各式各样的帽子之间的区别结构化,人们总倾向于把它们分解成一个简单的要素,从意象或构造上加以理解。术语规则禁止这样做,杂志把它的标写停留在类项或种类上,我们无法再越此一步。分析的悬置不动并非如其表面上的那样无缘无故,杂志给予服装的意义不是出自形式的任何特殊的内质,而是出自种类的特殊对立:如果**无沿帽**很时髦,不是因为它的高挑和无边,而只是因为它不再是一顶便帽,也不再是一顶风帽。忽略类项的命名,无疑会导致服装的"自然化"(naturaliser)，反而错失流行的本质。术语规则并不需要拜占庭式的谦恭，它不过是掩掩门扉，控制流行意的流入。因为，假若没有这种文字樊篱，流行就会一头扎进形式或细节之中，重蹈**戏装**(costume)的覆辙。它绝不会如理念般精致。

4-9 转形2所赋予的自由

不过，语言君临天下不是绝对的（假如是的话，也就不可能有转形了）。它不仅必须超越语言所赋予的句法联系[10]，而且在术语单元的层面上对话话文字的僭越也网开一面。内部限制是什么？当然是决定它们的对比替换测试。我们可以随意用一些语词替代另一些语词，只要这种替换不会导致服饰所指的变化即可。如果两个术语指的是同一个所指，它们的变化又是非意指性的，我们就可以用一个取代另一个，而不会引起书写服装结构的嬗变。**从头到脚**(de-haut-en-bas)与**全身**(tout-le-long)，这两个术语如果有同样的所指，那么它们就被认为是可以互换的。但是反过来，有必要对替换加以限制的是，杂志把服饰涵义上的变化用两个术语表示，这两个术语的语句表示十分相似，甚至是同样的。于是，根据字典，**丝绸的**(velu)和**丝般的**(poilu)的直接意指涵义几近相同（**由丝做成的**）。然而，如果杂志宣布，**今年，丝般的布料代替了丝绸的布料**，即使是利特雷(Littre)（或韦伯斯特），也必须承认，**丝般的**和**丝绸的**能指不同，因为它们分别指向不同的所指（例如，**去年/今年，流行/不流行**）。由此，我们可以看出，利用语言的同义词可以干什么。语言学上的同义不必非要与服饰上的同义保持一致，因为服饰符码（伪真的）的参照面不是语言，而是服饰和流行或世事之间的同义关系。只有打破这一同义的东西，才意示着意指现象的所在。但因为这种现象是**书写的**，任何想打破它或取而代之的事物都要受制于某种术语系统。我们被语言扼住了喉咙，以至于服装的涵义（**发带═漂亮雅致**）只能由概念来独力支撑。这种概念又是以这样或那样的方式取得语言本身的认可。但我们从语言中获得的自由在于，这一概念的语言学**价值观**对服饰符码没有丝毫的影响。

4－10　简化和扩展

　　这种自由的好处是什么？要记住，我们寻求的是建立一种普遍意义上的结构，能够阐释流行的所有表述，而不论其内容如何。由于它是普遍性的，这一结构就必须尽量规范。从术语的到服饰的（以后，就称之为伪真符码）转形，只有在寻求简单功能的指导下才是有效的，和表述的最大可能数量一样：比方说，一个很有意思的做法是每次我们把伪真服饰符码的表述，甚至是经过简化的表述，融进少量的式样之中，而不会改变服饰涵义。正因为如此，转形2不像简化本身那样受经济作用的制约，而是受普遍化的影响。因而，第二转形的扩展是各异的。当然大多数情况下，它实际上仍是一种简化（réduction）。服饰表述会发现自己要比术语表述更为羸弱，我们已经看到，**日常服装·主调·白色≡城市**所产生的表述比**城市中的日常服装以白色为主调**要狭窄得多。但反过来，扩大术语表述，以便采用一种宽泛的形式，其余系统证明了这一形式具有的普遍性，这样做倒也不无裨益。这样的话，**一件亚麻裙子应该发展为一件裙子，其布料是亚麻的**[11]，或者更好一点：**裙子·布料·亚麻**，因为，在其他情况下的不确定性证实了在亚麻型和裙子之间的中介（布料）还是具有一定的结构效用。因此，转形2有时是一种简化，有时是一种扩展。

Ⅳ. 分析的层次

4－11　制造流行的机器

　　考虑到变化无常的表述，以上两种转形是我们必须着手研究的。如果我们想对它们在操作方法上的作用有所认识，可以暂时把杂志设想为一台制造流行的机器。严格说来，机器的工作应当包括第二转形的剩余，即伪真的服饰符码。这种剩余必须是规范的、普遍性的，并且能够提供选择和固定程序。从修辞到术语的第一转形不过是文本的**预先编辑**（pré-édition）（就像我们提及转形机器时所说的那样），我们很理想化地将这种文本转形为衣服。此外，这一双层转形在逻辑中也可以发现，如，把**天空是蓝色的**转形为**这是一个蓝色的天空**[12]，然后，再把第二个表述交于最终的规则系统处理。

4‑12 分析的两个层次

我们已经知道，在流行的每一个表述中，都有三个基本系统：修辞的、术语的和伪真的。原则上说，我们现在应该继续探讨这三项清单。但术语系统的清单和语言清单混杂在一起，因为它要在语言符号（如"语词"）中探究能指和所指的关系。实际上，只有两种结构直接与书写服装有关：修辞层和伪真符码。转形1和转形2的作用都倾向于伪真符码。而且由于这种符码构成了修辞系统的基础，所以我们就从具有这种符码的书写服装开始我们的分析。然后，我们从中选择两项清单分析，一是伪真服饰符码，或简单地说，就是服饰符码（第一层次），一是修辞系统（第二层次）。

V. 第一分形：意指作用表述

4‑13 A组情况

在深度上进行简化也就意味着走向伪真符码层面，但无以穷尽的服装仍然必须分解为意义单元，即在广度上简化。A组中（**服装≡世事**），很容易将意指作用表述孤立出来，因为其中的所指由语言取而代之，相当明确（**大赛、漂亮雅致、乡村的秋夜**等）。这种表述在能指和所指之间，存在着相互指称，足以围绕着杂志自身刻意形成的服饰意义组建起杂志的话语[13]。任何一个句子,像对于功能的两种看法,都渗透着两个事物,一个是世事的(W),另一个是服饰的(V),不管写作要绕多大的弯路,两者都会创建 V≡W 型的语义等式,从而意指作用的表述:**印花布衣服赢得了大赛,饰品意示着春天,这些鞋子适于走路**——所有这些以修辞形式出现的句子,构成了丰富的意指作用表述,因为它们中的每一个都完全渗透着一个能指和一个所指。

> 印花布衣服≡大赛
> 饰品≡春天
> 这些鞋子≡走路

所有类似特征自然要移到等式的同一边,而不必考虑它们的修辞是否贯穿整个句子。例如,如果杂志将能指分解为片断,如果它在服饰所指的中间加上世事的能指,我们就可以重建它们各自的领地。读到**一顶帽子显得青春朝气因为它露出了前额**,我们可以把它简化为**一顶露出前额的帽子≡青春朝气**,这不会有改变服饰涵义的危险。我们不再为表述的长度或复杂性所困扰,可以去应付一个很长的表述:**固定地沿加莱港区散步;穿着一件两面穿的防雨大衣,棉质轧别丁和深绿色的洛登厚呢,宽肩**等等。这并不妨碍它以意指的一个简单单元来加以构建,因为我们只有两个领域:一是散步,一是正反都可用,两者经由一个简单的关系联合在一起。我们引用的所有表述都是简单的(即使它们很长,或者"凌乱不堪"),因为每一句表述中的意指作用都只动用了一个能指和一个所指。但还有更复杂的情况。在一个单独的句子表达的范围内,杂志很有可能给予一个能指以两个所指(**在仲夏或凉爽的夏夜穿的一件麻烦外套**),或者,于一个所指中加上两个能指(**适于鸡尾酒会的薄棉布,或塔夫绸**)[14],甚至两个能指和两个所指,靠**双重共变**(variation concomitante)连接起来(**条纹法兰绒或圆点的斜纹布,取决于是早晨穿还是晚上穿**)。如果恪守术语层面,我们就只能在这些例子中看到一种意指作用表述。因为在这一层面,句子只具有一种意义关系。但倘若我们想掌握服饰符码,就必须试着去把握那些能产生意义的最为细小的片断。从操作方法的角度来看,最好把众多的意指作用表述当作能指和所指的联合体,即使在术语层面上,其中某个术语是模糊的。因而,在我们所引用的例子中,有以下意指作用表述:

外套·料子·麻＝仲夏

外套·料子·麻＝凉爽的夏夜

料子·薄棉布＝鸡尾酒会

料子·塔夫绸＝鸡尾酒会

料子·法兰绒·条纹的＝早晨

料子·斜纹布·圆点的＝晚上

自然,这些复杂表述的文字形式不会毫无用处,它们可以提供能指之间(**薄棉布＝塔夫绸**)或所指之间(**仲夏＝凉爽的夏夜**)的某些内部同义关系,这使我们想起了语言中的同义词和同音异义字。双重共变(**条纹法兰绒或圆点的斜纹布,取决于是早晨穿还是晚上穿**)更是至关重要,因为杂志正是通过体现出相关对立,通常是像在**条纹法兰绒**和**圆点的斜纹布**之间的实际对立中,勾勒出能指的某种**聚合关系**(paradigm)。

4-14 B组的情况

在 B 组类型中(**服装＝[流行]**),表述的清单不能采用同样的标准,因为所指是隐含的。我们可能很乐意把整个 B 组类型的服饰描述都看作是一个单一的巨大所指,因为这些描述都对应着同一个所指(今年的流行)。但是,正如在语言中,不同的能指可以指向同一个所指(同义词)一样,B 组的书写服装同样可以如此。意指群体分裂破碎为意指作用的单元,而与此同时,杂志中又没有体现出这种分裂(只有从一页翻到另一页时,这分解才是可能的),从而形成了各不相同的单元,这种设想不无道理。在操作术语上应该如何来定义这些单元呢? 从语言学的涵义上讲,句子不能为"分裂"建立一种标准,因为它和服饰符码没有结构上的关系。[15]另一方面,就像把一组特征集于一人身上似的(**制服、套装**等),服装不再是一个保障的单元,因为杂志时常把自己限制在只对衣服的较小细节进行描述(**领子结成领巾状**),或者恰恰相反,服饰要素是超越个人的,它与姿态有关,而不涉及个人(**洛登厚呢适于每一件大衣**)。为了将 B 组表述分解,必须记住,在时装杂志中,对衣服的描述复制是从结构中,而不是从"言语"中派生出来的信息,无论它是一种意象,还是 一种技术。描述附带着一张照片或一组说明书,并且事实上,正是从这种外部参照物中,描述获得了它的结构统一性。为了从这些结构转移到"言语",杂志利用某种操作手段,我们称之为**转换语**(shifter),任何由转换语引入的服饰描述部分都被认为是 B 组中的意指作用话语:**这是一件开口至腰部的短上衣**之类的(转换语:这是);**一朵玫瑰嵌于腰间**之类的(转换语:零度的首语重复);**把你的露背背心扣在背后**之类的(转换语:把你)。

VI. 第二分形:辅助表述

4-15 能指的表述,所指的表述

一旦无以穷尽的服装被分解为意指作用的表述,再来抽取我们研究所需要的**辅助表述**(énonc, es subsidiaires)就不是什么难事了。因为在 A 组和 B 组中,能指表述都是由意指作用的一个单独表述所具有的所有服饰特征构建的。对 A 组(只是)来说,所指表述由意指作用的一个单独表述所具有的世事特征组成。在 B 组中,因为所指是隐含的,根据定义,它是从表述中派生出来的。[16]

注释:

[1] 我们理解的意指作用,不是基于当前对所指的涵义理解,而是在于进程的能动涵义。

[2] 参见第三章。

[3] 我们可以引证托克比(K. Togeby):《法语的内在结构》(*Structure immanente de la langue française*),哥本哈根,Nordisk Sprog og Kulturforlag 出版社,1951 年。

[4] 参见 17 - 3 和 17 - 6。

[5] 参见 3 - 13。

[6] "工作(Job)没有性、数、格的变化;恺撒(Caesar)是**双音节词**:verba accepta sunt materialiter"(动词接受是质料)。

[7] **符号学**的在这里理解为语言学之外。

[8] 当它试图将自身**解语法化**(dégrammatiser)时,有三种类型的结构关系。叶尔姆斯列夫在其理论中曾使用过这些类型(参见托克比在《法语的内在结构》一书第 22 页的论述)。

[9] 语言给予术语系统以伪真的服饰符码,但它也带走了其空泛的语词,而我们知道,这些空泛语汇在文本词语中有一半之多。

[10] 例如,服饰(不再是语言学)句法不可能认识到积极声音和消极声音之间的对立(参见 9 - 5)。

[11] **料子属于质料属**。

[12] 参见布朗榭(R. Blanché):《当代逻辑学入门》(*Introduction à la logique contemporaine*),巴黎,柯林出版社,1957 年,第 128 页。

[13] 杂志本身有时过于离谱,甚至于对意指作用采取一种语义分析手段:"对她那穿着入时的外表进行分解:它源于领子、裸露的胳臂及优雅的气质。"很明显,这种分析是一个"**游戏**",它在"**炫耀**"它的技术知识,它是含蓄意指的能指。

[14] 有关语助词**或者**,参见 13 - 8 和 14 - 3。

[15] 除此之外,什么是句子?[参见马丁内:《对语句的指考》(*Réflexions sur la phrase*),载于《语言和社会》(*Language and Society*),献给亚瑟·詹森(Arthur M. Jensen)的文章,哥本哈根,De Berlingske Bogtrykkeri 出版社,1961 年,第 113 页至第 118 页]。

[16] 书写服装的结构化进程包括以下几个步骤:I. 服饰符码清单(混合的或伪真的):(1)能指的结构(A 组和 B 组);(2)所指的结构(A 组);(3)符号的结构(A 组和 B 组)。II. 修辞系统的清单。

第二部分
流行体系分析

第一层次　服饰符码
一、能指的结构

第五章 意 指 单 元

一件长袖羊毛开衫或轻松随意,或端庄正式,主要看领子是敞开,还是闭合的。

I. 寻找意指单元

5-1 清单和分类

我们已经看到,把杂志对服装的**表述**当作服饰符码的**能指**,并假定它在一个独立的**意指作用**单元内,在这点上,我们是正确的,从简单**套装**到**裤子长度都在膝盖之上,一条方巾系于腰间**,收获必然是巨大的,而且,表面上看起来是杂乱无章的。有时我们瞥见的只是一个单词(**蓝色**是流行),有时又是一团错综复杂的**标写**(**裤子变短了**,等)。在这些有着不同长度、不同句法的表述中,我们要找到一个稳定不变的形式,否则,对服饰意义是如何产生的,我们将永远一无所知,并且,这一原则还必须满足两个方法论上的要求。首先,我们必须把能指表述分解为空间片断,并且是越精简越好。流行的每一个表述仿佛是一个链环,其连接处必须是固定的。然后,我们还必须对这些片断进行比较(不再进一步考虑它们所属的表述),以判断出它们是根据怎样的对立产生不同意义的。用语言学词汇来说,我们首先必须判断出,书写服装的语段(或空间)单元是什么,其次,系统(实际的)对立是什么。因而,这项工作是双重的:清单和分类。[1]

5-2 能指表述的组成特性

如果所指的每一次更迭都必然会导致能指的内部嬗变,比方说,每个所指都能支配自身的能指,而能指又如影随形地附在所指身上,那么,意指单元之间的区别也就立竿见影了,意指单元也就能有一个像能指表述一样的衡量标准。有多少不同的单元,就有多少不同的表述。**语段单元**(unités syntagmatiques)的定义相当简单。但另一方面,重建实际对立清单的可能性更是微乎其微,因为它必须将这些表述单元全部纳入一个独一无二的,并且永无止境的**聚合关系**(paradigm)中去,这无异于否定了我们在结构化进程中所做的一切。[2]书写服装就全然不同。它足以将几个服饰能指的表述互相加以比较,从而造成一个事实,即它们时常包含着相同的要素,也就是说,这些要素流动易变,适用于各种不同意义:**剪裁**(raccourci)一词适用于几种服饰衣件(裙子、裤子、袖子),在不同场合产生不同意义。这一切都表明,意义既不依赖于物,也不靠它的限定语,而在于,或至少在于它们的结合。因此,对能指表述具有的句法特性就不难理解了,它能够而且必须分解为更小的单元。

II. 意 指 母 体

5-3 对一个有着双重共变的表述进行分析

如何去发现这些单元呢? 我们必须再度从对比替换测试着手,因为单凭它就可以表示最小的意指单元。我们有几个特选的表述,曾经用于建立书写服装的对比项。[3]这些表述有着双重共变,也就是,杂志公然把所指变化附加于能指变化上(**条纹的法兰绒,或圆点的斜纹布,要看是早晨穿还是晚上穿**)。这些表述取代了对比替换测试。我们只须分析它们就可以判断出意义变化所需要的足够的活动区域。以此项表述为例:**一件长袖羊毛开衫或轻松随意,或庄重正式,取决于领子是敞开,还是闭合的。**正如我们已经看到的那样[4],由于双重意指作用的存在,所以,实际上这里有两种表述:

长袖羊毛开衫·领子·敞开≡轻松随意

长袖羊毛开衫·领子·闭合≡庄重正式

但是由于这些表述通常都有共同的固定因素,很容易确认出是哪一部分的变化导致了所指变化:**敞开**与**闭合**的对立——正是某一要素的敞开或闭合掌握着意指权力(当然,这只是对部分情况而言)。然而,这种权力不是自发作用,表述的其他要素也参与了意义的生成,没有它们就谈不上意义,它并不直接产生意义。的确,在长袖羊毛开衫和领子之间,存在着所谓责任差异。甚至于这些共同要素的稳定性也大不相同;不论**长袖羊毛开衫**具有何种所指,它始终是不变的,这一要素远离变化(**敞开/闭合**),但最终接受变化的仍是这一要素——显然,轻松随意或庄重正式的只能是**长袖开衫**,而不会是**领子**,后者仅仅居于变项和接受者的中间位置。至于第二个因素,只要**领子**还继续存在,不管它是敞开的,还是闭合的,其完整性都是实实在在的。但在意指更迭的直接冲击下,它也是靠不住的。因此,在这种表述中,意指作用在循着这样一条路线前进:从某个选择项出发(**敞开/闭合**),然后,经过一个部分要素(**领子**),最终到达这件衣服(**长袖羊毛开衫**)。

5-4 意指母体:对象物、支撑物、变项

我们开始意识到,可能存在着一种能指的经济制度:一个要素(**长袖羊毛开衫**)收到意指;另一个要素(**领子**)支撑意指,第三个要素(闭合)[5]则创建意指。这种经济制度似乎已足以阐述意义发展所经过的所有阶段,因为我们实在想象不出这种具有信息模式的传递,还会有什么其他的分节方式。[6]不过,这种经济体系是否就是必不可少的呢? 这还值得商榷。意义直接与衣服的改变有关,无须经过中介要素的传递,这确有可能:流行提及**敞开的领子**时,不必涉及衣服的任何其他部件。更何况,长袖羊毛开衫和领子之间的实体差异,相对于领子和它的闭合状态之间的区别来说,根本

不值一提。衣服和它的组合部分在实体上是统一的,然而衣服和它的资格之间,实体却崩溃了:第一和第二要素组成了一个紧密型集团,与第三要素对峙(我们会发现,这种裂沟始终贯穿整个分析过程)。然而,我们可以预见,在接受(**长袖羊毛开衫**)和传递(**领子**)之间保持这种区别,至少还具有长期的操作方法优势。[7]因为当变化不是性质上的(**敞开/闭合**),而主要是肯定性的时候(例如,在**有盖布的口袋/无盖布的口袋**)。在意指变化(**有/无**)和最终受变化影响的服装之间,保存一种中介物(**口袋盖布**)仍是必要的。我们的兴趣在于把三种要素的框架形态当作一种标准,而把具有两个术语的表述(**开领**)仅仅看作是简化的。[8]如果三个要素的组合在逻辑上是充分的,在操作手段上是必需的,那么,理所当然从中应该可以看到书写服装的意指单元。因为即使习惯用语扰乱了要素的顺序,即使描述有时会要求我们进行简化,或相反,要扩大它们,[9]我们仍然可以找到一个意指作用的**对象物**(objet visé),一个意指作用的**支撑物**(support),以及第三种要素——**变项**(variant)。因为这三种要素是同时存在的,在语段上不能割裂,这是其一;其二,因为每一要素都可以加入不同的实体(长袖开衫或口袋,领子或口袋盖布,闭合状态或存在),我们称这种意指单元为**母体**(matrice)。当然,我们会充分利用这一母体,因为我们发现:在每一个能指表述中,它都在简化、发展或者扩大。我们将用省略符号 O 来表示意指作用的对象物,用 S 表示支撑物,用 V 表示变项,母体则用图形符号 O. V. S. 来表示。举例来说,它可以这样来写:

$$\backslash 一件套头毛衣有一个闭合的领子/\equiv庄重正式$$
$$O\qquad\qquad V\qquad S$$

$$\backslash 一件毛衣有一个船形领/\equiv[时装]$$
$$O\qquad\qquad VS$$

$$\backslash 一顶帽子有一个高顶/\equiv[时装]$$
$$O\qquad\quad VS$$

5-5 母体的"证明"

我们可以看到,母体并不是机械地加以界定的能指单元,尽管它是利用测验来确认的。母体是一个模型，一个理想化的选择性单元，它产生于我们对一些特选表述所进行的考察。它的"证明"并不来自绝对的合理性（我们已经知道，它的"必要"特征还有待商榷），而是从经验物（它使我们得以对表述进行"经济"分析），从**审美**上（esthétique）的满足感[它以过于精美的方式指导分析。在这里，我们是就"精美"（élégante）这个词在数学解题时所具有的涵义来说的]中产生的。它把某些**经常性**的调整因素考虑在内，使我们能够阐释**所有**的表述，由此我们可以较为中肯地说，母体是合理的。

III. 对象物、支撑物和变项

5-6 对象物，或一定距离下的意义

有迹象显示，意指作用的支撑物和对象物之间在实体上的关系密切，有时，两个要素之间（**开领**）会有些术语混乱；有时，在支撑物和对象物之间又有一种（技术上的）包含关系，支撑物是对象物的一部分（**领子**和**长袖羊毛开衫**）。但我们并不是要在支撑物和对象物之间的这种连带关系上，而是在那些对象物与支撑物之间存在着巨大区别的表述中，把握意指作用的对象物的独创功能。**在一件宽松的罩衫会给你的裙子以浪漫的外表中**[10]罩衫和裙子是截然分开的，很少有系连的部分，然而，接受意指作用的唯有裙子，罩衫只是一个中介物，它支撑起涵义，却不从中渔利。裙子的所有**质料**（matiére）都是毫无意义，不起作用的，但却又是裙子在散发着浪漫情调。这里我们看到，给予意指作用的对象物以特征的是它对意义无孔不入的渗透性，再加上与意义的源头所保持的距离感（罩衫的**宽松性**）。意义以这种途径、这样的生成方式把书写服装变成了一种独创结构。例如，在语言中，就没有这样的目标对象，因为每一个空间断片（在语链中）都有指涉。语言中的任何东西都是一个符号，没有毫无用处的；所有都有意义，并非接受意义的。在服饰符码中，不起作用的是意指即将作用其上的那些

物体的独创状态：一件裙子先于意指而存在，也可以无须意指而存在。它收到的意义只是昙花一现，便凄然凋零。(杂志)的言语抓住无意义的物体，**不用改变它们的实体**，便把意义迅捷地置乎其上，开始以一个符号的形式存在下去。它也可以剥夺这种存在，所以意义就如同飞来之福降临在物体身上。如果剥去罩衫身上的宽松性，这件裙子的浪漫色彩也就消失殆尽，重新回到除了一件裙子以外，什么东西也不是，回到毫无意义的状态。流行的脆弱性不仅在于季节变换，同时也因为它的符号所具有的恩赐般的特性，在于意义的生成，从某种意义上讲，是在远远地触及被选择的物体。裙子的生命并不来源于它的浪漫所指，而是基于在言语用词的持续过程，它所拥有的意义其实并不属于它自己，而且随时都会被剥夺。一定距离下的意义流通自然与审美过程有关，在这一过程中，细枝末节就可以改变整个普遍性的外观。其实，对象物更接近于一种"形式"，即使它在质料上与支撑物无法共存并处。对象物给予母体以一种普遍性，而母体也正是经由对象物而进一步扩张。当它们为了指称最终的对象物而结合在一起时，也就接受了书写服装的全部意义。[11]

5-7 支撑物的符号独创性

和对象物一样，意指作用的支撑物总是由物体、衣服、衣服的某些部件或饰品构成的。在母体链中，支撑物是接收这样或那样的意义，并将其传递给对象物的第一个物质要素。就其**本身**来说，支撑物是一个不起作用的实体，既不产生，也不接纳意义，仅仅传递一下。物质性、不起作用和传递性，这三者使得意指作用的支撑物成为流行体系的独创要素，至少和语言有关。其实，语言的东西和意义的支撑物毫无共同之处。[12]当然，语言的语段单元不是直接能指，符号必须经过第二分节，即音素的中介：语言的意指单元依赖于各个分别独立的单元。然而，音素本身就是变项。语音这东西，可以立即有指涉。因而，语言学中的语段不能分成积极的和消极的部分，不能分作有意义的和无意义的要素。在语言中，任何事物都是有指涉的。服装不像语言,其**本身**并不具备意指作用体系。正是基于这一事实,意指作用的物质支撑是不可少的、独创性的。就实体来说,支撑物代表着服装的物质性,由此,它的存在游离于所有的意指过程之外(或者至少是先于这些过程的)。在母体中,支撑物证明了服装技术的存在,而与之截然对立的变项证实了服装意指的存在。这表明,所有的沟通系统都必然包括与它们的变项迥然不同的支撑物,这些沟通所赖以生存的是技术上或功能上先于意指存在的物体。例如,在食物中,面包注定就是要被吃掉。然而,它还能表示某种情境(没有焦皮的面包用以待客,黑面包表示某种乡村风味……)。于是,面包就成为意指变化的支撑物(**没有焦皮/黑皮≡待客/乡村**)。[13]总之,支撑物是我们对各类不同体系进行分析时的一个至关重要的操作概念。所有的文化意义上的物体可能最原始的意图就在于为一个功能目标服务,一个完整的单元总是,或者至少是,由一个支撑物和一个变项构成的。

5-8　衣素或变项

变项(例如,**敞开/闭合**)是意义从母体中展现,也可以说是随着表述,即书写服装而散逸之所在。我们可以称之为**衣素**(vestéme),因为它的作用不像语言的音素和词素[14],甚至和列维·斯特劳斯分析食物时所用食素(gustémes)的作用也不尽相同[15],两者的相同之处在于都是由相关特征的对立组成的,经过一番深思熟虑后,我们仍选择较为中立的术语**变项**(variant)。这是因为衣服意指变化包括存在状态或性质上的嬗变(例如:尺寸、重量、分立、附加),这并不是衣服特有的,在其他意指物的体系中也会发现。变项的独创特征是它的非物质性。[16]它改造了物质(支撑物),但其本身不是物质。我们不能说它是由于二选其一而组建起来的,因为我们不知道是否所有变项都是两元性的(类型上的两元:有/无)。[17]但我们可以说,所有的变项都来自于差异性的文字体(譬如,**敞开/闭合/半开半闭**)。严格说来,这种文字体(如前所述,法语很少有中性词)应该统称为**变项类**

(classe de variants)。系统或聚合关系的每一差异之处应该称为**变项**。但考虑到术语的经济性,况且这样做也不会有太大的模棱两可的危险性,以后,我们还是把变化的术语总体称为**变项**:例如,**长度**(longueur)的变项就包括了**长**和**短**两个术语。

Ⅳ. 母体各要素之间的关系

5-9 语段和系统

我们已经指出,对象物和支撑物两者总是物质性的(**裙子、外套、领子、帽边**等),而变项是非物质性的。这种不同在结构上的差异是一致的:对象物与支撑物是服饰空间的片断,它们是语段(比方说)的**自然**部分;而另一方面,变项是实体性的总库,而总库中只有一个变项在它所划分的支撑物上得以实现。因此,变项构成了系统与语段协调一致的契点。在此,我们再度看到了流行体系的独创特征,至少是和语言有关的独创特征。而在语言中,系统突破了语段的每一个契点,因为在语言中,没有一个符号,不管是音素,还是语素,都不是一系列意指对立或聚合关系的一部分。[18]在(书写)服装中,系统以孤立的方式标记着独创性的非意指群体。但这种标记,利用母体,有一种超越整个服装的散逸行为。我们可以说,在语言中,系统有存在的价值,而在服装中,它的价值主要是属性的,或者进一步说,在语言中,语段和系统充斥着它们代表的二维象征空间,而在(书写)服装中,这种空间可以说被堵塞了,因为不起作用的要素截断了系统维度。

5-10 母体要素之间的连带关系

或许我们可以用一扇上锁的门和一把钥匙这个妙喻来形象地阐释母体O. V. S.的功能作用。门是意指作用的对象物,锁是支撑物,钥匙是操作变项。为了产生意义,我们必须把变项"插入"支撑物,经过操作聚合关系术语,直至意义产生,然后,门开了,对象物具有了意义。有时候,钥匙不"配":长度变项不适合于支撑物**纽扣**。[19] 而当钥匙正合适的时候,则根据钥匙是左旋还是右转,变项是**长**还是**短**,意义也有所不同。在这个装置系统中,没有一个要素单独具备意义。在某些方面,它们互为依托,尽管最终是变项选择实现了意义,就像是手的动作来实施开门或关门的行为一样。这说明了,在母体的三种要素中,有一种**连带关系**(solidarité),或者像某些语言学家所说的,一种**双重涵义**(double implication)关系。对象物和支撑物、支撑物和变项互为条件[20]。一个是另一个的必要条件,没有一个要素是孤立的(排除某些在术语上不按常理的情况[21])。从结构上看,这种连带关系是绝对的,但它的连接力度则根据它在服饰实体或语言层面上所处的位置而有所不同。对象物和支撑物的连带关系非常紧密,因为两者同样都是物质的。和变项相反,后者不是,它更多地是指同一件衣服(此时,物体和支撑物在术语上难以区分),或者是一件衣服和它的某一部分(**一件长袖羊毛开衫和它的领子**)。而从语言学的角度来看则恰恰相反,支撑物和变项之间的联系最为紧密,它们经常以马丁内(Martinet)所说的**自主语段**(syntagme autonome)[22]表现出来。实际上,从术语上把对象物从母体中切除,要比切除变项容易得多:**在一顶边沿上卷的帽子**中,边沿**上卷**这一部分有充分的(语言学的)意义,而在**一顶有边的帽子……**中,意义仍然是悬而未决的。[23]再者,由于我们时常要对支撑物的变项进行操作控制,所以,可以把包含着支撑物和变项的这一部分称为**特征**(trait,feature)。

V. 实 体 和 形 式

5-11　母体内部服饰实体的分布

在这三个要素之间,服饰实体(整件服装、服装衣件、布料等)将如何分布呢[24]?能否把它们每一个配以特定的实体?长袖羊毛开衫是否总是意指作用的对象物,而领子总是支撑物,闭合状态总是变项? 我们能否列出对象物、支撑物以及变项的固定清单? 我们必须深入每一要素的本质。因为变项不是物质的,它永远不可能在**实体**上与支撑物的物体混淆(但从术语角度[25]很容易混淆起来):裙子、罩衫、领子或帽边,它们从来都不会构成变项。反之,变项也从来不会转变为对象物或支撑物。而另一方面,既然所有的对象物和支撑物是物质的,它们可以轻易地交换实体:在一种情况下,领子可能是支撑物,而在另一种情况下,就可能是对象物。这取决于表述。如果杂志说**领子的边上翻**,领子就变成了意指作用的对象物,而以前它只是一个支撑物。如果你愿意的话,完全可以将母体**提升**一个等级,以把对象物转换为简单的支撑物。[26]于是,我们只须建立两组实体清单,一是变项的,一是对象物和支撑物之类的。[27]由此,我们可以看出,书写服装的意指母体实际上是半形式、半实体性的。因为它的实体在前两要素之中(对象物和支撑物)是变动的,可以互相交换的。在第三个要素中(变项)则是稳定不变的。这一原则与语言的原则大相径庭,后者要求每一**"形式"**(音素)总是要有同样的音素实体(除了毫无意义的变化以外,包括所有一切)。

注释:

[1] 至少,这是研究的逻辑顺序,但托各比已在《法语的内在结构》(第8页)一书中指出,在实际使用的术语中,必须时常涉及系统,以建立语段。一定程度上,我们将不得不这样去做。

[2] 不论何时,只要聚合体是"**开放**"的,结构就会分崩离析。我们将会看到,这种情况发生在书写服装的某些变项之中。在这一点上,结构化进程的努力是失败的。

[3] 参见2-2。

[4] 参见4-13。

[5] 这里我们碰到了法语(以及英语)词汇中的匮乏问题,这将会妨碍我们整个研究工作。我们缺少一般性的语词来指称敞开着的和闭合着的行为,换句话说,在许多情况下,我们都将只能用这些术语中某一个来指称聚合关系。很久以前,亚里士多德(Aristotle)就曾经怨缺少一般术语(Κολυ, ου Ουοπα)来指称那些具有共同特征的实存[《诗学》(*Poétique*),1947年]。

[6] 每一条信息都由一个散发点、一条传递路径、一个接收点组成。

[7] 术语接收者操作性作用并不妨碍在流行的理论系统中有一个独创功能。(参见 5 - 6)

[8] 有关要素的混淆,参见第六章。

[9] 语言有权简化它们,因为术语系统不是实在符码。由于这是一个单元的问题,自然会希望合并这些单元,即形成句法。

[10] \裙子配宽松的罩衫/≡浪漫
    O   V   S

[11] 参见第六章。

[12] 显然,我们把纯粹的声音或噪音当作语言中意指作用的支撑物。但口头声音只是在**"哽咽不清"**的哭泣状态下,才游离于语言之外,其极为有限的功能在像流行这样的系统中和支撑物的功能价值毫无关系。

[13] 参见《关于当代食品供给的心理学》(Pour une psychosociologie de l'alimentation contemporaine),载于《年鉴》(*Annales*)第 5 期,1961 年,9—10 月,第 977—986 页。

[14] 这里不准备讨论变项或衣素与音素或词素更为接近,因为我们不知道流行体系是否也像语言一样,是双重分节的。马丁内讨论过这种双重分节,它表示语言由意指单元——**"语词"**,以及各自独立的单元——**"声音"**连接组成的现象。

[15] 《结构人类学》(*Anthropologie Structurale*)。

[16] 类项的变化(**亚麻布/天鹅绒**)明显背离了变项的非物质性。但实际上,发生变化的只是肯定。参见第七章。

[17] 有关变项的结构,参见第十一章。

[18] 我们知道,即使是音位的聚合关系,也是耳熟能详的(音系学),语素(或者意指单元)的聚合关系仍是初级学习的课题。

[19] 这里我们对某一**"限制"**有一个大致的框架,这种限制整体将形成流行的某种逻辑(12 - 1)。

[20] 所以,最好把母体写成 O)(S)(V,因为)(是双重涵义的符号。但既然只能有一种关系(连带关系),我们将舍弃这一符号。

[21] 有关要素的混乱和扩展,参见以下章节。

[22] 马丁内:《原理》。尽管特征经常是由一个名词和一个形容词联合构成的,结构术语仍不失为上选,因为它更能适合各种情况。

[23] 抑制这种悬疑不定,就是关闭了意义,但也改变了意义(并且改变其母体):
    \一顶帽子有边/   \一帽子有上卷的边/
    O V S   O V S

[24] **实体**在这里使用的涵义与叶尔姆斯列夫所使用的颇为类似,它是指语言音位上的整体。无须借助于语言学之外的假设,我们就可以淋漓尽致地描述出这些音位。

[25] 例如:在**一顶有边的帽子**这一句中,单词边支撑着它自身的存在变化。

[26] 有关**"等级"**的游戏,参见 6 - 3 和 6 - 10。

[27] 对象物和支撑物的联合清单,将在第七、第八章中拟定,变项的清单将在第九、第十章中拟定。

第六章　混淆和扩展

一件有着红白格子图案的棉布衣服。

I. 母体的转形

6－1　母体转形的自由

因为母体不过是一个意指单元,以其沿用至今的经典形式自然也就无法诠释所有的能指表述。在大多数情况下,处于术语状态下的这些表述不是太长(**胸衣系带扣于背后**),就是太短(例如,**今年**,**蓝色很流行**,即,**流行≡蓝色**)。因此我们期望母体能有双重转形。一是简化,某些要素在一个单独词中发生混乱时所采取的简化;二是扩展,当一个要素在单个母体内部扩大,或者几个母体互相结合时所形成的扩展。转形的这种自由遵循两个原则:一方面,术语系统不必非要和服饰符码保持一致,一个可能比另一个要"大些"或"小些",它们不依同一种逻辑,也不受同样的限制,所以才有了要素的**混淆**(confusion);另一方面,母体是一种易变的形式,半形式,半物质。[1]它是由三种要素的关系决定的:对象物、支撑物和变项。唯一的限制是这三个要素**至少**都必须出现在表述之中,以便能充分考虑到意义分布的经济性。但它的扩大却是没有什么能够阻挡的[2],所以就有了母体的**扩展**(extension)。至于它们的连接点,那不过是通常用来联结意指单元的句法。换句话说,对每一个能指表述的分析都要考虑到两种情况(我们选择的母体必须至少含有这三个要素):一是表述的每一个术语在母体中都必须找到自己的位置,母体必须穷尽表述;二是,要素必须渗透于母体,能指中才会充满意指作用。[3]

Ⅱ. 要素的转化

6-2 转化的自由及其限制

母体的三要素(O. V. S.)在一定程度上依照的是传统顺序,它符合阅读的逻辑。阅读,从某种意义上讲,是倒过来重建意义的过程,先有结果(对象物),然后再回溯到原因(变项)。但并不是非要照这种顺序不可。杂志完全可以颠倒母体中的某些要素。转化过程是相当自由的。这不是绝对的,它受理性范围的严格约束。其实,在支撑物和变项之间,我们看到一种强烈的语言连带关系,因而,可以想象,我们或许根本无法把母体中作为"特征"的部分分离出来。在理论上,O. V. S. 要素可能存在六种转化方式,其中有两个可以名正言顺地排除在外,即那些支撑物和变项可以通过对象物加以分离的[4]:

S. O. V.

V. O. S.

其他的转化公式也是可能的,不管在特征内部是否有变项和支撑物的转化;或者,也不管特征自身是否与对象物交换了位置;或者,最后一点,不管这两者的互换是否是同时发生的:

O·(V. S.):\一件罩衫有一个大领/
  　　　　　　 O　　　 V S

O·(S. V.):\一件长袖羊毛开衫领子敞开/
  　　　　　　　 O　　　 S V

(V. S.)·O:\高腰的(晚)礼服/
  　　　　 V S　　　　 O

$(S. V.) \cdot O: \backslash$领子小的是(运动)衫/
$\qquad$ S $\qquad$ V $\qquad$ O

可以想见,特征的两要素的互换(V. S. 或 S. V.)影响甚微,因为它的本源纯粹是语言的。特征顺序的变化是法语(很少是英语)的要求。例如,形容词在名词之前,再跟以其他部分。对象物的更迭具有更大的表达价值;主要特征给予支撑物以某种语义强调(**高腰的晚礼服**)。最后一点,从这一点出发,必须注意在几个母体互相组合在一起的情况下,我们不妨可以说,最终母体的对象物涵盖了中间母体的几种要素。表述呈现不再是线性的,而是架构式的。我们也不再能说,对象物先于或追随其相关要素,它只不过是后者的扩展。[5]所有这些互换显然都直接从属于法语(或英语)本身的结构。倘若 O. S. V. 的顺序必须一以贯之,那么,流行恐怕就只得用类似于拉丁语这样的具有语法变化的语言来表达自我了。

III. 要素的混淆

6-3 O 和 S 的混淆

我们已经指出,两种形式可以接受同样的物质实体,因而也可以接受同样的名称,结果,在单独一个词中,母体两个要素就会发生术语混淆。这是一个对象物和支撑物都已经简化后的例子:**今年,领子将敞开**。[6]这种术语上的简化绝不会抹杀对象物和支撑物在各自结构功能上的区别。在**敞开的领子**中,可以认为,从质料上接受了敞开这一行为(今年的领子)的领子,与流行意义所针对的领子(普遍意义上的领子),两者不可等同。实际上,今年,领子属(对象物)是由敞开的领子体现出来的(领子也因此成为支撑物)。这种对象物和支撑物的简化通常是如何发生的呢?我们可以把简化比作一条长链上突然打断连接顺序的一个结。在描述服装时,为了使支撑物通过实际的碰撞冲突,与对象物融和在一起,并统一起来,杂志必须抑制领子的意义,并且在一段时间内终止表述。另一方面,如果杂志扩展它的言语,超越领子而获得意义,结果便是在正常的母体中有了三个明确的要素。在所有被简化的母体中,都隐隐约约存在着一种对较为遥远的对象物的互换,有一种趋向旧支撑物的意义回归:在**开领很流行**中,领子接受了意义的指涉,而在其他地方,这些意义指涉便落在了明确的对象物上(**一件开领的罩衫**)。这种现象无疑具有普遍的适用性,因为它使我们明白了,描述是如何从它自身的有限范围内(不仅是从其扩展之中)为它的意义造就出一个特定的组织形式:**说**不仅仅是在标记和省略,而且也是在走向终点,并且正是通过这个终点的位置,去影响话语的新结构化进程。这里有一个意义的回溯,从表述的边缘回到中心。

6-4 S和V的混淆

我们已经知道,**特征**(trait)(支撑物和变项的结合)通常是由自主语段构建的[7],一般以一个名词和一个限定成分形成(**开领、圆顶、两条交叉的背带、开衩边**等)。但对于语言来说,混淆支撑物和变项毫无用处,因为特征的语言纽带十分强劲,这是其一;其二,在两个要素之间,有质料上的差异。鉴于它们是语言学上的刻板模式,并且在实质上又有所区别,命名这两个术语是很正常的。要想使变项和支撑物混淆,变项就必须舍弃它作为属性的价值(例如,用一个形容词带上一个名词,就可以表示这种价值),而走向支撑物的存在。这就是为什么特征的要素只是在两种变项中发生混淆,即存在的变项和类项的变项(这里有必要明了变项的清单[8])。如果表述的意指作用实际上依赖于衣件的有无,那么,不可避免地会将这个衣件命名为完全吸纳变项表达的支撑物。因为支撑物除了它自身的存在,或者自身存在的缺乏以外,别无所持;**腰带有流苏**,意味着**存在着流苏的腰带**。在第一个表述中,**流苏**这个词作为腰饰材料,是支撑物,同时作为这一质料存在的肯定,它又是变项。不论是在什么类项的变项中,我们都可以说,接受支撑物的是变项。例如,当整个表述为一件**亚麻裙**的时候,我们总倾向于把裙子定为对象物和支撑物的混淆,把亚麻定为变项(例如,与天鹅绒和丝绸相对)。然而,由于变项是非质料性的,亚麻不能直接构成一个变项。实际上,是布料的质料性支撑起类项的命名变化(**亚麻/天鹅绒/丝绒**,等等)。换句话说,在对象物(裙子)和**差别**之间,必须重新建立起质料支撑物的中介。用一般的术语来讲,这就是**布料**(tissu),其术语表达与类项命名完全一致:作为无差别的质料(布料),亚麻是支撑物,作为类项的确认(即,作为选择),它是变项。[9]像一件"**亚麻**"面料的裙子之类的表达(如果语言允许的话)就可以由此得到解释。因为**类项的肯定**(d'une espéce)是一个相当丰富的变项[10],所以支撑物和变项经常等同起来。在所有那些涉及布料类型、颜色或样式的表述中:**一件亚麻(布料)裙,一件白色(颜色)格子(样式)府绸罩衫**,我们可以发现这种情形。特征从词语单元中找到了它的精确尺度,而每一次,意义的主要源泉都是肯定,都是对存在或类项纯粹而简单的肯定,因为语言在不具备存在或特征化的同时,是不可能予以命名的[11]。

6-5 O、S、V的混淆

最后,对象物很容易与特征混淆起来,即使后者是很规范地发展扩大或是缩简的。在第一种情况下,我们的支撑物显然是和变项分离的,但在某种意义上,对象物会成为特征群的决定因素。如果杂志写道:**这件外套和无檐帽适宜春天**等等,显而易见,意指作用的对象物是外套和无檐帽这一整体。意义不是从哪一个中产生,而是产生于两者的统一体。对象物是整件外套,在这种情况下,它的术语表达和它所包含的每一个衣件,以及使它产生意指的变项混淆起来。[12]第二种情况,表述被简化至一个单词。在**今年蓝色很流行**中,**蓝色**同时是对象物、支撑物和变项。一般来说,支撑和接受意指作用的是颜色。**蓝色类项的肯定**构成了意指作用。[13]最后一点,这种省略最具想象空间,最适合于时装杂志用作大幅标题,以及篇章的标题。透过单个单词的简化形式("**衬衣式连衣裙**","**亚麻布**"),我们可以读到一个所指(今年的时装),一个其本身是由一个针对对象物所组成的能指,一个支撑物(衬衣式连衣裙的样式,布料),以及一个类项的肯定。[14]

Ⅳ. 要 素 的 衍 生

6-6 S的衍生

因为母体的每一要素都是一种"形式",原则上讲,可以同时"填上"(remplir)几种不同的实体内容。[15]母体可以经由自身某些要素的衍生而加以扩展。譬如,在同一基体中碰到两种支撑物,这并不稀奇。在所有包含有连接变项的母体中,这是一个值得注意的情况。因为它恰好就是变项的本质,即依赖于衣服(至少)的两个部分。这是一个很典型的例子:**一件(长袖)罩衫有一条丝巾在领子下面**[16](因为没有省略)。不过,最常用的例子是针对对象物和两个支撑物之一之间存在着部分关联的母体。例如,**一件罩衫掖进裙子里,**罩衫明显就是目标对象物,但同时,它又充当起变项出露的一部分支撑物。[17]当然,在这样一种表述中,对象物很可能与第一个物质支撑混淆起来,因为语言本身(我们研究的是书写服装)就给予置于前一阶段的术语以文体上的优势。所以,我们才可以看到,一个如此简单的"细节"(détail),居然轻而易举地就创建起目标对象物,即使它与支撑物在质料上的联系比其自身还要重要。在**手镯配裙子**中,我们主要是在说手镯。我们试图强调的显然只是作为目标对象物的手镯,尽管一件裙子比一副手镯重要得多。[18]实际上,这也是流行体系之所以存在的原因之一,即,至少给那些质料上不起眼的要素以同等的语义权力,并且通过补偿功能克服数量的原始定律。

6-7 V的衍生

从对象物到变项,母体日益精致,自然人们也就希望变项能比支撑物更容易衍生。我们离目标越近，母体就越深厚，积聚也就愈加困难；反之，我们距对象物越远，母体在利用抽象所带来的自由权利时所使用的要素也就越多。从而，单个支撑物有几个不同的变项也就不足为奇了。在**罩衫边上开衩**（即，**一件罩衫，其一边被裁开**），物质支撑公平地把自己均分给两个变项：裂缝（衩）和数量（一）。[19]下面这个表述所包含的变项超过了四个：**一件正宗的中国式束腰外衣，直裁，边上开衩**。[20]再者，一个变项很可能会在语言学上去改变另一变项，而不是改变它们共享的特质支撑物。在**背带交叉在背后**中，位置（**在背后**）改变了闭合状态变项（**交叉**）。[21]对于在这么单独一点上就有如此的变项术语的积聚，我们毫不奇怪，甚至一个变项叫能只通过另一个变项的中介作用就只与某个变项发生联系，我们也不觉意外。有必要修正的是，在法语中，**动词 chanterons**（唱）既有复数形式的特征，又表示将来时态，两者均出于同样的起着支撑作用的**词根 chant-**。[22]在这一点上，我们足以把那些既改变支撑物，又改变其他变项的普通变项，和那些只改变其他变项的特殊变项区别开来。这些特殊变项是强调或程度变项（例如，**随意打个结，显得轻松随意**）。这些都必须排除在外，因为如果想理出所有的特征清单（SV），就不能让强调成分直接介入，因为它们从来都不是直接系于支撑物之上的。我们必须检查的是它们与变项，而不是与支撑物的统一。[23]

6-8 O 的唯一性

在一个母体中，只有一个要素无法衍生，那就是意指作用所针对的对象物。[24]可以想见，流行会拒绝扩大母体的对象物：比方说，书写装的整体结构就是一个渐趋上升的结构，它试图穿越那些毫不相干的要素所组成的迷宫，使它的意义集中于特定的一个对象物。流行体系的目标就是竭力要从多简化到一。因为，一方面，它必须保持服装的多样性、不连续性和构件的丰富；另一方面，也要约束这种丰富，在一个特定目标的不同类项下，维系一个统一的意义。因而，最终，母体的统一性还是由意指作用目标对象物的唯一性来保证的。只要咬定它的唯一对象物不放，它就可以衍生它的支撑物和变项，而不必担心自我的湮灭。在母体互相联合的情况下，它们都是依照一个集中的组织形式联合在一起的[25]，最终，每个表述都是由一个与其他母体共置并存的单独母体充斥着。因为在这个最后母体中，目标对象物是独一无二的，它接纳了所有的意义，在母体发展过程中逐渐加以完善。从某种意义上讲，意指作用目标对象物的唯一性是流行体系整个经济制度的基石。

V. 母体的架构

6-9 母体对一个要素或一组要素的委托

几个母体在一个单独表述内的组合关系是建立在每一个母体所拥有的自由基础之上的，每一个都是通过一个要素或一组要素，在那些与之并置的母体中表现出来的。因而，这些母体，不是像一个句子中的单词一样，靠简单的线形并列连成一体，而是靠一种对位的复式发展，以及根据所谓的渐进架构联系起来的。因为，对表述来讲，最为常见的是，最终由一个"汇集组合"（recueilli）了所有其他母体的唯一母体所占据。举例来说，一个已经被渗透的母体：**白色发带**（[SV]. O）。由于白色发带是一个质料要素（即使这一要素被赋予变项的特征），我们很容易设想其在一个更为广泛的母体中所具有的部分功能。例如，它可以是对象物，也可以是支撑物。如果白色发带必须与纽扣相配（**白色发带和白色纽扣**），（白色）发带和（白色）纽扣就只能是统一体中新变项的支撑物，它的对象物隐约就是整个外表：

\白色发带　和　白色纽扣/
\SV O/　　　\SV O/
\S1　　V　　S2/
O

从而，三个母体挤进了同一个表述之中，其最后一个（S1. S2. V. O. ）与前两个共置并处,因为每一个物质母体都亲自"展现"着一个完整的母体。我们可以说,在这些句法发展中,一个母体授予另一个母体某一要素以代表它的权力,并代表它来向最后的母体传递它所拥有的部分涵义。当要素混杂并处时,母体可以委托给一个要素或一组要素。然而,并不是所有这种委托模式都是可行的,因为非质料性的变项不能代表一个母体。再者,利用对象物和支撑物,母体不可避免地会包含有服饰实体[26],从而,意义"点"(变项)总是固定的(相对于"展现"的要素来说),并且仿佛如领头羊一样,牵引着意义。这在最后的母体中看得很清楚。在这种母体中,变项的单薄,与支撑物和对象物的厚实形成了鲜明的对比。另一方面,OV组能代表任何母体,因为变项没有支撑物作为中介,就不可能与其对象物同一。因此,我们有以下的委托代表形式:

I. 要素

VSO = V:不可能

VSO = S:\白色发带和白色纽扣/

　　　　　\VS　O/

　　　　　　S1···

VSO = O:\一件皮背心有一个定做的领子/[27]

　　　　 \　VS　O/　\　　SV　O/

　　　　　　 O　　　　　　 SV

II. 要素组

VSO = SV:\府绸带黄点/

　　　　　　\VSO/

　　　　　 O　　VS

VSO = SO:\一个很大的薄棉领/

　　　　　　 \SV　O/

　　　　　 V　　　SO

VSO = OV:不可能

6-10　意义的金字塔

按理说,维系意指单元(母体)统一体的关系应是一种简单的组合关系(而不是像其他组合形式中那种连带关系,或者意示关系)。从形式上看,没有一种母体是以另一种母体的存在为先决条件的,它们自给自足。不过,这一特定的组合关系也是一个特例,因为母体是通过发展而不是通过附加联系在一起的。绝不可能出现一连串像 OSV＋OSV＋OSV 之类的结果。如果两个母体以一种简单的承继次序出现,其实不过是一个蕴涵于另一个之中,它们并置同存,隐匿于母体之中。我们可以说,书写服装就像一部教义,通过不断扩展充实起来,甚至可以说是一座倒置的金字塔:金字塔的基座(在上)同时由主要母体[28]、被描述整体内部的意义断片,以及它的字面表述所占据;在金字塔的尖顶部分(在下),是最后的次级母体,它集中归纳了所有以前的母体而创建起来,并由此而提出概念(如若不是为了阅读的话),提供最后统一的意义。这样的架构具有十分明确的涵义。一方面,它允许服饰意义通过表述恣意挥洒,这种架构保持着意义的最终统一性。可以说,流行意义的至尊机密被封锁在最后的母体之中(并且以更为独特的方式存在于其变项之中),而不论事先有多少预备性母体:给予钮扣和发带以真正流行意义的不是它们的白色,而是组合。其次,这种架构使能指话语成为一种锯齿状的结构,由最后一个齿口执掌着意义。上升到下一个最高的齿,或者跳过一个齿口就是改变了沿母体发展的物质实体的整个分布状况。[29]最后到达的意义总是最值得注意的意义,但它并不一定待在句子的末尾。表述是一个极具深度的对象物,就算人们(从语言学上)感知到的是它的表面(语链),但("在服饰意义上")读到的却是深层(母体的架构)。下面这个例子清楚地表明了这一点:

\一件棉衣有着红色（格子图案）和白色格子图案/

1.　　\VS O/　　\　VS　O　/　　　\VS　O/

2.　　　　　　　　\　S1O　V　S2　/

3.　　　O　　　　　　　SV

在这个表述中,可以说具有三层涵义:第一层是由被描述服装所使用的质料和颜色种类(**棉花,红,白**)构成的,第二层是由红白格子图案的组合创建的,第三层则是由包含有棉衣上红白格子图案的复合单元的存在构成的。不涉及预备性意义,就不可能有最终涵义,而这种最终涵义正是流行信息的关键。

6‐11　同形异义词的句法

为了理解这种架构在句法上的原始特征,我们必须再度回到语言上。语言以**双重分节**为特征,即,由"声音"系统(音素)来复制"语词"系统(语素)。在书写服装中,同样也有双重体系:母体的形式(O. S. V.)以及母体之间的相互关系。但语言和书写服装二者的可比性也就仅此而已。因为在语言中,每一系统的单元都是由纯粹组合性的功能连接起来的,而在书写服装中,母体各要素都是连带的,只有母体才是组合性的。这种组合功能与语言的句法毫无共通之处。书写服装的句法既非并列结构,也非支配关系。母体既不是并列,也不是(线性)从属。凭借实体上的扩充(红白格子图案形成一个整体,其中每个要素都是并置共存的)和形式上的简化(整个母体变成了后来母体简单要素),母体一个接一个地诞生。可以认为,书写服装的句法是一种**同形异义词的句法**(syntaxe homographique),在一定程度上,它是一种相似对应的句法,而不是一种顺次连接的句法。

Ⅵ. 例 行 程 式

6‐12　例行程式 V(SO)和(VS)O

母体的要素(O, S, V)是一种形式,唯一限制我们获取这种形式的就是实体分配法则(O 和 S 是物质的,V 是非物质的)。我们可以把母体本身比作一种**图式**,把它的要素比作一些语言学家所定义的**图式点**(pattern-points)。[30]每一个**图式点**都有一定的潜力成为实体,但显然,有些实体比其他一些实体更为频繁地充斥于某些形式。最为频繁的,从而也就是最为强大的**图式**是母体(VS)O,它的对象物是一件衣服,或一件衣服的一部分,它的特征(SV)包括布料、颜色或图案是由类项变化决定的(**法兰绒长裙、白色背心、格子图案的府绸**)。[31]母体 V(SO)的对象物—支撑物也是一件衣服或一件衣服的一部分,它的变项是限定成分(**开衩的茄克、交叉的背带、宽松的罩衫**,等等)。最后,从前面引用的一些例子中,我们可以确定,在第二母体中,最强大的**图式**是第一母体对第二母体的修饰成分,它代替了特征(SV),并发挥着存在变项的功能(**带黄点的府绸**)。鉴于这些**图式**取代了法语中的单个集团,我们可以把它们看作是**例行程序**(routine),相当于转译机器的"基本布局"(briques)或"基础材料"(configurations élémentaires)。[32]因此,如果我们想制造一台生产流行的机器,那么就会时常在主要母体的一些技术细节上斤斤计较,无论这些母体是 V(SO),还是(VS)O。也可以说,例行程序是介于形式和实体之间的中间状态:这是一种普遍化的实验,因为只有在某些特定的变项上,例行程序才会完全发挥作用。

6-13 例行程序和最终意义

这些例行程序的重要意义绝不只在操作手段上,它们还有利于规定意义的产生。根据一项著名的定律,它们出现频繁容易导致所传递信息的世俗化。当它们进入组合结构中,并占据了主要母体的位置后,就建立起一种基础,其世俗性正好用以增强最终意义的原始性。在例行程序层面,内部意义不断层积,并且固化,然而,它所有的激情、所有的新鲜感都留给了取而代之的最终变项。在**一件棉衣有着红白格子图案**中,根据这项定律所说的,冗词近乎于毫无意义,棉花、红色格子图案以及白色,它们的涵义就是纤弱的。将格子图案的红色和白色结合在一起的组合变项产生的意义已过于充满活力。但最终,仍是与棉衣有关的红白格子图案的存在在传递着最为强烈的信息、最为新鲜的意义，它使自己一目了然，这正是表述的目的。由此，我们可以猜出所有这些句法其深奥的目的是什么，那就是一点一点地集中意义，将它由世俗平庸转为独特新颖，把它上升为前所未见或前所未续的唯一性的高度。因此，能指表述完全不是一种具有鲜明特性的编撰汇集，它是一种意指作用真正的、耐心细致的诞生。

注释：

[1]　参见 5 - 13。

[2]　针对对象物除外，它总是单一的，至少在母体上是如此(参见 6 - 8)。

[3]　即使正如我们所说的(5 - 11)，意义在母体的分布不均。

[4]　当然，除了那些在对象物和支撑物上存在术语混乱的母体，以及那些我们有 V · (OS) 关系的母体，像：

$$\underline{\text{\textbackslash 一个大领由硬纱制成的/}}$$
$$\underline{\text{\textbackslash O\qquad SV\qquad}/}$$
$$\text{V}\qquad\qquad\text{OS}$$

[5]　例子：

$$\underline{\text{\textbackslash 一个搭配得当的组合,草帽和帽衬/}}$$
$$\underline{\text{\qquad\quad\textbackslash S1\quad S2\quad S3/}}$$
$$\text{V}\qquad\qquad\quad\text{O}$$

有些情况下，架构图示必须能够解释一个单独母体：

$$\underline{\text{\textbackslash 这件衣服和它的无边帽/}}$$
$$\underline{\text{\textbackslash\quad S1\ V\quad S2\quad/}}$$
$$\text{O}$$

[6]　$$\underline{\text{\textbackslash 今年流行}\equiv\text{开\quad 领/}}$$
$$\text{V}\qquad\text{SO}$$

[7]　参见 5 - 12。

[8]　参见第九章。

[9]　参见第七章类项的肯定。

[10]　一个变项的**丰富**倒不一定是因为它的聚合关系中包含了众多术语，而是因为它适用于大量支撑物：这就是"**语段产量**"(参见 12 - 2)。

[11]　有关特殊化，参见 7 - 4。

[12]　$$\underline{\text{\textbackslash 春天}\equiv\text{这件衣服和它的无边帽/}}$$
$$\text{S1 V}\qquad\quad\text{S2}$$

[13]　$$\underline{\text{今年的流行}\equiv\text{\textbackslash(颜色)蓝色/}}$$
$$\text{OS}\qquad\quad\text{V}$$

[14] 唯一不可能混淆的是在 O 和明确的 V、S 之间。基于同样的原因,我们不能在支撑物和变项之间插入对象物(参见 6-2)。

[15] 意指作用的对象物除外,我们将在 6-8 节中看到,它总是单一的。

[16] \一件(长袖)罩衫有一条丝巾在领子下面/
               O   S1   S2   V

[17] \一件罩衫掖进裙子里/
      OS1   V S2

[18] \手镯配裙子/
      OS1 V S2

[19] \罩衫一边开衩/
     O V2 S V1

[20] \一件真正的中国束腰外衣,(直截),(边上分衩)/
             V1   V2   O   V3   V4

[21] \背带交叉(在背后)/
    OS V1   V2

[22] 在这一点上,不再有类似,因为服饰支撑物(唱——)的差异是语义上的,它拥有自身的意义,不是不起作用的支撑物。

[23] 参见 10-10。

[24] 现在,我们可以断言,意指作用针对对象物的唯一性决定了一个母体(从而,母体有一个并且只能有一个对象物),并且通过扩展,决定了整体内部的能指表述由母体组成。正如我们下面将要看到的,这种表述只有一个与母体共置并存的针对对象物,它们之间的连接使意指成为可能。

[25] 参见以下段落。

[26] 在术语发展上,像带黄点的府绸之类的表述,初一看仿佛主要母体(黄点)变成了次级母体的简单变项。

\府绸带(有图案)黄点/
       \ O V S/
       OS   V

实际上,第二个变项是一种存在变项,所以我们重新组织这个母体:

\府绸带(有图案)黄点(的存在)/
       \   O   V S/
     O   S   V

黄点不过是它们自身存在的支撑物。

[27] **有一个定做的领子/没有定做的领子**:所有由"with"或"of"(在法语中是 a)引导的主要母体在上面这个母体中都变成了特征(SV),其变项是一种存在。

[28] 这里所说的**主要母体**是指那种没有什么要素在表示着另一母体。所谓**次级母体**是指至少有一种要素是具有**"代表性的"**。

[29] 在点纹府绸中,意义使图案类项(点)与其他不具名的类项形成对立,而在**府绸有黄点**中,图案变项不再直接负责意义的构建,它既有赖于黄色(和其他颜色相对),又依赖于黄点单元的存在(和缺乏相对立)。

[30] 肯尼斯·派克(Kenneth L. Pike):《句法形态学中的一个问题》(Aproblem in morphology-syntax),载于《语言学学报》第三卷,第125页。图式:约翰来和;图式点:约翰和来;图式点替换潜力:比尔、吉姆、狗、孩子们等等都可以替代约翰。

[31] 有关类项及其肯定之间的区别,参见第七章。

[32] 有关基本布局,参见格雷马斯(A. J. Greimas):《机械描述的问题》(Les problèmes de la description mécanographique),载于《词汇学学报》(*Cahiers de Lexicologie*),Ⅰ,第58页,**"基础材料"**或**"子程序"**是"一些事先已编制好的计算,它们像砖石一样,用于所有符码的构筑之中"[曼德尔布罗特(B. Mandelbrot):《信息的逻辑、语言和理论》(*Logique, langage et théorie de l'information*),巴黎,P. U. F.,1957年,第44页。]

第七章 类项的肯定

两件式毛衣令形象卓然不群。

I. 类 项

7-1 服装的类项

我们已经看到,意指作用所针对的对象物和它的支撑物可以互相交换它们的实体,而且这种实体总是物质性的:裙子、罩衫、领子、手套,或褶裥,它们可以时而为对象物,时而为支撑物,而有时又可以身兼两职。变项有自己特定的清单,对象物和支撑物则与此不同,它们的清单包括两者共有的一个单一实体,而这种实体不过是物质形态下的服装而已。对象物和支撑物的实体清单当然要和服装清单保持一致。但是既然我们在这里讨论的是一件通过"言语"转达的衣服,那么,我们整理归类的就是语言用以指称服装(但不是修饰限定它,那是变项清单的任务)的语词表。换句话说,需要整理的是衣服的名称(整个服装体、个人服装、服装部件、细节及饰品),即类项(espèce)。类项(如**罩衫、针织套衫、罩衣、便帽、无沿帽、小披肩、项链、平底鞋、裙子**,等等)必然是充分地形成了构建对象物或支撑物所必需的术语单元,也可以说,在语言中,类项属于直接意指层面。因此,在这一层面,我们无须冒险去挖掘修辞上的微言大义,即使它的指称最初往往是比喻意义上的(**拜伦领、保暖披巾、苔藓绿等**)。

7-2 真实的类项,命名的类项

服饰类项是如此庞杂,我们自然也只能听从简化原则,而舍弃编制一个尽善尽美的清单。当然,如果我们不得不去建立真实服装的结构,我们就可以名正言顺地挣脱语词的束缚,在类项中自由界定各种构成类项的技术因素。例如,把无沿帽定义为一种有着高顶却没有帽沿的帽子,也就是,在针对类项中发现主要类项(顶,帽沿)和隐含变项(高度,无)。[1]这种实际分析工作无疑使我们得以把服饰类项从纷繁复杂和无序状态精简到几个简单的类项,或许仅仅是这其中的组合性功能就能产生整个服装。但由于我们无法从一个术语结构推演出一个实在结构,从而在这一点上,也就无法超越类项名称的范围。我们必须考虑的正是这一名称,而不是名称所指称的东西。我们不必为了弄清一件罩衫与一件厚绒呢裙子有什么区别,而去了解罩衫是用什么做的。实际上,我们甚至不必知道一件罩衫或一件厚绒呢裙子是什么。了解服饰意义的变化导致的名称变化就足够了。总之,类项的原则,严格说来,不是从它所拥有的以及它自身的真实或词汇表中产生的,而是产生于这两者的结合,即服饰符码。

7-3 类项的分类

由此,在书写服装中,类项的分类不会听从于真实(技术)或词汇标准。[2]书写服装的类项必须有它们自己的规则,一个适合它们自身系统的规则,是符合意指作用的标准,而不是生产制造或语汇相近性的标准。为了找到这种规则,我们必须暂且抛下语段层面不谈:语段产生了单元链,但对它们的直接分类毫无价值。在类项中,对语段的"抗拒力"(résistance)是如此强烈,以致类项居然与支撑物和对象物混淆起来,也就是和母体中不起作用的要素混为一谈。变项将意义引入语段,同时又代表了聚合关系的范围。[3]和语段现实的纷繁复杂相反,由于系统是分类原则(因为它使我们得以建立对立项的清单),因此,如果我们希望对类项进行分类的话,就必须努力找到依附于类项之上的特殊变项。这种变项确实存在:每当母体的意义出现于服装某个特定类项单纯而简单的肯定之中时[4],我们就可以发现这种变项,我们称之为**类项肯定**(assertion d'espèce)。尽管原则上,对象物—支撑物的清单应该居于这种变项清单之前,但我们仍将首先研究这种变项,然后再回到类项的分类。

Ⅱ. 类 项 的 变 化

7-4 类项肯定的原则

　　类项可以意指它所拥有的,以至于意指它自身,假如有人说:**两件式毛衣令形象卓然不群**,初一看,仿佛意思是两件式毛衣的存在使它意指流行,而不是它的长度、柔软性或样式。正是由于**两件式毛衣**这一类项与其他服装的区别,我们才会如此迅速地发现它所赋予的流行涵义。为了让两件式毛衣有意指,只须肯定它的类项即可[5],这并不是说,两件式毛衣自己从文字上就创建了变项,因为变项不可能是物质上的。事实上,如果再贴近一点观察,就会发现,在最根本的层面上,在意指变化背后的根本不是两件式毛衣的布料。对立**最初**并不是产生于两件式毛衣和它的同胞类项之间,而是更为形式化地,也更为直接地产生于一种选择的肯定(不管这种选择是什么)和这种选择的沉默之间。总之,当类项的命名黯淡无光时,其中的两类价值观,或者也可以说是两种形式,我们必须加以甄别。一种是与母体的客观成分(对象物或支撑物)相对应的物质形式,另一种是肯定形式,是对这种物质在某个选定的形式中的存在进行确认。能有意指的(像变项一样)从来都不会是类项的物质材料,而是它的确认肯定。如果我们停留在语言上,至少在西方语言上,这种差异可能显得有点错综复杂。一件事物的表述很容易把它的存在,它所从属的类别,以及它的特殊性的肯定搅成一团。一方面,语言会在一件事物的简单表述中以及对它的存在进行肯定之间作出区别,这毕竟让人觉得有点不可思议:命名就是使某件事物存在,为了使存在脱离事物,我们常常会在命名法中使用否定这一特殊工具。存在中就有这种命名特权[我们中间的新博尔赫斯(Borges)是否又该设想出一种什么样的语言呢？用这种语言谈论什么，就是在理直气壮地否定什么，并且，要想让这些事物存在，还必须加上肯定性的语助词］。另一方面，也确实存在着一种语言，能够在事物表述中公然同时提到种类的类项（例如，班图语、日语、马来语）。所以才有，**三匹动物—马；三朵花—郁金香；两轮实物—铃响**；等等。[6]这些语言示例表明，在**两件式毛衣**或**白色**中，把服装的物质种类（属—**两件式毛衣**[7]或颜色）和影响类项确认的选择区别开来，还是合理的。因为，简单地讲，当我们在含糊不清地发展**一件亚麻裙**或**一件由亚麻料子制成的裙子**时，我们只不过是在把支撑物的质料性，与使其产生意指的选择的抽象确认分开；符号学上，亚麻什么也不是，它不是质料状态的类项，而是肯定一个类项的选项乃是为了超越并抗拒那些置身于当前意义之外的类项。

7-5 X/剩余物的对立

确认不过是一种悬疑不定的选择，语言一旦说出来，就不可能不产生实体。如果语言不需要确认，那么，为了让它有所意指，把某些东西强行塞入这种选择是毫无用处的。尽管表面上看起来自相矛盾，但从系统，从而也就是从流行的角度出发来看，亚麻的重要性何在？明天可能就是真丝或羊驼毛，但在选定的类项（不管选的是什么[8]）与一大堆未名类项之间的对立却依然存在。假设我们愿意把实体悬搁一边，意指对立就是严格的双重对立。它不是寄本质于对立面（亚麻不与任何事物形成对立），而是寄本质于赖以产生的不知名的库藏之中。或者也可以说，这一库藏就是所有的**剩余物**（reste）（语言学中的一个焦点问题）。因此，类项肯定的公式就是：

X/ 剩余物
（亚麻）（所有其他的布料）

这种对立的本质是什么？无须借助十分复杂的分析手段，仅从服饰符码的视角出发，X 和"剩余物"之间的关系和那种把特殊要素与较为普遍的要素相区别的关系是一样的。进一步分析类项肯定的机制就是要探求"剩余物"的本质,它与肯定类项的对立创建了流行的全部意义。

Ⅲ. 类项的种类:属

7-6 衍生"剩余物":对立之路

显然,"剩余物"并不是所有衣服减去已命名的类项即可。为了意指,
亚麻并不需要从"剩余物"中抽取出来,剩余物一视同仁地把项链、颜色、小
袋、褶裥全部揽于自己名下。杂志根本没有机会宣称:**在夏天,穿亚麻;在
冬天,穿平底鞋**。这种命题(它所提出的类项对立:**亚麻/平底鞋**)是十分荒
诞的,即,它处于意义系统之外。[9] 因为要有意义,就必须一方面有选择的
自由(**X/剩余物**),另一方面,这种自由又必须限制在一定的对立组中(**剩余
物**只是衣服整体性中的**某一部分**[10])。由此,我们可以设想,衣服整体是
由一定数量的分组(或"剩余")构成的。严格说来,每一组都不是已经命名
类项的聚合段,因为意指对立只是在(类项的)系统化简述以及(其他类项
的)非系统化阐述之间产生,至少,有范围来限制这种对立,又有实体参照
物使其能够产生意义。

7-7 互不相容性的测试

重建不同的"剩余物",或者重组类项肯定,这种操作方法只能是形式
上的,因为我们不能直接寻求类项的技术内容或词汇近似。由于每一个清
单都是由所有那些变化受制于同一种约束的类项组成的,因此,只要找到
这些约束的原则,就足以建立起类项的清单。举个例子,如果亚麻、羊驼毛
或真丝进入意指对立[11],显然只是因为这些料子在现实生活中不可能同
时在同一件衣服的同一处地方使用。[12]反过来,亚麻和平底鞋不能进入意
指对立,是因为它们可以作为同一件外套的一部分,同时存在而相安无事,
所以它们属于不同的清单。换句话说,**语段**(syntagmatiquement)上互不相

容的东西(亚麻、真丝、羊驼毛)在**系统**(systématiquement)上却紧密相连,语段上相容的东西(亚麻、平底鞋)则必然属于类项的不同系统。为了确立清单,我们必须再度在类项上确认所有语段上的互不相容性(即,我们所说的**互不相容性的测试**)。通过集中所有感觉上互不相容的类项,我们产生了一种一般类项,它很经济地归纳了意指排除在外的整个清单,如,亚麻、真丝、羊驼毛等等,形成一个一般类项(即,质料的);便帽、无沿帽、贝雷帽等形成另一个一般类项(即,头饰)。从而,我们得到一系列由一般术语总结出来的排除项:

$$a^1 / a^2 / a^3 / a^4 \cdots\cdots\cdots A$$
$$b^1 / b^2 / b^3 / b^4 \cdots\cdots\cdots B, 等等。$$

掌握每一系列的一般组成物(A,B之类的)是很有用的,这样我们就可以让纷繁复杂混乱无序的类项恢复某种秩序,如果不是有限的话,至少也是接近于方法。我们称这种组成物为属(genus)。

7-8 属

属不是一个总体,而是类项的种类。它从逻辑上把语义互相排斥的类项全部联合起来。因此,它是一组排斥项,这是关键。因为人们总是倾向于把所有那些凭直觉似乎颇为类似的类项统统归入属中,但是,如果近似性和差异性实际上都是一个属的类项的实质特征,那么它们就不是操作标准。属的构成不是建立在对实体的判断上[13],而是建立在互不相容性的形式验证上。例如,我们似乎习惯于把帽子和帽衬归于同一属,就好像它们亲密无间。但互不相容性的测试则反对这样做,因为一顶帽子和帽衬可以同时穿戴(一个在另一个之下)。尽管一件洋装和一件滑雪衫在样式上截然不同,但它们都同属于一个属,因为根据想要传递是哪一个所指,两者之间必须有所"选择"。有时候,语言会赋予某一个属一个特定的名称,它不属于组成它的任何一个类项:白色、蓝色和粉红色都是**颜色**这个属中的类项。但大多数情况下,并没有一般术语来指称由排斥关系联系起来的类项类别。那么,像罩衫、短上衣、背心、无袖连衣裙这样一些其变化仍不乏相关性的衣服,我们用什么样的属来"统领"(coiffe)这一件件衣服呢? 我们会给这些不知名的属项以属中最为常见的类项名称:罩衫属、大衣属、茄克属等等。这样每一次它都必然会并且足以区分罩衫类和罩衫属。这种术语上的含糊其辞是变项种类和变项名称[14]之间混乱的写照。这是可以想象到的,因为属是类项变项游离于其肯定的类别之所在。一旦确定了属,我们就可以明确类项肯定的公式。它不再是 X/"剩余物",如果我们把 a 称作类项,把 A 称作属,那么就有:

a/(A-a)

IV. 类项和属的关系

7‑9 从实体角度上看属和类项

一旦属在形式上得以确定,我们是否就能赋予属特定的内容呢? 可以肯定的是,在同一属下的类项中,同时存在某种相似性和相异性。实际上,如果两个类项完全一致,两者就不存在意指对立,因为,正如我们已经看到的,变项,从根本上讲,就是一种差异,相反的,如果两类项完全不同(如,亚麻、平底鞋),它们在语义上就互相对立,这种对峙在文字上是很滑稽的。对每一个类项来说,其"剩余物"(或清单,或属)的限制因素既类似,又有所不同;无袖胸衣既不和**无袖胸衣**(完全同一)对立,也不和**阔边软帽**(完全不同)对立,但它和短外套、露背背心或无袖连衣裙却形成了对立。因为从实体的角度来看,它们代表了与无袖胸衣有关的相似—相异关系。一般地,我们可以说,相似性的作用方式与同一属中的类项作用方式是一致的(一件**无袖胸衣**、一件**无袖连衣裙**和一件**露背背心**在衣服整体中几乎具有同样的功能地位),而差异性则是以类项形式作用的。当然,相似性和差异性的游戏与语段和系统的游戏是一致的,因为在任何两个给定的类项中,语段关系都排除了系统关系,反之亦然。下面这张表将会说明这一点,其每一部分我们以后都会加以分析:

	相似性	差异性	公式	例　子:	系统	语段
1	−	+	a・b	外套和无沿帽	−	+
2	+	−	2a	两条项链	−	+
3	+	+<	a1/a2 a1・a2	无沿帽/便帽 外套和雨衣	系统之外	

7-10 不同属的类项:a・b

我们可以看到(例1),两个类项分别属于不同的属,它们并不具有相似—相异关系,它们的系统关系并不存在,而它们的语段关系却是可能的:**一件外套和一顶无沿帽**可以同时存在,但让它们互为对立却毫无意义,因为无法衡量它们的相似性(不存在)和相异性(最基本的)特征。倘若是现实中的衣服,积累语段关系的清单,倒是很有意思,属项可以一个接一个地纳入这种语段关系(假设实际生活中,书写服装的属可以在真实服装中找到)。因为,在书写服装中,如果总是连带关系(V)(S)(O)在联系着母体要素,那么,再来谈服装组合体必须从属于真实服装的同样关系就没有什么意义了。到底是罩衫需要裙子,还是裙子需要罩衫? 外衣是否是以罩衫为先决条件? 在这里,我们或许能发现语言学家提出的三种语段关系(意示、连带、组合),这种关系构成了真实服装的句法。[15] 然而,对于书写服装的属,我们就不能用内容来处理它们的语段关系,因为那里除了母体要素(的双重语段)和各母体自身之间的语段之外,没有其他的语段了。当一本杂志想在两个类项之间建立一种共置并存关系,它要么把这种关系托付给母体(**一条饰以流苏的腰带**),要么交给明确的联结变项(**一件外套和无沿**

帽)[16];双重类项再度成为这一特殊变项的简单支撑物,对类项的肯定消失了。

7-11 同一类项：2a

在两个同一种类项中(例2)不可能有系统对立,但两个类项显然可以同时穿上:譬如,两副手镯。因此,在这种情况下,可能存在着语段关系,但它无疑已被一种特殊变项所取代(附加,或衍生),这种变项的类项正是支撑物。

7-12 同一属的类项：a1/a2 和 a1·a2

最后(例3),当两个类项属于同一属时(即,当它们有相似—相异关系的时候),两者之间存在着类项肯定的可能性(**无沿帽/贝雷帽/便帽**,等等),并且,这两个类项是不可能同时并存的。按理说,这种互不相容性显然是站不住脚的,因为,在现实中,依照经验没有人会禁止穿两件同一属的类项:如果下起淅淅细雨,一个人会在外套上再套一件雨衣,穿过一个花园。但这种"巧遇"(或者,你也可以称之为语段)总归是很偶然的,我们只能在(暂时)意识到它有悖常规的情况下,借助于这种情况。这种对**衣装**(habillement)的简单使用,用语言学的术语,可以十分贴切地比作言语的反常行为(和语言行为相对)。

V. 类项肯定的功能

7-13 一般功能：从自然到文化

类项在流行体系中具有战略地位。一方面,作为服装单纯简单的命名,它覆盖了书写服装整个直接意指领域。在类项(尤其是类项的变项)中加入一个变项,这已经脱离了文字,已经在"阐释"(interpréter)真实,已经开始了含蓄意指的进程,这种进程自然会发展到修辞。作为物质,类项是绝对不起作用的,自我封闭的,对任何意指都漠不关心,就像它用同义反复自发地来解释其直接意指特征所表明的一样:**一件外套就是一件外套**,另一方面,这一物质本身是多样的,有技术、样式和用途上的多样性,也就是说,任何在本质上(即使已经社会化了的)不能还原到一个分类系统的东西,都被归于类项的变动清单中。因此,文化通过类项的肯定,抓住自然本性赋予的**具体多样性**(diversitéconcrète),把它转化成概念性的。[17]为此,只须将类项—物质转化为类项—功能,把事物转变为系统术语[18],把外套转变为一种选择即可。但是,要想使这种选择有意义,就必须是武断的。这就是为什么流行,作为一种文化习惯,要把本质性的东西置于类项肯定之中,尽管选择绝不可能受任何“自然本性”(naturelle)的动机支配。在一件厚重的外套和一件轻薄的外套之间,不存在自由选择,从而也就不存在意指作用,因为这完全是由温度决定的。只有在自然本性消失的地方,才会有意指的选择。自然本性并没有在一件真丝、羊驼毛和亚麻之间,或者便帽、无边软帽及贝雷帽之间,强行赋予某种实在区别。这也就是为什么意指对立并不产生于同一属的类项之间,而只产生于肯定(不管其对象物如何)极其模糊否定、选择和反对之间。系统情况不选择亚麻,**只选择特定范围内的东西**。我们可以说,聚合关系的两个术语是选择及其限制(a/Λ-a)。因此,经由把物质转化为功能,把具体动机转化为形式上的姿态,并且利用著名的二律背反,把自然本性转化为文化,类项肯定才算是真正地拉开了流行体系的序幕:这是概念可理解性王国的入口。

7-14 有条不紊功能

这种类项肯定的基本功能,是建立在一个有序的层面上:正是类项肯定催生了系统的清单。找到互不相容性的类别或属,就可以掌握每个属在它“统领”的类项之中的位置。我们曾经说过,这些类项是同一实体。它渗透于意指作用的对象物和支撑物之中。根据这一原则:服装的整体物质性被母体层面的对象物和支撑物以及术语层面的属和类项瓜分殆尽,每一类项都代表了一个对象物或一个支撑物,对象物和支撑物的清单最终仍回溯到类项和属的清单。为了掌握对象物—支撑物的清单,我们只须利用互不相容性的验证,建立属项清单即可。属是操作性实存,将目标和支撑物全部采用,它和不可简化的变项对立,因为它不具有与母体严格限制的质料(或服饰语段)部分同样的实体。属、变项和它们的组合方式(经常的、可能的,或不可能的,依情况而定),这些要素使我们可以建立流行能指的广泛而普遍的系统。

注释:

[1] 有关隐含(或"赋予")变项的问题,参见 11-10。

[2] 词汇学标准:参见冯·瓦特堡(W. von Wartburg)、特里尔(J. Trier)和马托雷(G. Matoré)的概念分类。

[3] 参见 5-10。

[4] 即,在那些混淆了 S 和 V 的母体中。

[5] 反过来,利用终极意义的法则,类项如果被其他的变项衍生,它就没有意义,确认它的单词必须是**黯淡无光**的。因为,如果有人说,装扮他们的是**紧身的两件式毛衣**,显然,两件套毛衣既作为对象物,又作为支撑物,参与意义的形成,它不再是从其作为两件套毛衣的本质中,而是从它的紧身性中,产生其终极意义。提醒一下,母体依据特定场合的不同而有区别。

　　　　　\两件式毛衣/　　\紧身两件式毛衣/
　　　　　　VSO　　　　　V　SO

[6] 引自叶尔姆斯列夫:《生机勃勃的和死气沉沉的,个人性和非个人性的》(Animé et inanimé, personnel et non personnel),载于《语言学学会著作集》(*Travaux de l'Institut Linguistique*),第 1 卷,第 157 页。

[7] "**属—两件式毛衣**"的命名方法显然只是暂时性的,因为我们不知道两件式毛衣属于哪一类。

[8] 选择的无关紧要不是绝对的。现实本身就是它的范围,它在实践上区分出厚实的料子和轻柔的料子。因此,亚麻只能在语义上和其他轻柔的料子相对立(参见 11-11)。

[9] 除非人们选择修辞的目的就是为了显示荒诞的本身,那么荒诞也就成为整个句子含蓄意指的所指。

[10] 参见当代逻辑意指分组,布朗榭(R. Blanché):《入门》(*Introduction*),第 138 页。

[11] 这里我们为了简化起见,说的是类项之间的意指对立。实际上,对立不是在质料类项

之间,而是在肯定和非肯定之间。

[12] 如果它们好像是在同时使用,那是因为它们并不共用衣服的同一部分,因为它们的共存并置被组合体的一个特殊变项所代替;类项不过是支撑物而已。

[13] 参见哈利格(R. Hallig)和冯·瓦特堡的主题分类[《作为词汇学基础的系统定义,一次组织架构的研究》(*Begriffssystem als Grundlage für die Lexicologie, Versuch eines Ordnungss-chemas*)],柏林:协会出版社,1952 年。

[14] 参见 5 - 8。

[15] 从真实服装的角度来看,回到身体覆盖物问题上,我们可以建立一个标准,例如,对一个男人来说,遮住胸部和遮住臀部,二者之间只有简单的涵义,而对于一个女人来说,这种关系就具有了双重意味。

[16] \一条腰带饰以流苏/

    O   SV

\一件大衣和无沿帽/

    \S1   V   S2/

       O

[17] 参见克劳德·列维—斯特劳斯(Cl. Lévi-Strauss):《野性的思维》(*La Pensée sauvage*),"对于实在多样性,只存在两种真正的模式,一个是在自然本性上的种类差异,另一个是文化上的功能差异。"

[18] 在索绪尔的观点中,术语这个词意示着向一个系统的转移。

第八章 属项的清单

纱罗、薄棉纱、巴里纱和麦斯林纱,这就是夏天!

I. 属项的构成方式

8-1 属项下的类项数量

　　形式上,类项肯定只不过是 a/(A-a) 型的二元对立。严格来讲,属不是不同类项的聚合段,而是制约对立实质可能性的分组。类项的数量作为属的一部分,在结构上不会造成什么后果。不管属是否制定有类项,它的系统的意义不大。正如我们将要看到的那样,属的"丰富性"[1]取决于它被赋予的变项数量。在这些变项中,类项肯定不会超过一个,无论其分组范围有多大。

8-2 子类

　　有些类项可以"统领"其他类项。例如,一个结就是"扣件"(Attache)属的一个类项。但它也可以有自己的**子类**(sous-espèces):**帽结、菜心结、蝴蝶结**。这意味着,一个帽结在和所有其他的扣件形成更为普遍的对立之前,首先与其他的结形成了意指对立。我们应该把类项中介(结)看作是一种子属,或者如果有人愿意的话,我们应该把每个子类当作主要属中的直接类,从而使指称它的构成名称成为一个与其他名称相等的简单语素,由连字符表示(**帽—结,菜心—结,蝴蝶—结**)。只要属(主要的和次级的)仍保持着一组排斥组,这些子类的存在至少就不会改变属的整个系统。

8-3 类别

在有些情况下,我们不得不再度遵循排斥法则,仔细分辨**类项**(espèce)和**类别**(variété)的区别。最好是把某些类项甚至是某些属,合并在一起,看作是包含了关系组。例如,项链、手镯、领子、手袋、花、手套以及钱包,这些都是构成流行极为重要的一组范畴—**细节**。但"细节",就像衣件或饰品一样,是对象物的集成,而不是一组排斥。在两个细节,一个手袋和一个钱包之间,既没有意指对立,也没有语段上的互不相容。这就是我们要把从词汇上构成一组的类项或属作为**类别**的原因[2],它们根本就不需要在语义上构成一组。实际上,流行表述中经常提到的"细节",也可以是自身的属。例如,它可以直接接受一个变项:**一个微小的细节**,可以与它某些**类别**一起共存于属的清单之中,而这些类别则根本就不是它的类项。类别与类项之间的这种模糊性在书写服装中同样可以发现。在流行中,我们研究的是排斥组,尽管语言总是倾向于提供包含组。

8-4 有一个类项的属

一个类项可能会不与任何提到的其他类项形成意指对立,而且,从它被命名的那一刻开始,即使只有一次命名,也必须为它在属项清单中留一份空间,因为它可以作为一个变项的对象物或支撑物。比方说,我们研究的文字中曾经提到的衬衣**下摆**,或褶边装饰就不属于任何属,也不包含任何其他类项。因此,我们只得既把它当作一个类项,同时又当作一个属,或者也有人会把它当作有类项的一个属。从形式上看,衬衣下摆显然是一个属,因为它在语段上与任何提到的属都是相容的。[3]但在实体上,尽管有其唯一性,衬衣下摆同样也是一个类项,只要它曾经或者总有一天与其他类项对立(**衬裙,腰垫**);一个分组可能会暂时地残缺不全,在理论上和时间上都有待发展。类项的语言学意识其实并不能保持纯粹的共时性。因此,属是建立在潜在的历时之上,从中,共时性只释放出唯一一个类项。[4]但在所有那些只包括一个类项的属中(从而也就必然与这个类项混淆),严格地说,这个类项不可能作为a/(A-a)对立的支撑物。从逻辑上讲,我们不把类项肯定的变项应用其中:**一件裙子带着飘逸的饰带**,这并不是指一件裙子伴随着饰带类项一起出现。而仅仅意味着一件裙子加上了饰带。于是,存在的肯定包揽了一切——时间性——的情况,因为在这些情况下类项是唯一的,不可能存在类项的肯定。因此,我们知道,如果类项肯定是一把打开属项清单的方法论钥匙,我们就必须承认一个事实,清单不是靠那种从类项肯定直接产生的属来完成的,而是靠那些多少是由这种肯定拒之门外的剩余构成的属来完成的。

8-5 属于几个属的类项

最后一点,一个类项也可能会看起来似乎同时属于几个不同的属,这只是表面现象,因为事实上,语词本身的(命名)意义根据类项相关的属的不同,也有所差异:一个结,在一种情况下是一个扣件,在另一种情况下就可能是装饰(如果它根本就没有系住什么东西)。因此,类项可以根据内容推而广之,或者根据历史时期而导致的变化不同,随意从一个属迁到另一个属。这是因为属不是一组相邻术语意义(就像人们在相关理论字典中所看到的一样),而是一组时间的语义互不相容组。所以,试图在属中分配类项的尝试可以说是如履薄冰,但不管怎么说,这种尝试在结构上仍是可能的。

Ⅱ. 属 的 分 类

8-6 属项清单的流动性

属项和类项的清单是不稳定的,为了界定新的属和新的类项,就必须将研究的文字体不断加以扩充。但在方法论上,这一特点收效甚微,因为类项并不在其内部乃至于对它自身有所意指,而只是通过其肯定产生意指:属项清单不是有机联系的,从中,我们无法像对书写服装的结构那样,得到任何基本启示。[5]然而,我们仍要建立这样一种清单,因为它集中了变项的利用情况(属是母体的对象物——支撑物)。就我们研究的文字体来说,类项的清单产生有 69 个属项,但其中有些属项过于特殊,杂志过于明显地从一个标新立异的角度来陈述这些属项。因此,为了阐述的方便简明,以后我们就把这些属项存在"记忆库"中(pourmémoire)[6]。从而,我们列出一个只有 60 个属项的清单。

8-7　分类的外部标准

在清点这些属之前,我们必须决定它们出现的顺序。我们能否将这 60 个经过仔细确认的属归于一个井然有序的分类体系中? 也就是说,是否可以把所有这些属从我们研究的服装整体的逐渐分化中解脱出来? 这种分类无疑是可能的,但条件是,我们放弃书写服装而转向生理机构的、技术的,或纯语言学的标准。在第一种情况下,我们把人体划分为一个个特定的区域,然后两头并进,把与每个区域所包含的属归为一组[7];第二种情况,我们主要考虑属的独立存在分节,或典型形式,就像人们在工业品商店对机械部件进行分类时所做的一样。[8]但在这两类情况下,我们必须依赖外在于书写服装的肯定。至于语言学分类,尽管它无疑更适合于书写服装,但不幸的是,它是残缺不全的。词汇学只提供了理念上的分组(概念领域),而语义学自身还不能建立词汇学的结构清单[9],更何况,语言学还不能介入像衣服专业术语那样特殊的语汇系统。因为这里解读的符码既不完全是实在的,也不完全是术语的,它不能信手就从现实或是从语言中拈来什么原则,用于其属的分类。

8-8　按字母顺序分类

在当前情况下:简单的字母顺序是最佳选择。当然,按字母顺序分类看起来似乎是不得已而为之,用如此简单的关系怎能进行如此丰富的分类? 但否定它又有点偏激,也不切实际,甚至于相对"自然的"或"理性的"分类,只是一种刻意去追求优势和尊严的行为。不过,假若我们对所有的分类方式都进行如此深刻的意义分析,那我们也会承认,按字母顺序分类是一种不受约束的形式。中立的要比"充实的"、完整的更难以制度化。在书写服装中,按字母顺序正是具备了中立的优势,因为它既不借助于技术,也不依赖于语言学现实。它充分暴露出属的非实体性(即,排斥组)。只有当这些属被特殊的联结关系变项所取代时,它们的"亲近"(rapprocher)才可能存在。而在其他的分类体系中,我们不得不把属直接并放在一起,而不去考虑是否有什么明确关联。

Ⅲ. 属 项 的 清 单

8-9 类项和属项的清单

这里是从我们研究的文字体中产生的类项清单,按属项排列如下[10]:

1. **饰品** 我们已经知道这一属项中包含的类别(**手袋、手套、钱包**等),但这些类别不是类项,饰品是一种没有类项的属,它的类别是其他属的一部分。当然它与**衣件**隐隐形成对立。

2. **围裙** 围裙(罩衫—、洋装—)。围裙这一属处于时装领域的边缘,它只有沾上邻近那些完全是服饰的子类的光,才能上升到时装的高度(罩衫式—围裙、裙子式—围裙)。衬裙式围裙似乎过于家庭化,被排除在外。

3. **袖笼** 袖子的类项取决于袖笼的形状,但我们并不能因此而超越术语规则。命名的是袖子,支撑着类项的也是袖子,袖笼仍保持它在术语上的独立性。

4. **背面** 像对待边面和前面一样,我们应该把背件这一属和在背上、背后这类变项区别开来。

5. **腰带** 腰带(束身)、链、饰结、半腰饰带。半腰饰带不是一条带子,但要想让它成为腰带属的一个类项,只须在语段上与带子互不相容即可。

6. **罩衫** 罩衫(罩衣—、毛衣—、裘尼克衫)、紧腰罩衫、胸罩、卡福顿袍、无袖胸衣、短上衣、紧身短上衣、无袖袍、衬衫、衬衣、上装、套衫、水手服、马球衫、裘尼克衫、水手领罩衫。

7. **手镯** 手环、手镯、身份手镯。

8. **披肩** 披肩(短披肩—)。

9. **首饰别针**

10. **外套** 便装短大衣、风衣、披风、油布雨衣、雨衣、上衣(毛衣—、旗袍—)、外套大衣、长大衣、骑装、双排钮雨衣。

11. **领子** 领子(花边宽领—、披肩—、环形—、披巾—、衬衫—、小圆领—、花冠—、燕子领—、拜伦—、围巾—、漏斗—、水手—、双角西装—、朝圣—、高领—、马球领—、水手结—、简单领—)、绉领(丑角—)。

12. **颜色** 颜色类项是不确定的,不精心拟定一个清单是无从掌握它的。它们的范围从简单的色彩(红、绿、蓝等等)到拟喻色(苔藓、石灰、佩诺茴香酒),直至纯性质色(灰暗的、明亮的、中性的、鲜艳的)。隐含变项的简单性弥补了颜色的不确定性,实际上,正是这个隐含变项使这些颜色产生意指,它就是标记。[11]

13. **细节** 这一属需要对饰件那样的观察。

14. **洋装** 玩具娃娃、罩衣、连衫裤工作服、紧身连衣裙、泳装、连衣裙(上装—、罩衫—、短上衣—、衬衣—、衬衫—、紧身—、大衣—、毛衣—、围裙—、束腰外衣—),此属不是包含组。所以,发现一些不同形式和功能的衣服,如罩衣、连衫裤工作服和防护服组合在一起也是毫不奇怪(洋装只是对一个属的随意命名)。如果所有这些类项在实体上有某些类似性,那也是在它们的扩展层面上(它们遮蔽躯体),以及它们在服装厚度的排列上(它们是外套)。

15. **边** 镶边、斜纹、边、扇形边、穗、金银花边、镶边带、镶边条、摺边、滚边、车缝、褶裥饰边、饰带、绉褶、褶裥间花边。这些类项中有一部分如果不在衣服边上的话，也可以列入其他属中（如车缝和褶裥花边）。

16. **套装**　配套服装、比基尼、外套、两件式套装（上装、短上衣、长袖羊毛开衫、紧身短上衣、套衫、水手服）、茄克—、套装、单件衣装、定做套装（上装—短外套—长袖羊毛开衫—和服、猎装、束腰外衣—）、三件套、两件套毛衣。

17. **扣件**　勾、搭钩、搭环、扣纽扣、纽扣、饰扣、拉链、穿带、襻、结（帽商—、菜心—蝴蝶—）、珠链。扣纽扣是一个总集，或者更确切地说，是一串纽扣，但它同时又是一个与纽扣不同的语义整体，它以更为自然的方式支撑起位置或平衡的变项。

18. **翼片**　翼片，翻领。

19. **花饰**　花束、山茶、花饰、雏菊、山谷百合、康乃馨、玫瑰、紫罗兰。

20. **鞋**　巴布什拖鞋、芭蕾舞鞋、靴、短统靴、鞋、舞鞋、懒汉鞋、拖鞋、尖头鞋、牛津鞋、凉鞋、运动—。"运动—"是将旧的所指固化为一个类项，即成为一个能指。

21. **前面**　围兜、前件、领部、领饰、胸衣、遮胸、胸部。像侧面一样，但侧面更为明显，因为服装的这一部分在质料上与其周围明显不同，就像前面属不能等同于它的系统上的同义词：前面、前部一样。

22. **手套**　手套、连指手套。

23. **手袋**

24. **手帕**

25. **面纱**　发网、面纱。

26. **头饰**　束发带、便帽（假发—）、平顶硬草帽、阔边软帽、帽（布列塔尼—方头巾—秘鲁—）、圆筒绒帽、钟形帽、贴头帽、头巾、无沿软帽。

27. **鞋跟**　跟（靴—路易十五—）。

28. **臀部**　和肩部一样，我们把生理结构上的参照物（在臀部、直到臀部）和服饰的支撑物（收臀）区别开来。

29. **风帽** 风帽、风雪帽。

30. **茄克** 上装、短上衣、短外套、多用一、紧腰上衣、短上装、茄克(和服一、针织短一、毛衣一)。

31. **衬里** 内部(单数形式[12])、衬里、两面穿。

32. **质料** 其类项是不确定的。但就像对于颜色一样,可以把这种不确定性转嫁给一个调整变项,这个变项显然是模棱两可的,它在一个单一意指对立:重量之下,列出了所有的质料。[13]质料可以是皮革,也可以是织物、石材(对珠宝来说),或稻草,质料是属中最为主要的。时装给予实体以越来越大的特权(马拉梅已经注意到这种情况)。

33. **项链** 链、项链、坠子。

34. **领口** 露肩(皇族一、情人一、佛罗伦萨一、钥匙一、洞一)、领口(船领一、水手领),尽管领子必然意示着领口,但从某种意义上讲,领子留下的空白还得由领口来填满。当没有领子的时候,领口就开始意指。

35. **领带** 领带、水手领。

36. **装饰(或边饰)** 花彩、花环、蝴蝶结、缎带、褶裥饰边。

37. **嵌料**

38. **裤子** 滑雪裤、牛仔裤、裤子(喇叭裤、上承一)、短裤。

39. **花样** 窗格、迷彩、罗纹、格子图案、花饰、几何图案、纹理的、印花、斑状、蜂巢形、点状、犬牙格子花纹(特大一、大一、普通一、小一)、缎纹刺绣、圆点花纹、威尔斯亲王一、小方格图案、条状、交叉排线、三角形,此属是由衣服面料部分的样式组成的,即,是由其设计构成的。不论它们的技术本源是什么,不管它是编织的,还是印染的,不考虑其质地。这更进一步证明了语义系统相对于技术系统所具有的自主性。例如,印染的无法处于和编织的相对立的地位,后者我们没有提到。

40. **衬裙(或连身衬裙)** 衬裙虽然看不见,但它可以通过改变裙子的体积或形式,而促使意义的产生。[14]

41. **褶裥** 褶状、绉褶、三角布褶、缝褶、褶裥(扇状一)、褶绉、褶裥饰边。

42. **口袋** 口袋(马甲—、小袋、胸袋—)。

43. **围巾** 印花头巾、围巾(—围巾扣环、围巾端)、薄绸围巾。

44. **线缝** 线缝、裁线、加缝刺绣、提花垫纬、针脚、细针脚。一谈起针脚，映入脑海的不是它们的技术存在，而是它的语义存在。它们装配生产的功能并不重要，关键在于赋予它们的意义。为此，它们必须是可见的。因此，它总是一个明显针脚的问题。

45. **披巾** 短披肩、小方巾、披巾、保暖围巾、长披肩、披风。这一衣件属位于肩膀之上，而邻近的围巾属停在脖子之处。所以，在某些披巾类型(短披肩式披巾)和某些领子类项(大、圆、翻折)之间不存在语段上的模棱两可。因为这里的区别只是隐隐约约出于技术上的考虑。原则上，领子附着于上身，而短披肩则是一个独立的衣件，这就是为什么短披肩不能与领子处于对立状态，除非它被称作短披肩式领。

46. **衬衣下摆(或褶襞短裙)** 衬衣下摆(或褶襞短裙)是"一件衣服飘于腰部以下的部分"。当然，我们只包括了提到这个单词的情况(圆形褶襞短裙)，而不在意事物本身。它存在于大多数女装衣件之中。

47. **肩带**

48. **肩部** 当然，提及肩部，我们指的是服装的肩部，而不是人体的肩膀，这已不难理解。这种区别很有必要。因为，在某些表述中，肩部不再是变项的支撑物，而是一种简单的解剖参照面(在肩部)。

49. **边件** 没有提到什么类项(然而，我们可以设想一个，比如说，衬料)。我们必须小心翼翼地区分边件属与在边上这一类项(或在两边)。前者显然是服装的面料部分，一个我们正在研究的语段。而在后一种情况中，边不再是一个不起作用的空间，它是一种方位。

50. **外形** 线条(A—、泡沫状、钟、沙漏、盆形、紧身直统袋式、美人鱼、毛线衣、束腰、梯型)。[15]再没有其他属能像外形属一样威风八面了。时装的本质即在于此，它感受到了言语难以表达的，感触到了一种"精神"，并且由于它综合归纳了分散的要素，而成为至高无上的，它是抽象化的过程。总之,它是服装的美学涵义。尽管它属于服饰符码,我们仍可以说,它业已浸染上修辞,并潜在地包含着一定的含蓄意指意义。然而,这个属的构成部分仍是时常可以找到,并可以计数的。这些类项每一个都是由一定数量的(有关形式的、硬挺的、运动的等)隐含变项连接组成的。这些变项和基本的支撑物(裙子、紧身上衣、领子)相结合,就像机器的操作一样,从而产生了一种理念。最后一点,外形是长期的统计结果,其术语每一季节都在变化。

51. **裙子**　裙子(围裙—、围环—、短—)。

52. **无沿便帽**

53. **袖口**　袖端、袖饰、袖口(步兵—)。

54. **袖子**　短袖,袖子(灯笼—、衬衫袖、钟形—、披巾—、灯笼袖—、和服—、羊腿—、塔—、企鹅—、套袖—、方巾—)。

55. **袜子**

56. **襻带**　发夹、扣襻、扣环、子、皮带圈、襻。

57. **样式**　样式(加州—、长袖开衫—、海峡—、裙子—、水手—、运动—、毛衣—)。样式与外形有点类似(和它一样,略带含蓄意指),但外形是一种"趋势",它预先假设了某种终极目标:直统袋式是服装所趋于接近的东西。样式则恰好相反,它是一种怀旧,它的存在本质产生于某些本源。因此,从实体的观点来看,某种样式的衣服要么代表着能指(长袖开衫样式),要么代表着所指(滑铁卢样式)。在运动鞋的例子中,我们已经碰到了这种模糊性,在那种表达中,所指寓于意指类项中。外形和样式的这种相似性证明了,在意指系统中,在符号的形式起源和它的趋势之间,存在着一种无限的迂回的循环。所指和能指之间的关系是不起作用。

58. **毛衣**　粗毛线衫、长罩衫、套衫、毛衣、针织内衣。

59. **背心**　前开背心、背心、西装背心、背心式长外套。

60. **腰线**　这个词很含糊,它经常被理解为表示一种界限或高或低,把胸部与臀部分开,但这个标记已是一个变项,属不再能直接影响系统要素。因此,我们必须把腰身以尽量中间位置保留下来,因为衣服的环状部分就居于臀部和胸部底端之间。

注释:

[1] 参见第十二章。

[2] 它所附带的类别以及分组存在于类目一样的直觉关系中,它的组成存在于类似哈利格和冯·瓦特堡的主题分类中。我们已经知道,这种分类形式毫无结构价值(参见 7-3)。

[3] 当然,考虑到我们研究的是书写服装层面上的互不相容性,这是不难理解的。因为在真实服装中,它的句法范围完全两样。我们可以轻易地发现一个与其他类项互不相容的独特类项,根本用不着我们努力去把它们列于同一属中;一般来说,丝袜与浴衣是互不相容的。

[4] 没有必要为了找到一个属而去设想一个广泛的共时性。因为流行很容易在它的微观—历时性中,生成新的类项(通常这是当旧的服饰术语再度复活时)。

[5] 与书写服装结构涉及的大量变项术语中那些清晰的意示相反。

[6] 供存储记忆的属:**耳环—小披巾—**(鞋)**弓—裤袜—**(鞋)**帮—**(染色料子的)**底子—假发—套靴—罩衫**。

[7] 例如:躯体=胸部+臀部;——胸部=脖子+上身;——上身=前部+后部,等等。

[8] 例如:服装=衣件+衣件的部件;——衣件=连接+布片;——部件=平面+立体,等等。

[9] 我们知道,结构语义学不如音系学先进,因为还没有找到构成语义成分清单的方法。"(与音系学相比),词汇中的对立似乎有着不同的特征,它更为松散,其组织结构似乎对系统分析没有提供多少帮助。"[吉罗(P. Guiraud):《语义学》(*La sémantique*)],巴黎,P. U. F.,《我知道什么?》丛书(*Que sais-je ?*),第 116 页。

[10] 这里列出的属都是以单数形式出现的(除非它仅以一副成双中的单个形式就能存在)。它表明,这是一个类型问题,一个排斥组的问题,而不是包含组的问题。它是由词汇自动命名的(如果语言允许的话),或取其某一类项的名称(参见 7-8)。

[11] 参见 11-12。

[12] 在类似这样的表达中:比衬里更好,具有同等质量的料子互相映衬,其内部经常暴露在外穿的某些衣件上。

[13] 参见 11-11。

[14] 裙子的宽发常常是朴素和柔软的,否则就是引人注目的,因衬裙而变得挺括。

[15] 虽然原则上,凭共时性只有一种基本线条,但杂志也可以引用其他线条。这里列出的几个线条类项是为了解释这一属的类别。

第九章 存 在 变 项

正宗的中国衫,平整,开衩[1]

I. 变 项 的 清 单

9-1 变项的构成和表现

属项所指称的物质实体可以一视同仁地进入意指作用的对象物或支撑物中,但在母体中仍有一种形式是无法充入的,除非经由一种独立的、不可简化的实体:变项。其实,变项的实体从来都不会与属实体混成一团,因为一个是物质的(**大衣、别针**),而另一个则一直是非物质的(**长/短、开衩/不开衩**)。实体的差异需要有不同变项清单,但我们可以肯定,属项的清单,加上变项的清单,就可以概纳所有母体的实体,并就此组成流行特征的一个完整清单。

然而,在采纳变项清单之前,应该记住,像类项一样,这些变项并不表现为具有专业词汇的简单对象物,即便是被归为排斥组,它所表现出来的是具有几个术语的**对立**(oppositions),因为它们具有母体特有的聚合力。构成的对立原则如下:只要存在(空间)语段上的互不相容性,这里就有一个意指对立系统,例如,**聚合关系**(paradigme)对立系统,例如变项对立系统。因为约束变项的是它的术语不能**同时**体现在同一个支撑物上:领子不会同时既敞开,又闭合。如果**半开**(entrouvert)是描述,这就意味着**半开**和**敞开**或闭合一样,也是差异系统中一个有效术语。换句话说,所有不能同时实现的术语组成了同质种类,即一个变项(就这个词的一般涵义来讲)。为了确定这些种类和变项,我们只须将那些从对比替换测试中产生的术语归入语段上互不相容的清单即可:例如,一件裙子不可能同时既是**宽松的**,又是**紧身的**。因此,这些术语是同一种类中的一部分,两者都带有同一变项(**合身**)的色彩。但这件裙子可以轻易地同时成为**宽松、柔顺、飘逸**,这些术语每一个都属于不同变项。当然,有时也必须参考上下文,以决定某些变项的分布:如果有人说,一件**纽扣洋装**,我们可以理解为,洋装的意义(如,当时的流行)产生于它有纽扣[与同样一件没有纽扣的洋装(不流行)相对立]这一事实。因而,变项是由纽扣的存在或阙如构成的。但我们同样可以这样理解,这件连衣裙的意义是基于它是用纽扣,而不是用拉链来扣上的这一事实产生的。从而,变项涉及的是裙子系扣的方式,而非纽扣的存在。聚合关系依情况不同而变化,在一种情况下,是存在与阙如之间的对立,在另一种情况下,又是**纽扣式、穿带式、打结式**之类的对立。[2] 每一个变项都有着变动的术语数量。[3] 二元对立无疑是最为简单的(**在右边/在左边**)。但根据布劳代尔(Brondal)的模式,一个简单的两极对立可以通过一个中性术语(**既不靠右,也不靠左=居中**),以及通过一个复合术语(既靠右,又靠左=两边都占)而变得丰富。这是其一;其二,某些聚合关系的术语表很难被结构化进程吸收(**固定的/镶嵌的/打结的/钉纽扣的/穿带的,等等**)。最后一点,聚合关系的某些用词在术语上是不完善的,但这并不影响它们占有一席之地,例如:透孔的和透明的。虽然这两个词形成了意指对立,但在逻辑上却不过是一长串清单的中间部分,这串清单的极度(**不透明**)和零度(**看不见**)从未被提到过。我们必须记住,意义并不产生于简单的限定(**长罩衫**),而是出自那些标记的和未标记的之间的对立。即使我们研究的共时性只提到一个术语,也总是要重新建立起它自身的差异所赖以存在的模糊术语(在这里,写在方括号内)。因此,尽管罩衫从来都不会太短,但它们的长度时常被标记出来(**长罩衫**),所以有必要在**长的**和[**标准的**]之间重建一种意指对立,即使这一术语并未明确说明。[4] 因为在这里,就像其他地方一样,必须优先考虑系统的内部需要,而非语言的内部需要。那么,以同样的方式,一个清单完全可以时而属于一个变项,时而又属于另一个变项，因为系统中的对立游戏未必非要与语言的对立相互重叠；大既可以表示一种平面维度（尺寸的变项：**大结**），又可以表示一种立体维度（体积变项：**大裙子**）。实际上，这是由支撑物的本质决定的。最后，由于决定意指对立的总归是服饰意义（而非语言意义）。所以，我们必须保证，变项的每一个术语最终都包含着不同的术语表达：比方，**凸起的、泡裥的、有凹棱的**，这些术语就是同一意指的术语[**突出的**]的非意指变项。严格地讲，这不是一个同义词的问题（一个纯粹的语言学概念），而是任何服饰意义的变化都无从区别的词汇问题。即使它们在术语上有所变化，那也是因为它们拥有的支撑物的变化：**磨砂的**和**上浆的**显然意义大相径庭，但由于与[**突出的**]联系在一起，它们便具有了与凹形对立的关系，成为同一聚合关系术语中的一部分。它们的语言学价值则根据它们是适用于质料——支撑物，还是口袋——支撑物而变化。每一变项的原则聚合段是横向赋予的（尽可能是以结构对立的形式），聚合关系中每一术语的非意指变项则是纵向产生的。

窄	/	标准	/	宽
修长瘦小				

利用语段互不相容性的验证，我们拿出了三十个变项。[5]这些变项可能像属一样，是以字母顺序排列的。我们倾向于——至少是暂时地[6]——用理性的（还不是直接的结构）规则来把它们归组，以期能够形成几个对它们中的某些变项普遍适用的说法。因此，我们把找到的三十个变项分为八组：**同一性、构形、材质、量度、连续性、位置、分布、连接**。前五组变项（即，从变项Ⅰ到变项ⅩⅩ）以定语的形式从属于它们的支撑物，在一定程度上，决定了存在的特征（**长洋装、轻质罩衫、开衩直筒衫**）：这就是存在的变项（**第九章**）。最后三组变项（变项ⅩⅪ到ⅩⅩⅩ），每一个变项都表示物质支撑相对于一个领域或其他支撑物所处的位置（**两条项链、洋装的一个纽扣在右边、一件罩衫掖进裙子里**）：这就是关系的变项（**第十章**）。尽管我们即将展示的变项聚合关系借助于语段互不相容性的验证，已经以一种

纯形式的方式建立起来了，但这并不妨碍我们再从实体的角度出发，做一些简要的评述，也就是说，从隐喻的、历史的和心理的方面，超越每一变项的系统价值而对其加以确定，并以这样的方式来论证符号学系统和"**世事**"之间的关系。

Ⅱ. 同一性变项

9-2 类项肯定变项(Ⅰ)

一件衣服有所意指是因为它有名称，这就是**类项的肯定**（assertion d'espèce）；因为它是被穿着的，此即为**存在的肯定**；因为它是真实的（或虚假的），此即为人造的肯定；因为它是强调的，这就是**标记**。这四个变项有一个共同点，它们都是把服装与它的意义同一起来。第一个变项是**类项的肯定**，这一变项背后的原则我们已经讨论过。[7]我们看到，其聚合关系只能是形式上的，尽管有类项的衍生，但它仍是一个我们所说的二元聚合关系，因为它总是并且仅仅是把其个体和其种类对立起来，独自具有一种实体，让实体的表述充斥于这种对立。因此，我们简单地重申一下类项肯定的变项公式，如下所示：

$$a/(A\text{-}a)$$

9-3 存在肯定变项(Ⅱ)

如果杂志称：**有盖布的口袋**。无疑，给予口袋以时髦"外表"，给予其以意义的**首先**（即先于其作为一个类项的特性）是盖布的存在。换句话说，反过来，在一件"**没有腰带的裙子**"[8]中，使裙子有所意指的是腰带的阙如。因此，聚合关系并不是使一个类项与其他类项对立，而是于一个要素的存在与这个要素的阙如之间形成对立。所以，类项是以两种方式决定的：以**抽象**（abstracto）的方式使自己与其他变项形成对立；**在现实生活**（vivo）中使其出现与其阙如形成对立。[9]语言学对存在的变项并不陌生,它的同义是从**极度**(degré plein)到**零度**(degré zéro)的对立。我们以这种方式来构建对立[10]:

有	/	无
有(或有着) 具备		无以 没有……

9-4 人造变项(Ⅲ)

人造(artifice)变项把自然的和手工的对立起来,如下所示:

自然的	/	手工的
真实的 真正的		假的 伪造的 仿制的 伪的

这一变项的神话史可谓源远流长。长期以来,我们的服装似乎无视自然与手工之间选择的存在,一位历史学家[11]把**仿制品**(simili)的诞生(假袖、假领之类的)归之于资本主义初期,或许是在新的社会价值观——注重外表的压力之下产生的。但我们很难知道,作为一种服饰价值观,崇尚自然的风气(因为人造的出现不可避免地会产生意指对立,**真实的/人造的**,在此之前仍不存在这种对立)。是思维发展的直接结果,还是技术进步的产物?制造真实就意味着一定数量的发明创造。无论何种情况,由于真实是**普遍性的**,它被同化为一种标准。于是,手工被特别加以标记,除非是在技术利用模型和仿制品(纯羊毛的、手工缝制的,等等[12])之间的直接对抗的情况下。然而,真实的辉煌如今正慢慢淡去,这得归功于新价值观:**伪饰**(le jeu)的扩展。[13]在这种价值观的保护下,对于大多数手工的标写,或者我们把权力归之于不同的个性,以展现其内在的丰富性,或者,借之来稍微

掩饰一下服装所产生的经济适应性。因而，人造便以此标榜自己。一般来讲，它要么适用于伪造的功能（一个假结就是那种不系住的结），要么，适用于衣件的地位，也就是适用于其质料的独立程度。如果一个衣件看起来似乎是独立存在的，实则却是在技术上依赖于它悄然缝制其上的主要部件，那么，我们就称这个衣件是假的。因而，从一个**虚假整体**中（faux ensemble）包括有一个单一的衣件这一事实，我们即可看出其人造性。或许，只须用布料就能遏制手工的盛行。有时，我们注意到布料，这也就意味着，我们推崇它的真实性。[14]

9-5　标记变项(IV)

有给予强调的要素，自然就有其他要素来接受这种强调。然而，服饰句法并没有在**强调者**和**被强调者**之间建立起结构上的差异。这与语言形成了强烈的对比，语言具有着主动和被动形式的对立。对服饰符码来说，关键在于认识到，在两个要素之间（通常是在对象物和支撑物之间），**存在着标记**（marque）。在对象物和支撑物同一的情况下，我们可以清楚地看到这种模糊性，可以说，是实体在标记着它自己：说腰身（很少）被标示出，也就是说，腰身多少是以自身的存在既产生标记，又接收标记。[15]**被强调者**绝不会与**强调者**对立，两者都是由标记现象难以确定的出现形成的同一术语的一部分。对立的术语只能是**未标记的**（或非标记的），可以称之为**中立的**（neutre）。这个术语实在太普通，所以还未被表达过（除了对颜色以外）。以下就是标记变项的表：

被标记的一标记的	/	未标记的一非标记性的
被强调的一强调性的 被暗示的一暗示性的 被突出的一突出性的		中性(颜色)

标记本身除外（**腰身很少被标示出**），标记无须为某些属增加什么，就

可以强调这些属的存在,从而,趋向于存在的肯定。可以说,它是占据了其他要素留下的空间。例如,如果某一要素在物质上是必不可少的,从而也就是说,不可能把存在的变项加以伪饰,那么,标记就会允许存在的事实产生意义。我们不能让线缝脱离一件服装(除非是袜子),这会使它无从标记它的存在。但它们可以以经验的形式存在,以清晰可见的针脚形式存在,在这正是存在变项所能解释的。由于标记是一种最高级的存在形式,其对立物也提高了一个档次,它不再是阙如,它是丧失强调后的简单存在——中性。我们将会看到,**标记/中性**变项(偶尔也会以风马牛不相及的名称)的意指力量是多么地强大,譬如,将之赋予**颜色**属的类别时:因为颜色不懂什么叫不存在,任何事物都不可避免地会受到颜色的修饰[16],在流行中,无色的东西只是中性的,即**未标记**的,而有**颜色的**则是生动的同义词,即**标记**。最后必须注意的是,**标记**变项有着强烈的修辞意向:强调是一个美学概念,在很大程度上属于含蓄意指。正是因为服装是书写的,置于其上的强调才可能是统一的:它取决于评论家的言语。在真实服装中,在语言学之外的服装中,我们或许能够把握的只有两种要素的相遇,或者在被标记的腰身中,把握另一种变项,如合身的出现。

Ⅲ. 构形的变项

9-6 型式和言语

在意象服装中,**构形**(configuration)[17](**型式、合身、移动**)几乎概括了服装的整个存在状态。在书写服装中,它的重要性则由于其他价值(存在、质料、量度,等等)而有所削弱。拒斥视觉认知的独断,把意义缚于其他方式的认知或感知上,这显然是语言的一个功能。在样式规则中,意象只能很勉强地解释言语产生的存在价值:言语比意象更善于让整体和移动有所意指(我们不是在说,使其更具认知性)。语词将其抽象和概括的能力置于服装的语义系统的支配之下。因此,就样式来说,语言就可以仅仅恪守其构建原则(**直和圆**),即使这些原则要转化成实际服装极为复杂:一件**圆裙**包含许多线条,绝不仅曲线一种。对合身来说,同样如此:对某个外形的复杂感觉,只须用单独一个词(**紧身、宽松**)就可以表达,最后一点,对于最为微妙的型式价值——移动来讲,依然是这样(**有着瀑布般褶饰的罩衫**)。真实服装的照片是复杂的,而它的书写表达则是直接意指的。结果,语言使意义的源泉恰如其分地附着于细小的、稳定的要素之上(由一个单词表示),其行动通过一个复杂的结构而加以分散。

9-7 型式变项(Ⅴ)

就术语来说,**型式**(forme)变项是最丰富的:**直的、圆的、尖的、方形、球形、锥形**等等所有这些术语都可以互相形成意指对立。我们不要指望将这些变项纳入一个简单的聚合关系中。这里的混淆源于两种情况,它与语言的隐晦作用有关。一是立体感的衣件有时候会用平面设计的术语来修饰(**单排纽上衣、方形披风**);二是,尽管型式的变项通常只关注衣件的某一部分(例如,它的边),但在形式上接受修饰的仍是整个衣件:**喇叭袖**实际上只是袖口呈喇叭形展开的袖子。然而,尽管转换不会使构成型式变项的这些将近一打左右的术语简化到一个简单的对立(因为每一个术语都可以和其他所有的术语对立),但一切迹象似乎都在表明,聚合关系的确具备某种理性结构。它由一个母体般的对立构成:**直线和曲线**,这使我们联想起古老的赫拉克利特对偶。这两极的每一极都可以先后转化为次级术语,这种转化是以两个附加标准的介入为事实依据的,一个是有关基本型式中线条的平行(或分散)标准:从而,**直线**产生**方形、锥形**(或**尖头**,或**缝褶**),以及**斜面;曲线**产生**圆形、喇叭形及椭圆形**。另一个就是几何标准,因为型式有时被看作是一个平面,有时又具有立体感。所以,**直线**派生出**方形**(平面)和**立方**(立体);**曲线**派生出**球形和钟形**。[18] 由此,我们得到以下的聚合关系,要知道,其每一项特征都可以和其他特征形成对立:

直线	/	曲线
方形/锥形/斜面 方形/立方		圆形/喇叭形/椭圆形 球形/钟形

9-8 合身变项(Ⅵ)

合身(fit)变项的功能是用以表示衣服与身体意指接近的程度。它指一种距离感,与另一种体积的变项颇为类似。但正如我们即将看到的那样,在体积中,这种距离是在其外在表面上,以及和服装周围的一般空间相关的层面上感觉到的(一件**肥大的外套**是很占空间的)。而就合身来说,则恰好相反。这一距离是根据它与身体的关系估计出来的。在这里,身体是核心,变项表示置于其上的一种多少有所束缚的压迫感(**一件暧昧的外套**)。我们可以说,在体积变项中,参照的距离是开放的(进入周围空间),而在合身变项中,它是封闭的(围绕着身体)。前者考虑的是整体性的把握,后者则是形体上的感觉。此外,合身还可以暗自邂逅其他变项:像飘逸一例中的流动性——一个衣件可以与身体松开,甚至看起来与身体毫不相连(饰带、头巾);还有宽松一例中[19]的紧绷。[20]身体不是衣件收缩的唯一中心。有时它是要素自身参照的要素,像**紧扣**或**松扣**。这是一个紧缩或膨胀的一般过程问题。总之,变项最终的统一性是在感觉层面上找到的,尽管是形式上的,但合身仍是一种普通感觉的变项,它在形式和物质之间从容过渡。它的原则就是在紧与松,收紧与**放松**之间的意指选择。因此,从服装心理学(或精神分析学)的角度出发,这种变项可能是最为丰富的一个[21],既然这个变项依赖于距离感,那么,变化的范围自然也就是密集的,甚至根据术语规则,其表达也可以是不连贯的。因此,我们有两种意指状态(但不是两种存在):**紧和松**,其术语变化表面上看起来大相径庭,这取决于它是一个衣件与身体的关系(**合身**),还是一个衣件与其自身的关系(**紧**)问题。每一个术语都必须加上最高级形式(至少是作为一种保留的尺度):

对合身来说,是**贴身**(collant),对宽松来说,就是**鼓起**(bouffant)(在这种情况下,受柔韧性的变项影响)。如果就其变项事实来说,衣件具有某种合身性,那么语言显然将只会标记出那些奇怪的术语。第一个术语对应着正常状态,它始终不明确的:一件罩衫如果不和其类项分离,是不可能合身的。从而,它只能是**正常的**或**飘逸的**。这是合身变项的表:

贴身 /	紧 /	松 /	蓬松
粘身	紧身 紧缩 式样合身 线条优美 紧密[22]	宽松 随意 飘逸 大 轻柔 轻便 宽大	

9-9 移动变项(Ⅶ)

我们已经指出,**移动**(mouvement)变项给予服装的一般性以生机活力。服装线条是有方向性的,但它的方向受人体体态的影响,最为常见的便是垂直方向。于是,问题就变成了在移动变项的原则对立(**升/降**[23])之上再加上另一种变项术语(**高/低**)。无疑,**高领毛衣**有着高耸的领子。同样,从总体上看,这个术语显然是移动的一种:技术上讲,是衣件在使领子上升;语言上讲(即,从隐喻意义上讲),是整个衣件在向上攀升。对**长统手套**来说同样如此:它们只是有着长长的袖口而已。但在语义上限定它们的(即,把它们与其他类型的手套相对立)是它们仿佛在沿着胳膊上升。所有这些例子,都存在着一种扩展,从衣件某一部分的实际特征扩展到衣件作为一个整体所具有的整个外表。这就是为什么这个变项始终不能摆脱一种修辞状态,它在很大程度上得益于书写服装的本性。因此,**上升和下降**构成了对立的两极,还必须在它们的术语中加入隐喻变化(**飞升、俯冲、俯身**),

根据支撑物来加以使用。上升和下降在单独一种状态下的结合产生了一个混合的或复合的术语:**摇摆**(bascule)。**摇摆**表示两个相互关联的表面的存在,结果也就是一种新的附着方向:向前/向后[24]有时在**突起**和**凹陷**中也能发现这种微妙的差别。但是由于不再有高或低的迹象,我们可以把突起和凹陷看作是一个与主要一极有关的中性范畴,因为它们并不明确地介入**上升**或**下降**的行为。我们可以看到,这个变项的不同框架实际上是由方向构成的,而不是移动,这体现于所有的对立术语中。否则,像松弛这样的零度术语(**无状态的**)显然是毫无根据的。移动的缺乏不是委婉的,这足以证明它是一种权力价值,它不能被标记。不同的移动方式融入语义上的生动。这就是为什么我们将不可避免地把它作为一种自主的变项来加以构建,独立于位置的变项,或者,甚至是量度的变项(**长手套**),而这大大有利于它的结构化进程,这是移动变项的聚合关系表:

	1		2		混合		中性
	上升	/	下降	/	摇摆	/	突起
	升起 飞升		俯身 俯冲 下垂 垂				凹陷

Ⅳ. 实 体 变 项

9-10 质感

这里的一组变项,重量、柔韧性、表面的突起以及透明度,其功能是使质料的状态产生意指。可以说,除了透明度以外,它们都是可以触感到的变项。任何情况下,最好都不要把对衣服的感觉归为某一种特别的感受。当衣服是厚重的、不透明的、紧绷的以及平滑的时候(至少当这些特征被注意到时），衣服形成以身体为中心的感觉顺序。我们称这种顺序为质感（cénesthésie）：实体的变项（其统一性即在于此）就是一种质感变项。基于这一事实，在所有的变项中，实体的变项最接近于服装的"诗学"。更何况，实际上还没有什么变项是文学性的：无论是料子的重量，还是透明度，都可以简化为一种孤立的特征，透明也可以是轻柔，厚重也可以是紧绷。[25]最后，质感又回复到**舒适**和**不舒适**之间的对立上来。[26]这实际上是衣服最重要的两个价值。为什么**厚重**只因其含蓄意指令人感到不舒服，就鲜有提及？或者进一步问，为什么**透明**，由于和精神愉悦联系起来，就被当作一种渴望的感觉而挑选出来，而它的对立面不透明就不能与之并肩齐眉（它从不受到描写，因为它是一种标准）？尽管我们在过去的例子中，曾把厚重的东西联系在一起，尽管在现在的例子中，我们又把舒适，把柔软看作是普遍优点，这种优点就解答了上述问题。于是，对立游戏多少会受到感觉禁忌（同时也是历史禁忌）潜在系统的干扰。原则上，这些实体变项涉及的只应该是衣服及其饰件制作使用的料子，像纤维、羊毛、宝石和金属之类的。简单地说，它们在逻辑上只适用于一种属，即质料属。但这只是一个技术观点，而不是语义观点。因为通过举隅，书写服装总会将实体的本质转移到衣件，或者（偶尔）转向衣件的构成：**一件轻柔的罩衫**是由轻薄的料子制成的，**一件透孔的外套**是用钩针编织的。但是，既然术语规则要求我们尽可能接近杂志实际表达所使用的文字（除非从服饰符码的角度来说，术语替换是毫无意义的），那么，我们就必须假设，实体变项适用于大多数的属，从而不必麻烦把衣件简化到它的质料。我们有能力把**一件亚麻裙**简化为**一件由亚麻制成的裙子**，却不可能把**一件厚重大衣**简化为**一件由厚重织物制成的大衣**，而我们似乎倾向于用这种（赋予的）不可能性来对抗我们（假定的）能力。亚麻是质料属下的一个类项，而厚重如果也是一个类项的话，也应该属于重量属：亚麻以排斥关系存在，厚重以矛盾关系存在（≠**轻薄**）。更何况，一旦我们认识到，正是由于语言，一件服装的重量＝估计，远要比什么分子状况更富"诗意"，那么，就会借助于其他要素（款式、褶等）来形成罩衫的"轻薄"。实际上,重量很容易陷入实体与一件衣服自身之间的这种混乱之中。相反,对于宽松来说,这种混乱是不可能的,很难把变项与它改变的质料截然分开。对于把它转移到个别服装或饰品,语言显得犹豫迟钝。一件大衣的料子可以是硬实的,而用不着把这一特征在术语上转移到衣件,从而也用不着转移到这一衣件的稀有上。因此,现实并不绝对地决定了变项的产量(还有许多粗糙的,或不光滑的织物)[27],而语言权力则再度负责来分配这一现实。

9‑11 重量变项(Ⅷ)

时装技术专家深知,任何东西也比不上它的物理重量更适合于界定布料的了。稍后我们将会看到,正是以同样的方式,重量的变项潜在地让无数质料类项被分为两大意指组。[28]语义上(而不再是物质上),重量也是能界定面料的。在这里,服装似乎与巴门尼德(Parménide)古老的一对又再度邂逅。轻的东西,在记忆、声音、生命一边,而紧密的东西,在黑暗、遗忘、寒冷一边。因为厚重是一种整体感觉[29],语言把**单薄**(有时甚至是**纤弱**)化作轻,把**厚实(臃肿)**化作重。[30]这或许就是我们所要把握的服饰最为诗意的现实。作为身体的替代形式,服装利用它的重量,融入人类的主要梦想,梦想着蓝天和墓穴,梦想着生命的崇高庄严和入土归安,梦想着展翅翱翔和长眠不醒。正是衣服重量使它成为一双翅膀,或是一片裹尸布,成为诱惑或是权威。仪式服装(并且首先是领袖服装)总是凝重的,权威的主题就是僵硬,是垂死。为欢庆婚礼、诞生及生活的服装总是轻薄飘逸的。变项的结构是两极对立的(**重/轻**)。但我们知道,流行只标记(即使其意指)情绪愉悦的特征。当一个术语要想加入一个既定的支撑物时,只要这个术语有足够的消极含蓄意指(如,**袜子沉赘不堪**),以使它无法胜任,甚至是退出对立组即可。喜欢的术语仍然保留(如,**轻盈**)。但如果它是标记性的(即意指性的),那也是与一个模糊术语联系起来进行标记的,这个术语就是**标准**:一件标准的罩衫,不轻也不重。重就会显得突兀,但轻柔也可以突破普通罩衫的中立性而被标记。的确,如今的轻柔时常是令人愉快的。所以,这种变项的持续对立是[**标准**]/**轻柔**。[31] 不过,**厚重**并不是贬义词,不管怎样,一件衣服的保护功能或仪式功能已足以从语义上说明厚实和紧凑的合理性(披巾,大衣),流行也试图把不名一文的型式(项链、手镯、面纱)吹捧上天(尽管这种情况可谓凤毛麟角)。下面是这一变项的表:

厚实	/	[标准]	/	轻柔
厚实 臃肿				纤弱 单薄

9‑12　柔韧性变项(Ⅸ)

语言只有一个部分术语(**柔韧性**)供它笼盖两个对立项(**柔韧/硬挺**),但凭借**柔韧性**(souplesse),我们显然必须弄清使得服装多少能成型的一般特性。柔韧性表示某种硬度,既不过于坚硬,也不太显脆弱。本性硬实的物体(像别针),以及过于细软,或者完全寄生于其他衣件之上的要素是不能接受这一变项的。像重量一样,柔韧性基本上是一种物质的变项,但也如同重量一例中一样,存在着变化不断蔓延至整件衣服的情况。其对立,原则上也像重量一样,是两极对立的(**柔韧/硬挺**)。但是,尽管**硬挺**曾经风靡一时(在铠甲装和上浆服装中[32]),如今却是**柔韧性**主宰了所有的标写。**硬挺**只有在某些料子才得到认可(**硬塔夫绸**),而**上浆**服装几乎被当作是半成品(即使是在男装中)。在大多数只有**柔韧**被标记的情况下,对立也就只能辗转游戏于**柔韧**和**不够柔韧**之间。因此,必须经由**标准**之类的模糊术语来达到这一点,就像变项表中显示的那样,它和重量变项表有颇多共同之处。

柔韧	/	标准	/	硬挺
松				上浆 硬实

9－13　表面效果变项(X)

表面效果变项的使用范围十分有限,因为它只关注那些能够影响支撑物表面的偶然因素。[33]它完全是一种物质的变项,术语上很难把它孤立出来。语言很难把它转移到衣件。只有在衣装的部件上(**边、领子**),语言才能勉强做到这一点。其术语只有和(布料的)一般表面联系起来,才能领会,从中,我们标记出表面变化(凹陷或凸起)。

1		2		中性		混合
(突出)	/	凹陷	/	平滑	/	隆起
波纹 [凸面] 绉褶 隆突 粗糙 贴花 凸现 凸饰 凸起 凹槽		[凹面]				

这个变项使每一导致织物表面凹陷或凸起的东西都产生意指(但身体表面除外,它的外形依赖合身变项)。它使我们有权把,比方说,**贴花口袋**,看作是归于突起这一术语下的。这些口袋加于服装之上,又与它分离。尽管这种变项十分罕见,但它仍具有完整的结构:两个截然对立的术语(**突起的/凹陷的**),一个混合术语(**既突起又凹陷**):瘪(**一个稍瘪的帽子**),它不是贬义的,因为它是作为一个"滑稽"的细节标记的。

9－14　透明度变项(XI)

原则上讲,透明变项应该说明服装可见的程度。它包括两个极端:极度(**不透明**)和零度,后者表示服装的全然不见(这种程度当然是不现实的,因为裸体是人们忌讳的)。像"无缝"一样,衣服的隐匿不见是神话的、乌托邦式的主题(国王的新衣)。因为从我们证实透明的那一刻起,看不见就形成了其最佳状态。**不透明**和**不可见**,这两个术语,一个表示的性质可能过于稳定,以至于人们从不去注意,而另一个所代表的本质又是不可能的。标写只有集中于不透明的中间程度:**透网**和**透明**(或**面纱遮掩状**)。[34]在这两个术语之间,不存在密集度的差异,而只有形态的区别。**透网**是一种断断续续的可见性(织物或胸针),透明是一种稀薄的不可见性(薄纱、透明薄织物)。任何在程度上,或是强度上瓦解服装不透明的东西,都归于透明变项。以下是这个变项的表:

〔不透明〕	/	透网	/	透明	/	〔不可见〕
		有洞		面纱遮掩状 用面纱遮掩		

V. 量 度 变 项

9-15 从确定到不确定

时装中,量度的术语表达五花八门:**长、短、宽、窄、宽松、大、厚、高、高大、抵膝**、3/4、7/8,等等。所有这些表达经常相互混用。从中,我们根据术语的大致相似,无疑可以找到三种基本的空间维度(长度、宽度、体积),但有些术语很难适合于这种维度(**高大、大**),而有些则明显脚踏两只船(窄既可以是宽度范畴,也可以是体积概念)。之所以如此混乱,原因有三个:一是,表述在术语上,总是把一件衣服的部分维度说成是整体上的一件,这已是惯例(就像我们在讨论其他变项时所看到的那样):**一顶大帽子**实际上是一顶有着宽大帽檐的帽子。第二,在所谓的服装这一错综复杂的物体中,流行更多地是标记主要的印象，而非实际的组成：尽管原则上，**宽**不代表体积的大小，但流行使用起**宽袖**这个词组却如探囊取物一般，因为它更愿意去标记衣件的平面模样。最后一个原因，既然流行把自己全托付给了语言，那么它就必须产生绝对量度（"长""宽"），而这实际上完全是相对的[35]，其功能特征只有通过结构分析才能系统化。[36]三维体系只有一定程度的连续性、稳定性，以及因此而产生的清晰性，那也是假设它建立在一片同质的、恒定的领域内（比方说，一个物体，一片区域）的情况下。但流行经常是不露任何迹象地把这两个领域：人体和衣件合二为一。所以，头饰会被描述为**高**（因为它是衣件和身体的关系问题），项链会被描述为**长**（因为它是衣件自身的问题）。所有这一切的结果便是，如果量度的传统概念（长、宽、体积）公然应用于流行体系中，它们必须具有自己的规则，这种规则不能是简单的几何学规则。实际上，每一个变项量度似乎都在传递一个双重信息：物理维度上的尺寸大小（长、宽、厚），以及这种维度的精确程度。最精确的变项自然非**长度**变项莫属（**长/短**）。一方面，由于人体是纵向的形式，蔽体的衣物长度很容易改变，并且相当精确。另一方面，身体的长度（或高度）与其他维度又如此不成比例。所以服装的长度不至于过分模糊。于是，**长度**便以其精确性和独立性游离于其他量度变项之外。[37]相形之下，**宽度**和**体积**就不太精确。当**宽度**（**宽/窄**）涉及本来就是一块平面（前件）的衣件时，它的使用无疑是精确的。但这种情况可谓凤毛麟角。当衣件在凸起面上是平整一片时（**一件宽大的裙子**），它的宽度与它的体积就有点混淆起来了。当**体积**（**宽大/瘦小**）指向明显如球状衣件时（帽子的顶），它是一个明确的概念。实际上，流行往往并不需要那么多精确的量度，如，某一特定要素的宽度或厚度，因为它只是一种整体性概念，既是横切的，又是横剖的。衣件的"高大感"，它的宽松感，都与其长度有关。当然，把宽度变项与体积变项区别开来还是很有必要的，因为存在着平面因素和球面因素。除此之外，这两种变项形式还有点像一组对立中的不精确的一极，其精确的一极就是长度。这个对立被冠以大小（**大/小**），这是尺寸的一般术语,其功能是作为前三个变项不定的方面,或是替换其中之一,或是把三者同时概括。因此,量度的四个变项便以这样一种功能层次组织起来:

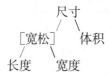

在每一层面上,量度越模糊,标写就越武断。**长度**当然是最客观的量度,它独自接受英尺标写(**一件裙子离地 5 英尺**),而**宽度**和**体积**则很容易交换术语(**有宽袖**)。最后,所有三个变项全部归入大小的最终普遍性中。这四个变项具有同样的结构。对立包括两个两极对立的术语和一个中性[**标准的**]术语,但这里的中性术语比起实体变项中的中性术语,显得不那么重要。因为量度遇到的禁忌较小:比起**重量**,**宽度**不能胜任的时候少得多,不过,中性术语仍有其必要性。**一件长袖羊毛开衫**并不与**一件短袖羊毛开衫**发生对立。虽然,语只有在断断续续的术语中才会产生对立,但术语之间的差别实际上是循序渐进的:1/3、1/2、2/3、3/4,等等。比起移动的不精确术语,两极中的每一极(**长/短、宽/窄、厚/薄、大/小**)所表现出来的状态都较前者显得不那么绝对。流行在简化的一极(我们在**剪短**这样的术语中可以明显感到[38]),和扩展的一极之间形成对立。**多和少**,主要和次要的强烈对立与我们在同一性变项(**是或不**)中看到的纯粹选择截然相反。但是,这种循序渐进的结构一旦由杂志表述出来,就很容易变成一个固定结构。仿佛存在着,或者至少被说成是存在着,**长**的本质以及**短**的本质:最为善变的定义。量度趋向于融入最为主动的标写,即肯定之中。当量度中最具相对性的东西:比例(3/4)最终建立起一个绝对类项时(**长为四分之三**),我们可以清楚地看到这一点。

9-16 长度变项(XII)

长度是量度中最精确的变项,也是最常见的变项。无疑这要归因于人体，从垂直方向上看，它并不是对称的(腿和头就不一样)。[39]长度不是不起作用的量度，因为它好像也分担着身体纵向的多样性。由于服装最终仍必须附着于身体的某个部位(踝、臀、肩、头)才能成型，所以，它的线条也是有方向性的，它们是**作用力**(force)(例如，横剖戏装是不起作用的，西班牙文艺复兴时期的戏装，要比现代服装显得"死气沉沉")。这些作用力中，有些似乎是从臀部或肩部向下发展：衣服**垂挂**，衣件**很长**；而另一些则正好相反，它们好像是从踝或头部向上走，比如，**高耸**的衣件，但这种区别在术语上清楚地证明了的确存在着真正的服饰符码作用力。根据这些作用力扩散的方向不同，服装可以坦然承受样式的基本变化。于是，在我们的女性服饰中，有两个上升的向量(由头和脚支撑的**高耸**衣件：高耸头饰、高筒丝袜)，还有两个下降的向量(由肩部和臀部支撑的**长**衣件：大衣、长裙)。这四个向量集中起来，就像四行诗中的内韵外韵。但我们仍然可以设想出其他"韵律"，其他"诗节"，像东方女性服装中的对句(指两行尾韵相谐的诗句——译者注)(面纱和长裙以同样的方向**垂下**)，像东方男性传统服饰中的错韵(**高高**的头饰和**垂下**的飘带)：

	现代女性服饰	东方女性服饰	东方男性服饰	13世纪英国女性服饰，等
头	a↗	a↘	a↗	a↘
肩	b↘	a↘	b↘	a↘
臀	b↘			
踝	a↗			a↘

每一个系统都遵循着一个特定的韵律，或奕奕飞扬，或郁郁垂荡。我们的系统显然是倾向于中性化，并且似乎很少改变。因为要想在样式上发动一场标记革命，就必须要么让头饰下垂(面纱)，要么让踝部再度被遮盖，所有这一切都清楚地表明，纵向的尺寸，即我们依据支撑物的点和发展区域的不同而称之为长度或高度，具有重要的结构价值。进一步讲，正是通过长度的变化，流行试图改头换面，以惊世骇俗，并且也正是"充满活力"的长度("修长"风格)决定了时装模特儿的标准体形。长度变项包括四种表

达方式。第一种(并且是最常见的一种)是以单纯的形容词形式使维度绝对化(长/短),我们称之为绝对长度(实际上是相对的,因为它意味着一种参照面,即服装支撑物)。在第二种表达方式中,比例长度(3/4、7/8)的相对性是显而易见的,它逐渐变成了语言。原则上,我们在这里探讨的是联结变项,因为量度联合了两个要素(比方说,一件裙子和一件夹克),标记出一个要素在比例上多大程度上超过了另一个要素。但在这里,比例再度成为了绝对。文字上,它只界定那些变化产生意指的衣件。从母体 V. S. O.的角度出发,变项仍是很简单的,语言并没有留下其含蓄意指特征的任何痕迹:7/8**长的大衣**创造了一个完整的整体,其中长度的相对性融入在术语的绝对性之中,甚至滑向类项(**四分之三的长度**[40])。在最后两种表达方式中,比起前两种,与特定参照物有关的长度被标记出来。这种参照物可以是一个范围。术语要素是:远至……,或其他的同义词,**恰好过于……,(依于)……之上,上至……**。参照物是生理结构上的(膝、前额、脖、踝、臀,等等),这就是为什么它不能被当作支撑物的原因。形式上,它包含于变项之中,从中它只不过构成了一个术语要素。这参照物还可以是一个基地(**从……开始**):作为一种常量,它就是地面。长度是以英尺标记的(**一件裙子离地 18 英尺**),这种英尺标记法,源于人们梦想着如科学般精确。语义上,它更为虚无缥缈,因为同一季节中,标准规范因设计师而异。[41]这也就意味着脱离制度习惯,进入衣服事实和流行事实的中间顺序,我们可以称之为设计师"风格",因为每一种量度把每一位设计师作为一种所指来看待。但从系统的观点来看,从一年到来年,英尺变化的功能就是极为简单地从**较长**到**较短**的对立。这种复杂的表达变项可以概括如下:

绝对长度	长 / [标准] / 短		
	高深		低小
比例长度	1/3, 1/2, 2/3, 3/4, 7/8,等等		
范围(远至……)	臀/腰/胸/膝/腿肚/踝/肩/脖		
基地(从……开始)	离地 3 英尺/4 英尺/5 英尺,等等		

9-17 宽度变项(XIII)

比起长度,服装的宽度是一个更不起作用的维度。它不以作用力的形式表现出来,因为人体在宽度上是对称的(两只胳膊、两条腿,等等)。衣服的横剖方向发展因体态而是平衡的:一件衣服不可能只在一边"凸出"。最能展现其横剖面不平衡的属是头饰。这或许是因为,既然对称是难以变动的因素,就有必要利用它的对立面,即脸部,使显得生气勃勃的身体的精神部分(**一项帽子歪到或斜向一边**,等)。再者说,宽度只能在一个非常狭隘的范围内变动:衣服不能超过身体宽度太多,至少目前的衣服型式还不行(历史上曾经有过,像西班牙巴洛克时代的一些服饰,就在横向上极度夸张)。因此,这个变项不适于主要衣件,主要衣件只有从人体上才能获得它们的美感和活动领域,并且,正如我们已经看到的那样,只有靠体积的凸现,才能被称作窄或宽,而且条件是衣件必须有足够的"身体"供它发挥(**长袍、大衣**)。所以,衣件中最为稳定的变项是平整和衣长。最后一点,宽是审美禁忌中最忌讳的东西,至少在现代服饰中是这样,人们通常都是以瘦小和纤弱为美。因此,我们只能把它当作意指松弛和遮护性好之类的价值,才能标记它。所以,变项表就只能在术语上大为简化:

宽	/	[标准]	/	窄
				紧身 瘦小

9-18 体积变项(XIV)

原则上,如果**体积**(volume)有其自身的厚度,那么它就代表着一个要素的横切维度(**纽扣**);如果它包裹着全身,那么它就代表着整个衣件的横切维度(**大衣**)。但是,事实上我们已经看到,这个变项很容易用来解释整体维度,从而也就比长度和宽度含糊许多。它的主要术语尤具标记性,至少对那些衣服的主要衣件来说是这样,尤其是当这一衣件具有确定无疑的保护功能时(**宽大、宽松**)。用简化的术语来说,它直接与身体接触,并逐步倾向于合身。总之,衣服让主要衣件变得宽松,只会使身体变得更加肥大。如果它想使身体苗条一些,就只能随着身体,并标记它(这就是合身)。再进一步,依照某些分析认为,这两个变项与两种服饰道德有关:体积的庞大表明了个性和权威的道德存在[42],而另一方面,合身的庞大则体现了色情的伦理。体积变项表可以以下面的方式建立:

宽舒	/	[标准]	/	瘦小
宽松 臃肿 庞大 宽 宽大				[窄] [小]

9-19 尺寸变项(XV)

正如我们已经看到的,**尺寸**(grandeur)变项是为了表示维度的难以确定性。**大**和**小**是关键术语,它们适用于任何一个维度(**一条大项链**实际上是**一条长项链**),并且可以同时用于所有的维度(**一个大手袋**),比方说,杂志希望采取最为主观的阅读点,从而,它可以阐释一种印象,而无须对它进行分析。当流行面对三种标准尺度时(其中有一些已接近于整体性),它会选择使用不确定的(或许更确切地说,是"不感兴趣的")量度,这不足为奇。许多语言都在以同样的方式,利用毫不相干的指示系统来完成它们特定的指示系统。德语把 der(**这一个**)与 dieser/jener(**这个/那个**)对立起来,法语把 ce(**这**)同 ce···ci/ce···là(**这个/那个**)对立起来。[43]无疑,结构上,大小占据了中间地位;语义上,它几乎总有一种修辞价值:**巨大的、广大的、硕大的、大胆的**,术语**大**的这些变化特意是有意夸大的(其他变项就不是如此)。简化术语(**小**)总有着道德观念上的含蓄意指(简洁,讨人喜欢)。[44]

下面是这一变项的表格：

大	/	[标准]	/	小
大胆 硕大 广大 巨大				

Ⅵ. 连续性变项

9-20 连续性的中断

　　一件服装的形体意义很大程度上依赖于其要素的连续性(或间断性)，这种依赖甚至超过了它对其形式的依赖。一方面，我们可以说，在世俗的形式上，服装反映了一个古老的神秘梦想，即"无缝"，因为服装包裹着身体，身体钻了进来却不留任何钻的痕迹，这难道不是一个奇迹吗？另一方面，就服装引发色欲的程度而言，它必须允许在一处固着，而在另一处解开，允许部分的阙如，允许我们摆弄身体的裸露感。连续性和间断性从而被制度习惯特征取而代之。服装的非连续性并不仅仅满足于存在，它不是炫耀卖弄就是躲躲闪闪。由此，变项组的存在注定要让服装的解开或缝合有所意指：这些都是连续性的变项。分形和闭合的变项已经简化为分开(或不分开)和联结(或不联结)这两个既相互矛盾，又互为补充的功能。[45]移动变项解释了一个要素的独立性，解释了使它与另一个要素要么附着，要么不附着的原则(第二个要素还未表现出来)。再者，无论它曾经如何被分形或移动，都可以以各种不同的方式附着其上：正是附着变项的作用才使得这些不同的附着方式产生意指。最后一点，一个要素可以在质料上是连续的，同时仍接受将其线条截断的弯曲。比方说，一个衣件，要么是可以收卷回来，要么可以平伸出去，弯曲变项就吸纳了这种选择。刚才给予这些变项的规则是有目的的。因为,如果抛开最后一个变项(弯曲)不谈——它在这方面表现不很明显,我们可以看到,在结构上,它们一个控制着一个:不论是给一个衣件镶条花边,还是给它钉个扣子(附着变项),都是一种选择,而这种选择只有当这个衣件是移动的或闭合的时候(移动或闭合变项),才有意义;并且,最后一个变项(**敞开/闭合**)只有从一开始就分形,才可能有它所意示的选择。于是,从术语的控制论意义上来说,四个连续性变项中,第一个变项便在它们中间形成了一种程序。打个比方说,每一个变项继承了前一个变项的遗产,并且只有从预先的选择中,才能假定它的有效性。主宰意义过程的这种"遣送"是十分微妙的,一个被迫关闭的衣件(结果脱离了闭合变项)仍然可以支撑附着的选择(一个分形的衣件,尽管总是闭合的,它也可以通过纽扣或拉链,来这样做)。一个**总是**分形的要素可以是敞开的或者是闭合的(例如,一件大衣)。这意味着,虽然它们形成了网状关系,这些变项仍保持着各自的独立性。在一个地方毫无意义的东西(被剥夺了自由)绝不会产生进一步的意义。如果我们分析一下这张决定了它们可能以各种不同面貌出现的"遣送"表格,我们就会感到这些变项的生命力。要知道,为了使变项能进入游戏之中,为了让意义得以产生,组成的对立必须采用一种**有保障**的**自由**。因此,属的本质就会排斥,或者相反,允许某些变项应用于其中,这里我们称之为**排除和可能**。[46]

9 - 21 分形变项(XVI)

服装的宽大可以以两种主要方式加以改变,要素的表面可以分开,可以部分分形或完全分成两边(一件裙子、一双鞋子的上部)。但这个要素也可以分成两个充分独立的区域,根本用不着裁开。这种情况发生在那些根据一定的对称原则而由两块布片或布端组成的衣件。功能上,披肩、束发带或腰带的两头都在模仿敞开状态下的两条边,它们也可以是"闭合的"

分 形		移动性	闭 合	附着
E	自然分形 （背心）		P[47]	P
	本来没有分形 （袜子）		E	E
	截然对立[48] （吊袜带）		P	P
P			自然封闭 （罩衫）	E
			自然敞开 （无袖连衣裙）	E
		P(肩膀)		E
		P（可拆卸式风帽）		P

（交叉式打结），或"敞开的"（松开、松垂）。这就是为什么要把截然对立的情况也包括在分形变项之中。并不是说衣件的自然分形的可能性具有某种意义（就像在两极对立的衣件中一样），而是因为这种"分形"包括了闭合状态和附着的意指变化（**围着的头巾、打着结的束发带**[49]）。这个变项的结构是一种存在状态的选择：要素裁开或未裁开。它无法承受任何强度或是复杂性的变化。混合术语（裁开和未裁开）的可能性和中性术语（既不裁开，又不是未裁开）别无二致。[50]标准术语只能概括两极中的一极，一般是否定的一极，裁开的东西，在通常是未分形的背景映衬下，显得格外引人注目。这里是其表格：

裁 开	/	［未裁开］
锯齿状 扇形 中断 分离		

9-22 移动变项(XVII)

一个要素的移动性只有当它能够存在或是不存在时,才能意指。衣件通常是依体态而移动的。一个衣件就是独立存在的[51],所以它无法接受这种变项。为了显示意义,有时要素必须粘着于身体的主要部位,有时又要脱离它。也就是说,要素在本质上既不能过分独立,又不能过于依赖寄生。附着的部分往往就是这样,尤其是后腰带衬里和领子。同时,对于那些一般情况下是移动的,但又能缝进或插入主要要素之中的衣件(**短披肩、风帽、腰带**)来说,也不例外(尽管比较少见)。这使我们非常接近于"伪造",从而也就是接近于手工的变项。当然,移动变项是质料上的自由,而不是使用或穿戴上的自由(存在的肯定)。移动变项的表非常简单,因为对立是可以选择的:

固定的	/	移动的
难以移动的 附着的		互相交换的 可脱卸的

9-23 闭合变项(XVIII)

分形的衣件可以敞开,也可以关闭,这就是闭合状态的变项。这里,我们全然不考虑衣件闭合的方式(系结属于附加变项),而是考虑达到这种闭合的程度问题,如双排纽夹克比单排纽夹克"关得更严"。因此,我们探讨的是一个集中的变项,其层面是由语言在不同的性质上建立的。由此,我们这里只提到闭合状态的习惯程度:要想使**敞开**产生意指,就必须为杂志提供一个(标记的)规范,而不是穿戴者的个人喜好。实际上,闭合状态是服装的一个丰富多彩的方面。但是,正因为如此,它变成了性情癖好的标志,而不是一个符号。为了使闭合状态和附加状态能区别开来,为了把握闭合变项的渐进特性,我们必须回溯到它的生成变项:分形。不管真实也好,模糊也好,分形把边或两个要素变成了一种存在,它们通常都是长线形的。这两片合在一起的程度充实了变项的术语。如果两片毫不相连,要素即为敞开(在开衩中)或松开(在飘带中),如果它们合在一起,但又不重叠,这就是**对襟**(对它来说,襟或花边是附着的方式)。**闭合**尽管是一个很一般的术语,但在服装中,它总是意味着衣件的一条边多少与另一条边重合。**闭合**比对襟的封闭性更强。如果一条边与另一条边重合到一个相当大的程度,服装就变成交叉型的了。最后一点,如果一条飘带或下摆全部覆于另一个之上,衣件(大衣或头巾)就是**裹起**的。顺着这五种主要型式,封闭性逐渐增强,因为我们总是考虑柔软的料子,简单的相邻性无法进入,因为在服装中,一旦身体移动,连成一片的东西总不免四分五裂。为此,我们必须增添两个更为专门的术语:**挺直**对应着**闭合**,但只是在部分的对立中形成其意义,即**挺直/交叉**,局限于肩部衣件。最后一点,就背带来说,[**简单闭合**]变成了**绕脖**,与交叉背带相反。比方说,当它只是简单地围在脖子后面时,其"封闭性"就不如后者。闭合的不同程度(在现实中)具有五个术语的对立。

敞开	/	对襟	/	闭合	/	交叉	/	裹起
松散				挺直 围绕 脖子				

9‑24　附着变项(XIX)

由于**附着**(attache)是以分形变项和移动变项为基础的,它的强度又是由闭合变项建立的,附着的方式仍是标记的,这也是附着变项的任务。附着是可以假设的,并不需要多么精确。**放置、位于**或**置于**之类的中性术语与整个完全或有限的附着系列相对立。

完全术语	中性术语
……扣住/用纽扣扣住/ 拉绳＝系紧/拉链拉紧 钩住/打结/用揿扣扣上……	/放置
	位于 置于

形成意指对立的完全术语的数量有必要进一步加以补充,因为我们总是能够发明或复兴一些尚未标记过的附加方法。因此,它是最不具结构性的变项之一(它不能被简化到一个选择变项,甚至一个复合变项也不可能)。其中的道理很明显:这个变项实际上触及的是类项的变化:**一个打结的东西**与**一个结**几无二致。语言本身就在玩弄这种模棱两可,因为它只使用了一个单词来指涉附加的行为,只使用了一个事物(附着这个单词)充当这种行为的代理人。然而,我们显然研究的是一个真实的变项,甚至严格说来,绝对不能把行为和事物混为一谈:正如我们已经看到的,类项的肯定使实体片断形成对立(**结、纽扣、花边**)。附着变项在非质料形式,以及脱离它们支撑物的存在状态之间形成对立:两者的区别就如同**拉链**和**拉链拉**上之间的区别一样。进一步地讲,作为一种属,一项支撑物,附着绝对不会有系结功能:一个结或纽扣是可以伪装的:**一件有纽扣的裙子**并不一定是指**一件用纽扣扣住的裙子**。然而,人们为了向整个社会证明流行,而精心阐述。就这种结构化进程的一般努力来说,它仍是真实的。显然,正是由于类项,或更确切地说,是由于类项(或**术语系统**)的**开放集合**[52],结构逐渐分解,在变项和类项之间存在着冲突。一个相对来说还未结构化的变项,就像附属变项一样,从某种意义上来说,难免会受到类项的侵袭。

9‐25　弯曲变项(XX)

一个要素的形式在分子层面上依然能够存在,并且仍能改变其方向。

弯曲变项所必须解释的正是这种改变。它必须使所有与要素的原始意义或"自然意义"相冲突的偶然因素都产生意义,要么就改变它,要么就屈从于它。这个变项的术语概括并不取决于绝对方向,而是衣件依据它们的起源或功能而采取的相对移动。因而,在纯粹弯曲的术语(**折叠**)和弯曲趋势的术语(**上翻、下卷**)之间,必然会产生矛盾。一顶帽子**上翻**的边是折叠起来的,但一个上翻的领子就不是。当这个边**翻下来**时,它也不是折叠的,而一个翻下来的领子就是折叠的。当然,这个术语的操作丝毫也不会改变变项的实际组织结构,因为在各属之间并没有系统上的关系。因而,我们便以下列的方式来组织变项:两个截然相反的术语,一个对应着向下弯曲(**下翻**),另一个对应着向上弯曲(**上卷**);一个混合术语,即**折叠**,位于高度弯曲和低度弯曲之间,以及一个中间的术语(既不上翻,也不下卷,即**直**)。这实际上是不完全的,但已接受过时间的证明,就像绉领一样:

混合	1	2	中间
折叠 /	上翻 /	下翻 /	挺直
	上升 卷起来	下降	

注释:

[1] \正宗的中国衫,平整,开衩/
　　　V₁　V₂ OS　V₃　V₄

[2] 母体也可以变成:
　　　\一件连衣裙有纽扣/ (存在)
　　　　O　　 S　 V
　　　\一件纽扣连衣裙/
　　　　V SO

[3] 参见第十一章。

[4] 在整个变项清单中,标准的将用方括号[——]标记。

[5] 这是一个补充性变项或变项中的变项,因为它只改变另一变项(不是一个属);程度变项(强度或完整性),我们将在 10 - 10 中对其加以探讨。

[6]　参见 12‑12。

[7]　参见第七章。

[8]　假若我们愿意的话(这里我们已经多次做过),我们可以通过重建**存在着**这个分词来发挥出现的术语表达。

　　　　　\口袋有(*存在着*)口袋盖布/
　　　　　　O　　　V　　　　S

[9]　正如我们已经暗示的那样,从术语的角度来看,不可避免地会时常在两种肯定之间出现冲突:在**夹克衫有一条腰带**中,腰带既可以和半腰带对立,也可以和它自己的阙如对立。

[10]　这种表格类型已经解释过(参见 9‑1)。

[11]　基舍拉(J. Quicherat):《法国服装史》(*Histoire du Costume en France*),巴黎,哈榭出版社,1875 年,第 330 页。

[12]　机器的存在造成了手工缝制的错觉(《企业》(*Entreprise*),第 26 期,15/4,第 28—51 页。)

[13]　参见 18‑9。

[14]　在合成(或人造的)布料和天然布料之间,几乎不再有进一步的语义对立,除非是在初期,当新的合成物开始出现,并仿造成一种新的质料时(高级仿麂皮和长毛绒)。后来,成熟的合成物就不再需要刻意求“真”。

[15]　　　　\腰身　　很少　　被提及/
　　　　　OS　(加强同意)　V

[16]　参见 11‑12。

[17]　我们指的是**充满活力**的构形,类似于**格式塔**的概念。

[18]　组合的例子:**方形披风、方头、一尖头鞋、一斜形、领结、细高跟、一圆领、一钟形裙、一喇叭裙、一滑雪裤、一椭圆领、一钟形帽、一卷曲的(口袋)盖布。**

[19]　显然,在服装和身体的任何一处之间,都不可能存在实际上的距离。服装必然要与身体的某一部分相接触。但考虑到某些历史上的服饰几乎处处都是宽松的[尤其是伊丽莎白时代的服饰,参见杜鲁门(N. Truman)《历史上的服饰》(*Historic Costuming*),伦敦,皮特曼出版社,第 10 版,1956 年,第 143 页]。

[20]　柔韧性的变项(Ⅸ)。

[21]　合身很适合于精神分析评论。弗吕格尔(Flügel)就曾试图根据服装紧缩程度(既作为保护,又是束缚),概括出性格类型[《服装心理学》(*The Psychology of Clothes*),伦敦,霍格恩出版社,第 3 版,1950 年]。

[22]　**紧密**是一个复合术语,它介于术语层和修辞层之间,就像小一样(参见 4‑3 和 17‑3)。

[23]　参见 10‑1。**直挂**与**翻转**颇为接近(弯曲的变项)。但这两个不能混为一谈,因为翻转表示褶边或下摆卷起来的意思。

[24]　**摇摆**分解**前升＋后降**。我们可以说,反向移动(**后升＋前降**)被看作是全无美感的(因而也从不提及)。这就是潘趣[Punch,英国传统滑稽木偶剧《潘趣和朱迪》(*Punch and Judy*)中的鹰鼻驼背滑稽木偶——译者注]的缩影。

[25]　我们可以利用文学批评中的方法,把这些概念组合成主题网络。

[26]　这一对立已经在合身变项中加以辨别。

[27]　我们把一个变项对一个属项变化数量的结合能力称为变项的**产量**。

[28]　参见11-11。

[29]　厚重可以通过辅助变项得到加强或分散:宽底衣服比尖底衣服重;宽褶也是较重的,等等。

[30]　**臃肿**和**厚重**通常被用作量度术语。不过,如果体积变项不能使用这一属,它们就是指重量。

[31]　真实服装的演变进一步证明了从**重**到**轻**的更迭。大衣的销售不断下降,让位于较为轻便的服装(雨衣、华达呢衣服),或许这是由于人口的城市化和汽车的发展[参见《消费》(Consommation),1961年,第2期,第49页。]。

[32]　弗吕格尔:《服装心理学》,第76页)对**上浆**服装提出了精神分析学的解释,并从中总结出阴茎象征。

[33]　这并不是说它在心理学上就不重要。拉扎菲尔德的一项调查表明,收入菲薄的人喜欢柔滑的料子(以及巧克力和浓烈的香水),而有着较高收入的人则喜欢"不寻常"的织物(浓重的质性,以及淡雅的香水)(拉扎菲尔德(Lazarsfeld):《市场调查的心理学状况》[The Psychological Aspect of Market Research],载于《哈佛商业评论》(Harvard Business Review),1934年,第13期,第54—57页]。

[34]　这或许意味着,在流行中,**用面纱遮掩**就意示着一种透明度,因而也就是不可见性(除非面纱非常稀疏),而精神上,**用面纱遮掩**首先属于一种伪饰(用面纱来欲遮还现)。有关**用面纱遮掩—被面纱遮掩**,参见强调—被强调,9-4。

[35]　利特雷说:"就身体的三个维度来说,长度总归是最大的,宽度通常居中,而厚度是最小的。"

[36]　这种分类类似于曾经对指示的关系体系所做的分析[弗雷(H. Frei),《指示系统》(Système des déictiques),载于《语言学学报》,IV,第3期,第116页]。

[37]　人类的直立状态决定了我们的感觉以及所谓的视觉感知[弗里德曼(G. Fried mann):《技术文明及其崭新环境》(La civilisation technicienne et son nouveau milieu),载于《亚历山大·科伊文集》(Mélanges Alexandre Koyré),赫尔曼出版社,1942年,第176—195页]。

[38]　剪短蕴涵着双重相对性:与物质有关,与过去有关。

[39]　"对称……基于人体形态,无论它出现于何处,我们都只是在宽度上,而不是在高度上或长度上谋求这种对称。"[巴斯卡(Pascal),《沉思录》(Pensées),I,第28页]。

[40]　在比例变项中,存在着比例为零的情况,此即为两个衣件一致。

[41]　例如,1959年夏天,从下摆到地面的长度,卡丹(Cardin)为38公分,帕图(Patou)为40公分,格雷斯(Grès)为41公分,迪奥(Dior)为53公分。

[42]　弗吕格尔:《服装心理学》。

[43]　参见弗雷:《指示系统》。

[44]　参见4-3和17-3。

[45]　语言很不公平地要求我们把持续和间断之间的选择称为连续性,把分形和未分形之间的选择称为闭合,诸如此类的。

[46]　参见12-2。

[47]　P:可能,E:排除在外。

[48]　有两个对称的两头或盖布的衣件(头巾、腰带)类似于自然分形的衣件,因为它可以是

闭合的、敞开的、用纽扣扣上的(**束发带**)、打结的,等等(参见以下章节)。

[49]　我们看到,如果结构规则与术语规则不期而遇,它不受缚于术语规则。这里的分形更
　　　多地是受其结构功能限制(就是说它控制着其他的连续性变项),而非其实体。

[50]　**部分分视**来源于完整性的变项。

[51]　对于结构的而非实质的,语段的而非系统的定义,我们有一个新的例证:有所保留的衣
　　　件应该是拒绝移动变项的(因为它总是移动的)。

[52]　**在语言和现实**的关系上,术语系统代表一个主要的结构化进程。但在更为特殊的领域
　　　里,即书写服装的层面上,类项的术语系统是小型结构化进程中的一个方面。

第十章 关系变项

一件水手服领子敞开,套在针织羊毛衫上。[1]

I. 位 置 变 项

10-1 位置变项——水平的(XXI),垂直的(XXII),横切的(XXIII),方向性的(XXIV)

位置变项是关于服饰要素在某个既定的区域内的摆放,例如,一朵花可以插于短袖上衣右边,也可以插在左边;一个褶可以位于裙子的上部,也可以在底部;一个蝴蝶结饰于长裙的前面或后面都行;一排纽扣可以竖直,也可以斜排。所有这些例子,作为一组变项,清楚地说明,位置是表示一个特定要素和一个空间之间的关系,这个空间依照它传统的方位,必须是身体的空间。[2]因为它指称的衣件(短袖上衣、裙子、长裙)除了再现身体空间以外,别无他用。因为,如果我们能对目标左右移动,那么就会产生一个水平范围;如果上下移动,这就是垂直范围;前后移动,就有了一个横切面。这三个平面对应着位置的前三个变项。它们各自拥有自身的内部变化。至于最后一个变项,我们可以称之为**方向性**(orientation)变项,它的组织结构略有不同。一方面,它不像其他位置,它把衣件和身体的空间与要素的排列(**钉纽扣**),或某个本身即是线性的要素(**项链**)联系起来,而不涉及某些突起的要素(**胸针、花、蝴蝶结**);另一方面,由于流行时装并不存在明显横切的线条。因此,方向性变项玩弄的只是身体的前面部分,其变化只涉及垂直和水平之间的对立(**垂直或水平排列的纽扣**)。这些变项有着共同的结构,一种既简单又完全饱和的结构(方向性变项除外,它的术语还不完全)。它们各自都有两个截然对立的术语:**右边/左边、上/底、前面/后面、水平/垂直**;有一个中间术语:不左不右,为正中(**在中间**),不上不下的也是正中(**半高**),既不在身体的前部,也不在其后部的是边上(**在周边、在边上**),既不垂直又不水平的就是**斜线**;最后还有一个复合术语:同时既在右边,又在左边上的为两边(**侧面**)[3],同时既在上部,又在底部的为衣件的**全长**,同时既在前部,又在后部的为**周身**。只有方向性变项没有复合术语。在语言中,这些都是有纯粹直接意指的术语,没有显著的术语变化(除了用于头饰的**正扣在**和**斜插着**,以及对花饰来说的**编成花环**)。它们总是作为状语使用,保持这一特性至关重要。**在边上、在周边、在前部**(甚至**连在后部**)都是非质料性的局部领域,而不要和它们相对应的属混淆起来,后者是服饰物质的断片(**边、前部、后部**)。我们可以把这四个位置变项归组为下列表格:

位置的前三个变项的移动性极强,它们轻而易举地就占据了我们所谓的意义点(pointe du sens),它们随意改变其他变项(最显著的是分形、闭合以及附加变项:**从上到下钉着纽扣、背后交叉、左边封闭**,等等)。

	1	2	中　间	复　合
XXI **水平位置**	在右边	在左边 左边	(正中) 在中间	在宽度上 在两边
XXII **垂直位置**	在上部 高(副词) 正扣在	在底部 低(副词) 深陷	正中 半高 中心的	在长度上 全长 在高度上
XXIII **横切位置**	向前 在前 在前部	向后 在后 在后部	边上 在边 在边上	周围 周身 编花环
XXIV **方向性**	水平的	垂直的	斜的	—

10-2 右和左，高和低

我们知道，在服装领域，左和右的不同选择会导致所指上相应的极大差异——性、道德[4]、仪式[5]或政治上的迥异[6]，为什么这种对立能产生如此强烈的意义？可能是因为身体的平面是完全对称的[7]，所以，一个要素放在左边还是右边就必然是一种随意行为，而且我们知道，动机的缺乏会大大增强一个符号。或许左右之间古老的宗教区别（**左边为不祥之兆**）只是为了驱除这两个符号本质上的虚无，摆脱它们释放出来（让人不知所措）的意义自由。例如，**右**和**左**不能用于比喻意义上，这在政治中也是司空见惯的，一种情境（在法律领域所处的位置）会产生一个简单的直接意指对立（**右派/左派**），然而，当问题变成高和低时，对立自然就会成为隐喻上的（**山川派/沼泽派**）。垂直位置变项（**高/低**）实际上并不重要，因为在这个平面上，身体自身的分形显然已足以经由本性而非肯定来区分方向性的不同区域。在身体的上半部分和下半部分之间很少是对称的。[8]因此，划分一个要素的领域并不是要制定什么新的左右对称（这在**左/右**的情形下更有价值，因为它是人造的）。正是由于人体本身的形态，高和低的领域很难互相置换。而我们知道，毫无自由可言的地方是不存在什么意义的。[9]因此，我们总是倾向于不断改变**高和低**的位置，即变成**升**或**降**，这两个术语属于移动变项。

Ⅱ. 分 布 变 项

10-3 增加变项(XXV)

如果是在语义过程中理解的话，数字有悖于数字领域渐进的、规则的、无限的本质，变成了其对立有所意指的功能实体。[10]于是，一个数字的语义价值不在于它的计算作用，而在于它作为某一部分的聚合关系。在"1"

与"2"的对立,以及 1 与"多"的对立中,1 不是同一实存。[11]在第一种情况下,对立是确定无疑的(增加变项)。而后者则是重复和不确定的(增殖变项)。因而,增加变项术语只能是前几个数字,一般来讲,具体明确的数字不会超过 4,超过这个点,我们就滑向了增殖变项。显然,产生对立的只是 1 和 2,单和双,其他术语只是作为联结和中立。"4",可以理解为 2 乘以 2,主要用于口袋和纽扣,因为这个数字自然而然地就走向了对称(2+1),倒不如讲,鉴于成双(或对称)的原型力量,它表示 1/2 对立的中性程度(即,既非 1,又非 2)。"3"是一种偏向一极的双数,是它的否定,它是一个不成功的双数。再者,"1"同样是 2 的一种私人形式,我们可以从**唯一**这个表达中看到这一点。更重要的是,我们知道,历史上,双数给予了服装以丰富的符号象征。中世纪的弄臣,以及伊丽莎白剧院的小丑就是穿着两片双色戏装,其双重性象征思维的分裂。这一变项可以用下列方式建立。

两极对立术语		中间	加强
1 / 2	/	3 /	4
	双色画	[三色][12]	

10-4 增殖变项(XXVI)

增殖(multiplication)变项是一种不确定的重复,如果用拉丁语来讲,时装,其对立的术语表述就会是一个不断增殖的聚合关系:**一次/多次**(semel/multiplex)。

增殖变项的使用是有节制的,因为它很容易受到审美规则——品味的束缚。我们可以说,品味低下的定义是与这个变项联系在一起的:服饰的贬值通常都是由于要素、饰件和珠宝的过滥(**一位妇女浑身珠光宝气**)。流行碍于它的委婉性,对增殖的标记只是出于它有利于造成某种"效果"。比方说,为了造成"飘逸"的感觉(**衬裙、花边**),一个术语通常是作为服饰能

指和女性气质的所指之间的一种中介,或者作为一种"丰富多彩"的表现
(**项链、手镯**),只要这种丰富多彩不要太过分就行。这种丰富性包含大量
的各式各样的不同类项,它所遵循的统一实体也正是增殖变项所要使其产
生意指的实体。

一	/	多
一次		形形色色的
		很多—一些(意味着)[13]
		多色的
		几个
		几次

10-5 平衡变项(XXVII)

　　要想让平衡变项得以存在,它所影响的属就必须有某种与平衡或不对
称自我展现相关的轴线,这个轴线可以是身体的中线,不管是垂直的,还是
水平的。整件衣服可以描述为非对称的(通常标记的只是不对称)。例如,
当线缝不规则地穿过身体的垂直轴线时(**非对称的罩衫、裙子、外套**),或
者,当两个或更多的要素与这一轴线处于非对称的关系时(**纽扣、饰品之类
的**),以及配对中的要素由于身体结构的关系(**袖子、鞋**)而被质料或颜色的
差异分解,形成非对称时。最后这种情况在实际服装中并不存在,但必须
提出来,以备后用,因为它能够解释诸如**双重组合**(bipartisme)之类的服饰
现象。轴线以有限的方式,作为一种参照物,同样也可以在要素内部发现。
于是,不对称变成了部分意义上的无规则,影响着这要素的形式,使它"不
均等",或"不规则"(例如,面料设计)。就对立本身而言,它基于**对称/非对
称**的对立关系。与……**对比强烈**可以看作是对称的一种强调性术语,对比
是一种加强性的,同时又是复杂化的对称,因为它占据了两条参照线,而不
只是一条(我们曾经碰到过部分是基于强度关系的对立,像**闭合的/交叉
的/卷起的**)。平衡变项表如下所示:

1	2	1 的强化
对称的 /	非对称 /	形成对比
均等的 几何匀称的 规则的	不均等 不规则	对比强烈

　　或许正如我们所说的,妇女比男人更倾向于对称,或许是由于把一个不规则的要素嵌入一个对称的整体之中,就象征着一种批判精神。由于流行不为任何彻底颠覆的意图所动[14],迄今为止,流行只是在小心翼翼地伤及身体的组成对称性。不论出于何种原因,流行在改变服装的对称性时,最多也不过打打擦边球而已,如轻抚一般,把一些无伤大雅的饰品不规则地摆来摆去(**搭扣、珠宝**等)。它绝不会造成一种杂乱无章的外观,而是给予服装一种运动感:微微的不平衡只是意味着一种趋向(**上举、斜插**),我们知道,运动是生命的原型喻意,对称的东西是静止的,如死水一潭。[15]由此看来,保守时期的服装风格自然就是严格对称的,而服装解放,在某种程度上,就是要让它不平衡。

Ⅲ. 联 结 变 项

10-6　联结

　　在这种程度上,所有列出的变项,即便是相对性的变项,一时间似乎也只适用于一个支撑物(**长裙、开领**等)。用逻辑语言来讲,每一个变项都形成了单独的作用词(opérateur)。然而,时装也有二元作用词,以使意义从两个(或更多的)服饰要素的并列关系中显露出来:**罩衫飘逸于裙子之上;无沿帽配外套;两件套毛衣搭一条丝巾,显得亮丽活泼**。这些衣件就是以这种方式联结起来的,在这里,它单独构成了**意义点**(pointe du sens),使意指单元充满活力。在这些例子中,我们实际上除了母体质料要素的组合关系以外,再也找不到其他终极变项。这些组合当然可以是各不相同的:飘荡于、搭配以、衬以亮丽——每一种关系都是以聚合关系为前提条件,从而也以不同的变项为条件。但在所有三个例子中[16],结构都是一样的,都可以简化为公式:OS1·V·S2。语言把两种服饰和支撑物相互联系(**罩衫和裙子、无沿帽和外套、两件套毛衣和丝巾**),并且把这些衣服的最终意义固定于两个支撑物的共存状态之中。正是这种共存状态的性质独自构成了母体变项。有鉴于此,我们称这个变项为**联结的**(connectif)。严格说来,分布变项是联结性的,因为它们也是把衣服的两个(或更多的)的质料要素置于相互之间的关系之中(如,两个口袋、罩衫的两片)。但在某种程度上,这种关系是不起作用的,要么纯粹是数量的(增加和增殖),要么深深地嵌于支撑物的结构之中(**一件不对称的罩衫**);在母体上,联结是含糊的。关键是,联结自身也有特定的结构价值。我们知道,粘合母体要素(O)(S)(V)的关系有着双重涵义,并且也已经指出,是**连带关系**(solidarité)的一种:显然,它是一种语段关系。然而,两个支撑物的联结所产生的关系是一种系统关系,因为它是依据立或聚合关系的潜在游戏方式而变化的。不过,连带和联结是十分接近的两个概念,并且在连接变项上,这种一衣带水必然会在系统和语段上制造出特定的混乱。我们希望把连接定义为母体联结关系中一种简单的修辞变化,但问题是,一方面,在组合方式上确实存在着实际上的多样性(**飘荡于、搭配以、衬以亮丽**),另一方面,所有具备两个要素的母体(**一件套装和无沿帽**)[17],都是不完整的。从而,如果我们无法将服饰意义固于这个要素的组合上(**和**),母体是不会意指的,这里我们必须回顾一下最终意义法则[18]:如果母体只有一个变项(**羊毛开衫·领子·敞开**),那么,掌握意义的就是这个变项。在这个例子中,羊毛开衫和领子的组合只能是语段上的,否则表述就会停止意指。如果缺乏这一变项(**一件羊毛开衫和它的领子**[19]),意义必须回复,从某种意义上讲,是回复到仍保留的要素上。于是,联合它们的语段关系被产生意指的系统复制,因为它是一个聚合关系的一部分(**搭配/不协调**)。在这里,意义转向领子的敞开状态,转移到领子和羊毛开衫的组合关系。正是这种联结关系的抽象本质,而非组合要素的质料性,在产生着意义。最终,联结成了整体形象的系统状态。进一步讲,正是由于它们中间的源段和系统之间的聚合力过于强大,才使得意指关系变得如此微妙。这在语言中是再明显不过的了,其系统事实扩展至整个语句(节奏、语调),产生了大量的意义;用语言学的术语来讲,对具有超音段能指的整体来说,有一种特有的语义成熟性。联结的标准公式开始表现在那些至少具有两个明确支撑物的母体上:O·S1·V·S2(**一件罩衫飘荡于裙子之上**)。当然,我们也可以发现有三个支撑物的母体(**配外套、平顶草帽和帽衬**[20])。在所有这些例子中,意指作用的对象物或者是由第一个支撑物组成,这也是语言关注的焦点(**手套配大衣**[21]),或是由两个支撑物共同组成,它们是**套装**(tenue)概念属所隐含的(**外套、平顶草帽和帽衬**)。但针对对象物也可能是明确的,而支撑物是隐含的。在**色彩搭配**中,对象物显然涉及所有的颜色,支撑物是由每一个颜色与其他颜色相配而组成的。[22]这种大刀阔斧的省略与分布变项的特征(**两个口袋**)倒是颇为类似,我们已经看到了后者隐含的联结特性。

10-7 展现变项(XXVIII)

展现变项阐述的是两个相邻要素相互之间所处的位置方式。相邻可以垂直的(**一件罩衫和一件裙子**)或横切的(**一件大衣和它的衬里、一件裙子和衬裙**)。变项的第一个术语(**外/里**)与移动有关,这种移动导致其中一个要素作为支撑物卷入覆盖另一要素的特征之中。由于两个支撑物恰好互为补充,这种移动的两个术语从语义的角度上来讲,自然是毫不关联的,但它们在术语上仍是对立的。如果罩衫在裙子**外面**,裙子就在罩衫**里面**。对如此显而易见的东西进行说明并非无用,因为它说明了只有展现的现象才是有意义的。它表达的顺序是没有意义的,因为我们可以在不改变服饰涵义的情况下替换术语(在**被标记的——标记的**和**被面纱遮掩——面纱**

遮掩中,我们也碰到类似的模棱两可)。对符码来说,关键在于两个支撑物之间要有展现。因此,我们把所有有关突起的表达形式都归入同一个术语中,而不管其所涉及的支撑物实际所处的位置(**外、里、面上、内部、底下、飘上、嵌入,**等等),一个衣件甚至可以完全覆盖另一个,一个是显见的,另一个是隐匿的,但两者之间的互补关系却是不变的,第一个术语属于那种具有丰富涵义、变化多端的术语,它只可能与否定程度相对立,即齐平(au-ras-de, flush with)。它表示没有展现,两个支撑物恰好相接,一个不超过或覆盖另一个。于是,我们得到下面的对立表:

外,里	齐平
显见、隐匿、重合、内部、飘上、插入、内含、上开、粘贴、嵌入、面上、出现于	

展现变项体现了一个与服装的历时和心理学有的重要服饰事实:"内衣"的出现。或许是由于时间进程背后的历时法则,衣服的衣件因一种离心力的作用而生意盎然:内部的东西不断推向外部,竭力想要么部分地表现自己,即在领子、腕部、前胸、裙边等处,要么完全地暴露,即内衣外穿(例如,毛衣)。后一种情况无疑要比前者乏味许多。因为在审美上或者说感官刺激上,重要的是看到的和看不到的缓缓地融合,而这正是展现变项产生意指时所做的。因此,展现的功能是隐匿的东西显露出来,又无损于它的隐密性,以这种方式,服装仍不失其基本的矛盾两重性,即在它欲盖弥彰之际炫示裸露,至少这是一些作家对心理分析学的解释。[23]服装具有与恐惧症同样的基本歧义性,就像是红晕涌上脸后,却是作为内心秘密的符号,这二者可以比较。

10-8 组合变项(XXIX)

两个服饰要素可以描述为**亲密、不协调,**或以中性的方式,简单地说成是**组合**(association),这是组合变项的三个术语:

1		2		中　性
搭配	/	不协调	/	组合
混杂 相同 成双 配对		从……截下 不一致		伴随 和 在……方面

　　第一个术语(**搭配**)是最常见的,它意味着它所联合的支撑物之间一种真正的和谐(**姻亲**),这种和谐甚至可以达到同一的地步。假如,比方说,两个支撑物是由同样的织物做成的。如果搭配是作为一种绝对的先设出现,那是因为第二个(隐含)支撑物,或者普遍意义上的外套,或者,甚至是第一个支撑物本身,经由自反结构而加以复制(**搭配色彩**)。搭配激发了大量的隐喻,它们都涉及亲近性,尤其是夫妻关系(**碎花和轻柔的料子互为依存**)。[24]第二个术语(**不协调、冲突**)显然并不多见。我们知道,流行是委婉的,它不承认对立冲突,除非打着辛辣文笔的幌子。最为常见的是中性术语,它对应着纯粹的相互关系,在自身内部意指,而不管有无价值。流行太执着于委婉曲言,甚至于一种关系的简单表达,也会把这种关系逐步转化为紧密性:**口袋上的盖布**不会是不和谐的。但这种紧密关系尚未表达出来,意义的产生只是出于盖布和口袋简单地合在一起。这种赤裸裸的关系形式转移到使用术语上,就变得谨小慎微。通常它只是一个简单的**介词**(sur)或一个简单的**连词**(et)。如果组合特征的表述时常是复杂的,那并不是由于变项,而是由于母体链太长的缘故。两个词中,每一个都独自**联系**着至少一个母体。

10-9　管理变项(XXX)

　　我们已经知道,平衡变项控制着同一性要素和重复性要素的分布(口袋、纽扣)。但给予分散要素(**一件罩衫和一条丝巾**)的平衡以意义的却是**管理**(régulation)变项。它从整体上加以把握,从而对多样性,甚至常常是要素之间的强烈对比是如何形成统一体的,以及这种统一体是如何具有意义的作出了解释。通常,它考虑的是几乎整个服饰空间,即它的整体外表,它的行为方式(虽然相距甚远,但却是必不可少的),完全就像是在管理一架机器。流行**引导着**妇女穿着的潮流,它一会儿增加、强调、扩大,一会儿削减或衬托。因而,这个变项包括两个对立术语:一个是已经给出的增加,另一个是限制。这两种移动方向的反差对应着两种平衡方式(积累和对立)。由于整体的平衡感不再是机械式的,它只能存在于语言层面(就目前来说,它就是杂志的描述)。这个变项,就像符号变项一样,有独创的修辞存在。一件服装被**谈论**得越多,就越容易管理。第一个术语(增加、扩大)很少见,因为重点强调通常是由标记变项来完成的。**标记**(marqué)和**显著的**(accusé)这两个术语很接近,区别在于,标记变化是否定(**未标记的**),而显著的则指向一种肯定性的对立面(**柔和的**),而且,更重要的是,标记涉及的只有一个支撑物,而强调则涉及两个。前者,支撑物的标记是确定无疑的,而后者则存在发展的句法,一个支撑物强调另一个支撑物:**披肩会增宽你的肩**。[25]补偿变项更为常见,它由众多的隐喻组成:**柔和、亮丽、明快、温暖、生动、愉悦、调和**。[26]它总是采用对抗疗法,用它对立面来平衡一种趋势。为了产生一种能指的管理,时装也只需要把两个对立的所指合并到一个单独的表述中即可:**这些衬衫配古典的宽松长裤,很新潮,全球流行……**[27]在这种情况下,管理是通过对立项所谓的**内源互动**(dose allopathique)而自发产生的,下面的这个例子清楚地说明了这一点:**珠宝的炫耀风光得益于衣服的适度节制**。所有这些管理的事实,尽管是慎重的,因为流行是一个有目的的系统,然而,它却表现出一种机制,转化自然物通过文化所进行的改造。任何事物最初都仿佛是一种自我构建的模式,随之,流行开始有意识地介入,以修整原稿的过分粗糙。从矫正中自然派生出来的第二个支撑物总是比承受它的第一个支撑物(与针对对象物混在一起)在体积上略逊一筹。精致和细腻的事物在行动上却是强有力的:以"**微小**"(一朵玫瑰、一条丝巾、一件饰品、一个小领结)制御大体(**两件套毛衣、**

一块料子、一件外套、一条裙子），就像大脑控制着整个身体一样。我们在
"细节"一例中已经看到了流行体系的这种强烈的不成比例性。我们可以
用下列方式建立管理变项的表：

增 加 /	衬 托
强调 通过……被强调 扩大	淡化 增加注释 因……愉悦 以……亮丽 以……生动修饰 因……温暖 用……调和

Ⅳ. 变 项 的 变 项

10－10　程度变项

　　为了完成这张变项清单表，有必要重新提到，时装系统所掌握的一个
特殊的变项，称作强度（intensif），或更为一般性地称作程度变项（variant de
degré）。因为它在术语上对应着完整性（**部分地、完全地**），或强度（**小、非
常**）的副词。它的特点是，只能应用于其他变项，不能像正常变项那样，时
而适用于一个属，时而又从属于一个变项，可以的话，它就是变项的变
项。[28]它具有变项的基本特征（简单、非质料体的记忆性对立），但它的源
段清单不能以属项目录为准，而只能依据其他变项的清单。再来看看它特
殊的组织结构，强度高的总是集中于意义的最上端，不能再给它添加什么。
它是表述之王，然而在实体上，它却是最为空泛的要素，尽管它也意指最丰
富的要素。在**略微丰圆的裙子中**[29]，在（**完全**）**丰圆的裙子**和**略丰圆的裙
子**之间存在一种无可争议的服饰意义转换，前者可能很时髦，后者就是不

入流,因此,担负最终意义的是程度的变项,而这变化在结构上又从属于形式变项(**丰圆**)。程度变项既可以影响支撑变项的强度(**极为轻柔,略微透明**),也可以影响它所适用的支撑物(即类项)的完整性(**半开领**)。很少有一种变项既能支持强度变化,同时又能支撑完整性的变化,这基本上都发生在样式中(**半圆和微圆**)。因此,我们可以设想两个对立系列,如果你愿意的话,也可以是两个变项。为了表示的方便,我们将其归入一组中:

完整性	根本不　　/　　半　　/　　3/4　　/　　几乎　　/　　完全地			
		半— 部分—		完全地
强 度	一点　　/　　不多　　/　　非常　　/　　在可能的范围内			
		不显眼 略微 不过分 微微		
	少/多			

完整性将意义建立在它改造的变项所分配的空间比例上,因此,它只适用于那些本质上就与支撑物的扩展性相连的变项:形式空间、分形线条、闭合状态、附属、弯曲、位置区域和展现区域。在这种情况下,程度变项表示,为使它产生意指,而从支撑物中减去支撑变项后的空间大小。因此,在完整性中,变化是停滞的,它衡量着间隙:在变化开始时的标记要比对强度的标记明显得多。强度变项实际上是不确定的。尽管强度术语,就依次替换它们的语言本质来说,是不连续的,但它意味着其支撑物能够连续变化。其对立的渐进特征表现在对比的使用上:**一件裙子依季节的不同、时间的变化,或长或短**。在这里,意义大致是以两个极点组织起来的,一个是简化的(**小小的**),另一个是强调的(**非常**),简化的一极包括大量的隐喻,其使用是以支撑变项为基础(**随意打结的丝巾、松松系上的腰带、朴素而适度的丰满,等等**),因为流行总是试图"考虑到"谨慎。程度变项只认可三种语段上

的不可能性:存在的肯定、附加和增殖。对这三种支撑变项来说,渐进实际上是排除在外的,它们的替换完全是二选其一式的:**穿一件夹克或不穿夹克,一个口袋或两个口袋。**

注释:

[1]   \一件水手服领子敞开,套在针织羊毛衫上/
         　　　　　　　　\ VS O 　　/
         S1 O 　　　　V 　　　　S2

[2]   显然,这一空间也形成了量度前三个变项(9,V)。

[3]   我们不要把**在两边**(右和左)和**在各边**(在边上)混淆起来。

[4]   跨服装的道德分配方式见于勒鲁瓦—古汉姆(Leroi - Gourhan)的《环境和技术》(*Milieu et Techniques*),第 228 页。

[5]   有关文化类学中的**右/左**对立,见于克劳德·列维—斯特劳斯(lévi - Strauss)的《野性的思维》(*La pensée sauvage*)。

[6]   1411 年,勃艮底人(Bourguignons)采用右边标准,阿马尼亚克人(Armagnacs)采用左边标准。

[7]   参见 9 - 15 巴斯卡的语录。

[8]   **头/脚、躯干/臀部、胳膊/腿**,都是有用的对立,但它们是位置的(相对于身体的中央),不是形式的。

[9]   至少我们的文明世界里,身体已是洞悉备察的,但在其他地区,克劳德·列维-斯特劳斯记载了高/低对立的加强,它使得夏威夷土著可以把腰布绕在脖子上,而不是腰间,以表示首领的去世(《野性的思维》),第 189 页)。这里我们所说的**本性**显然只是**我们的本性**。

[10]   数字的语义学尚未建立,因为它的含蓄意指确实是太丰富了。要证实这一点,我们只须打开一本杂志,就会注意到,对于数字的写法,人们是相当在意的。[参见雅克·杜朗(Jacques Durand):《约整数的魅力》(*L'attraction des nombres ronds*),载于《法国社会学杂志》(*Revue Francaise de Sociologie*),1961 年,7—9 月,第 131—151 页。]

[11]   这就是为什么要在第一种情况下写上"1",在第二种情况下要写上(un)的原因。

[12]   **三色**并不是一个十分恰当的时装术语,因为这个词带有强烈的爱国主义意味。

[13]   **一些**(意示着;法语"des")显然是没有意义的,除非它在服饰上与"一个"对立。

[14]   此登迪克(Buytendik)语,引自基内尔(F. Kiener)《服装、时尚和人》(*Kleidung, Mode und Mensch*),慕尼黑,1956 年,第 80 页,军装是最讲究对称的。

[15]   不用勉强地从生物规则转换为美学规则,我们仍必须回想起,不对称性是一种存在状态。"一定的对称要素可以与一定的现象并存,但这不是必不可少的。必不可少的是对称要素不存在。产生现象的是不对称。"[皮埃尔·居里(Pierre Curie)语,引自尼科勒(J. Nicole)的《对称》(*La symétrie*),P. U. F. "我知道什么?"丛书,第 83 页]。

[16]   \罩衫飘逸于裙子之上/
      OS1 V   S2

    \无沿帽配外套/
      OS1 V S2

    \两件式毛衣显得亮丽活泼因为有一条丝巾/
      OS1   V   S2

[17]   \一件套装和无沿帽/
    \S1 V S2/
         O

[18] 参见 6 - 10。

[19]   \长袖羊毛开衫和它的领子/
     \S1 V S2/
         O

[20]   \配外套,平顶草帽和帽衬/
    \V S1   S3/
        O

[21]   \手套配大衣/
    \OS1 V S2/

[22]   \搭 配 颜 色/
      V OS1, OS2…

[23] 参见弗吕格尔:《服装心理学》。

[24]   \碎花和轻柔料子互为依存/
       V SO
    \S1   S2/ V
       O

[25]   \披肩会增宽你的肩/
      OS1 V   S2

[26] 例如:
    \黑白花呢的套装配上小蓝色领结显得很明快/
    \SV1 SV2 O/   \SV   O/
    \ SV   O/   \V   SO/
       OS1   S2   V

[27]   \新潮衬衫和古典的宽松长裤/
      Sé   Sé
      OS1 V   S2

[28] 它纯粹是辅助的。

[29]   \略微丰圆的裙子/
      V2 V1   OS

第十一章 系 统

这是亚麻,轻或重[1]

I. 意义,控制的自由

11-1 系统限度和语段限度

意义的制造是有一定限度的,但这并不意味着这种限度约束着意义,正好相反,它构成了意义。拥有绝对自由或者根本没有自由的地方是不会产生意义的。意义系统的自由是有控制的。实际上,我们越是深入到语义结构之中,就越会发现,最能说明这种结构的,不是自由的结果,而是约束的结果。在书写服装中,这些束缚有两类:一类适用于变项术语,独立于涉及的支撑物(例如,存在的肯定就纯粹只能在存在和不存在之间选择):因而是系统限度;另一类适用于属和变项的组合,这是语段限度。如果我们试图从整体上把握能指结构,这种区别是很有价值的。所以,我们必须再度开始讨论限度问题。

II. 系 统 产 量

11-2 对立的形象原则:"点"

所有系统对立所依据的原则[2]都来自符号的本质——符号就是一种差异。[3]因而,我们可以把对立的游戏比作一只针刺透"斑斑点点"的扇子。扇子是聚合关系或变项。每一斑点对应一个变项术语。针是表述,从而也就是流行或世事,因为通过对特征的标记,世事或流行体现了变项的一个术语,而置其他术语于不顾。表述针未触及的,即未被实现的变项术语,则形成了意义库。信息理论将此库称为**记忆**(mémoire)(当然要保证这个词是用于符号总体,而不是简单的聚合关系),它也确实不虚此名,因为,对立为了自身的能动,会千方百计地成为记忆性的:库的组织条理性越强,就越容易回想起符号。一个变项中的术语数量,就像我们将会看到的这些术语的内部组织,甚至对意义进程都具有直接的影响,不管这个变项能否适用于组合关系中,我们称这种数量为一个变项的**系统产量**(rendement systématique)。回头再来看我们曾经做过分析的三十个变项,可以将其划分为三组对立,对应着三种类型的系统产量。[4]

11-3 选择对立

第一组对立中所归入的是所有具有**是/不**一类严格的选择对立(**有/无、自然/人造、标记/未标记**,等)。[5]这些对立包含的术语不会超过两个,不仅是由于权力(我们在其他地方曾经看到过,有些对立可能有变化不完全的术语),而且源于誓言。由于在这里构成符号的差异所具有的本质,对立不可能接受语言认可的任何中间项:**一件长裙系或不系腰带**,在腰带的有和无之间,不可能存在中间状态,无疑,这种变化可以转向程度变项:一条边可以**半分衩**,腰身可以**稍做标记**。但在这个意义上,完整性或强度的变化只会影响对立的一个术语,而不会在数量上引入新的术语,**稍做标记**的东西,即使处于感觉的边缘,它也是完全倾向于标记的一面。这是因为在每一个选择变项中,根据音系学对立的原则,两个术语之间差异是由于某个有或无而产生的[严格来讲是我们所谓的**关联特征**(trait pertinent):这个特征(存在、标记、开衩)是或者不是]。两个术语之间的关系是一种否定,而不是对比,并且否定不能自发产生。[6]

11-4 两极对立

第二组对立包括复合的两极对立(oppsitions polairos, polar opposition)。[7]每一个变项首先包括处于同义对立中的两个术语(**这/那**);其次是中性术语,它把这两个术语都排除在外(**既不是这个/也不是那个**)(我们已经知道,作为一种伦理系统,流行几乎总是让中性与标准一致,而作为一种美学系统,它又尽量不去标记它,所以中性术语通常都是发育不全的);最后,是一个复合术语(**又是这,又是那**),这个术语同样也不可避免地先天不足,两极对立的术语表示一种性质(重量、柔韧性、长度),而当这种性质扩展为流行的空间时,它又只能用于某个地方而无法挪至他处(一个支撑物不可能部分柔软)。每当提到这个复合术语,它既能表示对立特征并列而置,它们在整个支撑物层面上达成妥协(一个起皱帽子就是由凸出部分和凹陷部分形成的),也可以表示不在乎标记的哪一个术语(**折叠**对应着**上卷或下翻**)。两极对立术语一般看起来都有一种对比性,至少在术语层面上是这样。实际上(但谁又能确切知道对比面是什么[8]),两极对立绝不会像在选择对立中一样,是由标记的有或无决定的,而是取决于积累的隐含范围,依据语言标记的到达或者离开的术语:从**轻**到**重**,在重量上有量的差别,但重量总是有的。构成关联特征的不是重量,而是其数量,或者可以说是剂量。语言学分辨出符号在对立中的强烈产物(至少是在第二节点的对立中),无疑是和不对称(或不能逆转性)的力量有关。正是由于同义对立对称或逆转的程度,它们才能与更为复杂的意指经济制度相适应。为了保持有效性,在这一点上,结构比以前更需要语言。实际上,语言把积累的变化组织成为两极对立的变化,再把这种变化归入一个意指变化,因为在这里,它关注的是性质,是人类很久以来就已经将其本质化为一对绝对对立项的东西(**重/轻**)。

11‐5 系列对立

第三组对立与第二组很接近,它包括所有简单明了的系列对立,像前一个对立一样,逐步积累,除非在语言不把它们直接纳入对比功能的情况下。[9]在一个系列对立中,区分引力的两极并不困难,例如,在合身变项系列中的**紧/松**。但语言并不是将这些对比性术语绝对地孤立起来，而且，它也不把系列的程度规范化。由此，系列始终是永无止境的，总可以插入新的程度（这在长度比例中表现得尤为突出）。在这最后一组对立中，系列总是以种种方式避免饱和。

11–6 组合和失范的对立

以上只是三组主要的对立，仍有必要加上一些复合变项，或更确切地说，是加上组合结构。[10] 在形式变项中，至少就我们所能组织的范围之内，一个两极对立型的生成对立（**直/圆**）会产生次级对立，这取决于介入的是空间标准（平面、立体），还是线性标准（集中、分散、复合）。在平衡变项中，选择对立的一个术语（**对称/不对称**）包括独创表达的强度（**形成对比＝加倍对称**），在增殖变项中，数字 1 和 2 已被赋予了两极对立功能，数字 3 被赋予中性功能，数字 4 则被加上与数字 2 有关的强调功能。最后，在附着变项中，一个简单的二元对立（**整体术语/中性术语**）被深层解构，可以说，它是被整体术语中的广泛的次级对立（**固定的/放置/打结/钉纽扣**，等）的发展消解的。由于术语是用来标记方式而不是程度，所以这里，我们拥有的不是系列（积累）对立，而是**失范对立**（opposition anomique），它不具形式，也没有规范。

11–7 系统产量：二元性问题

在这一清单中，最为明显的就是流行体系不能简化为二元对立进程。当我们纯粹是在对一个特定系统的内涵进行描述的时候，似乎不宜再来讨论二元性的一般理论，我们将把问题限制在对服饰对立不同类型的系统产量上，以及对它们的多样性可能带来的意义进行考察上。对流行系统来说，为了能让对立能有一个确定无疑的产量，最重要的或许不在于它的二元性，而是更广泛意义上的闭合状态，即是由界定变化所能达到的整个空间的主要术语构成的。以此方式，这个空间就能理所当然地充斥着少量的术语,这就是有着四个术语的两极对立中的情形(Ⅱ组)。它们显然像选择对立一样,是闭合的,但却比这些对立更加丰富,同时发轫于一个细胞(两极对立术语)和一个组合物的雏形(中性术语和复合术语),就这样,位置的三个变项提供了或许是我们所想象出来的最佳对立。这里的变项(如:**左/右/居中/周身**)完全被占据,即其结构(在任何已知的精神状态下)排除了新术语的发明(系列对立就不是这样)。在这里,服饰符码完全确定,排除了语言系统的自身变化,即实在的断片(例如:抛弃**右**和**左**的概念)。现在,我们可以大胆地提出,一个对立的完美无缺很少是由于其组成术语的数量(除非这个数量是简化的,即最终是记忆性的),而更多是由于其结构的完整。这就是为什么系列对立相对于其他对立来说,系统产量不尽如人意的原因。一个系列是非结构化的物体,甚至还可能是反结构的,倘若服饰符码的系统对立具有某种语义功效的话,那实际上也是因为,系列总是和术语的某种两极对立化保持一致(**紧/松**)。如果不可能有两极对立化,系列就会完全失控(**固定的/缝合的/打结的/钉纽扣的**,等)。显然,对于对立系统的结构完整性形成威胁,有时甚至是损毁的,是类项的繁衍,即,最终是由于语言。一个失范的系列,比如说,附着变项的失范,与类项的简单目录很相似。所以,除了词素的结构化过程以外,不再有严格意义上的结构化,因此,服饰符码的结构分析就是不完整的,乃至于结构语义学仍然在摸索中前进。[11]这里,我们达到跨语言系统最为模糊的极致,即其意指作用经过语言中介后的系统。这种模糊导致了语言系统的两重性:在不同的单元上(音素)。语言显然是一种数字系统(有着强烈的二元性优势),但这种二元性意指单元层面上(语素)就不再是构建性的了,至今,它仍阻碍着词汇的结构化进程,以同样的方式,似乎可以把服饰符码分成二元对立(即使它们是复合的)和系列聚合关系,但是,当这种冲突通过分节的复制而在语言中得以化解时,比方说,让联结体各个不同术语互相分离,在服饰符码中,它仍有待完善,其二元对立仍多多少少与语言派生出来的(系列)专业词汇协调一致,符号学清单的现状使我们很难肯定,二元性的(部分)缺陷是否能从根本上动摇(某些人认同的)**数码主义**(digitalisme)的普遍性,或者,它是否仅仅意味着(我们自己认同的)形式的历史长河中的某一段时间:二元性或许是旧时社会的历史遗产——其中,更重要的是,意义总是在"理性"(raison)之下趋于消失,形式总是在内容之下逐渐消亡——二元形却正好相反,它不断地伪装自己,不断地借语言来滋生蔓延。

Ⅲ. 能指的中性化

11‒8　中性化的条件

难道系统对立就是不可更改的吗?拿重和轻的对立来说,难道它们总是有所意指吗?当然不是,我们知道,在音系学中,某些对立可以根据音素在语链中的位置的不同而放弃它们的关联特征。[12]例如,在德语中,差别对立 d/t(daube/taube)在词语的尾端(rad＝rat)就不再相关了。我们称之为**中性化**(neutralisée)。时装也一样。在这是**亚麻布,轻或重**之类的表述中,我们清楚地看出,普通的意指对立(**重/轻**)明显变成了非意指性的,如何做到这一点呢?把对立的两个术语归于单独一个的所指,因为在**一件长袖羊毛开衫,领子敞开或闭合,取决于是作为运动装,还是外衣**这一句中,敞开或闭合显然是摆脱了中性化,因为有两个所指(**运动装/外衣**),在第一个例子中,转折连词(**或者**)是包容的,而在第二个例中,它是排斥的。

11‒9　首要衣素的作用

再度回到音系学模型。我们知道,关联对立而非中性化对立的两个术语混处于中性化过程中,合并在我们所谓的**首要音素**(archi-phénémé)中。因而在 O/O 的对立中(法语:botté/beauté),通常在一个单词的末尾有利于 O 的地方中性化(pot/peau)[13],O 成为对立的首要音素。以同样的方式,可以说,服饰对立也只有在有利于**首要衣素**(archi-vestème)的情况下,才能中性化,对**轻/重**来说,首要衣素是重(**这是亚麻布的,不管有多重**)。但在这里,服饰现象不同于音系学模式,音系学上的对立在效果上是由标记的不同决定的:一个术语被某个特点(关联特征)所标记,而另一个没有标记。中性化的产生不是有利于自由术语,而是为了生成术语的利益,并不是所有的服饰对立都符合这种结构,尤其是两极对立就有一种累积结构:从**重**到**轻**,总有"一些重量"。换句话说,当对立被中性化时,重量仍保持着某种概念性的存在,这证明了,为什么,不管其源自何处(选择对立,两极对立或系列对立),首要衣素总担负着某种功能:中性化不是漠视,它形成了冗余赘述(因为任何一种亚麻布都有一定的重量),但这种冗余对信息的概念性并非毫无影响。特征的最终非意指性(**轻或重**)将意义效果转移,回放到先于其前的要素之中。在**这是亚麻布,轻或重**中,意指的是亚麻布,效果变项是类项的肯定[14],但这种肯定是强调性的,譬如说,通过它后面跟着的一个不具任何关系的表述来强调:不管重量如何,产生意指的就是亚麻布。简单地说,首要衣素的作用就是通过整体术语(类项的肯定)和人造术语之间形成的对比,把表述更紧密地联系起来,既表达出来,又加以回避。这无疑是一种修辞规则的现象,但我们可以看到,在服饰符码内部,它自有其结构价值:中性化的表达给予表述的其余部分以特别强调。**这件旅行大衣有带无带都可以穿**[15],在这句话中,存在变项(**有或无**)的中性化显然加强了能指(**这件大衣**)的必然性,转换语(**这件**)凌驾于母体(**大衣**)之上,把自然形成的意义转移,回到它指称的意象上。

IV. 类项的系统简化:趋于真实服装

11-10　超越术语规则:赋予变项

我们已多次看到,语言是如何通过类项永无止境的专业语汇替换服饰符码,从而阻止书写服装的结构化进程的。这种阻碍绝非毫无意义,它显示出人类社会撕裂现实与语言所产生的构建张力。正是考虑到这种张力，我们直到现在一直都试图在不悖逆术语原则的基础上，总结流行服饰的清单，即不去深究词语背后真正的特征，它来源于复合性的命名事物，然而，变项清单使我们可以采取一种新的类项分析法，因为以后，我们希望在系统上把一类项简化到只有一个或更隐含变项组成的支撑物上。[16] 例如，一条短裙（法语：jupette），不过是由长度变项构造的一条裙子而已（**裙子·短**）。[17] 这种分析显然只触及书写流行体系的边缘，因为，系统需要超越术语规则，才能把命名事物分解为未被命名的特征。然而，对这种分析方法的兴趣显然由来已久。在这里作为一种指导，必须从书写服装到真实服装逐步展开论述：问题正出在对真实服装的结构分析上。为了便于概述，我们选择两个在类项上极为丰富的属（因而在结构化过程中也显得似乎难以驾驭）：质料和颜色，我们将努力把它们大量的类项整理成意指术语。

11-11 质料类项的语义分类

从服饰意义的角度出发，我们如何对各种各样的质料类项进行分类呢？我们提出以下的操作方案。第一步，从整体上就文字层面重建类项的同义的类项词组，把所有指称同一个能指的所指都归入一组，例如，我们会有：

> Ⅰ组：**礼服**≡平纹细布，丝绸，山东绸
>
> Ⅱ组：**冬装**≡毛皮，羊毛
>
> Ⅲ组：**春装**≡双绉，羊绒，平针织品
>
> Ⅳ组：**夏装**≡府绸，丝绸，生丝，亚麻，棉布
>
> 等等……

第二步是基于以下事实：流行语义学过于流变，以至于一个组中的能

指常常也属于另一个组。例如,丝绸就同时是Ⅰ组和Ⅳ组的一部分。用语言学来对照的话,几个组共有的一个能指当然在各个不同地方所具有的**价值**也不同,就像语言学中的两个同义词一样,但在形式上,我们可以名正言顺地把那些至少通过一个共同的能指而相互联系的组都集中到单独一个领域。它们形成相邻类项的网络,流动其中的是纷繁各异的意义。这些意义即使不是完全一致,至少也是密切相关的:在能指以及所指之间,都存在着对这种紧密关系的相互证明。目前,这些领域不仅过于宽泛,而且就质料而言,所有开列的类项都可以分为两个大的紧密领域,由二元对立关系加以联结,因为只有当它们不再沟通时,即,只有当意义不再从一个领域过渡到另一个领域时,才可能产生领域的分化。因此,所有的质料类项就在一个独有的对立下分类编组。在所指一边,关联(即意义)使两个领域相互对立,一个是由礼服和夏装概念主导的领域,另一个则是由**旅游装和冬装**概念主导。在能指一边,对立是在**亚麻布、棉布、丝绸、透明硬纱、平纹细布**之类的,以及**府绸、毛料、粗呢、天鹅绒、毛皮**之类的之间产生。这就够了吗?我们刚才发现的对立还能否简化,或至少是转化为某个已知的对立(因为当我们对其进行考察时,还没有一个变项是已经列出来的)?我们将再次求助于对比替换测试,它是要求确认其变化促使信息从一个领域转向另一个领域,即从一个意义转向另一个意义的**最小因素**。如今,两个领域显然趋于互相靠拢,特别是在**毛料**这个类项的层面上,对两个领域来说,毛料都是一样的,**只有一点不同**。而正是这种不同,正是这种尚能分辨出来的最细微之处,组成了整个意义对立。在Ⅰ领域,羊毛是**精致的**,在Ⅱ领域,它们是**粗糙的**,由此可以推演出,从意指的角度来讲,所有的质料类项最终都要在**精致/粗糙**类型的对立下分类编目,或者更为严密地说,是在**轻/重**这个对立下编组的,因为我们关注的是料子而非形式:这个对立颇为眼熟,它是重量变项的对立。从而我们认识到,在质料类项中,虽然数量庞大,系统基本上只赋予一个变项:重量。所以,如果我们超越术语规则,产生意指的也是重量,而不是类项。一旦我们认可了清单的模糊性,我们也必须承认,类项不是最终的意指单元。例如,一个单独的类项可以被变项分解,意义在**羊毛**类项**内部**传递[18],更进一步地说,因为我们考虑的是选择,难免有时会发现一些提到过的中性术语(既不精致,也不粗糙,既不轻,也不重):这里就有:这是**平针织物**,它是一个难以归类、流动易变的能指,可以从一个领域转到另一个领域。本质上,它是指"泛义素"(pansémique)(**通用**)能指。

11‑12 颜色类项的语义分类

颜色也一样,它的类项(表面上看起来不计其数)同样也编入两个对立领域,可以依照质料使用的同样的方法论策略,一步步地搜集同义类项而重建这两个领域。意义所分解的并不如我们想象的,是两种颜色类型(如,黑与白),而是两种性质。无须考虑颜色的物质属性,它把**亮丽、淡、纯正、鲜艳**的颜色置于对立的一边,而把**黑色、灰暗、黯淡、不鲜艳、褪色**等归于另一边,换句话说,颜色不是通过其类项进行意指,而只是看它标记与否。因此,又是一个已知的变项,即标记,被赋予颜色类中,以便从语义上区分它们。[19]我们知道,**彩色或着色**并不是指颜色的呈现,而是指标记它的一种强调方式。就像重量可以分解料子的一个单独类项(羊毛)一样,标记也可以分解颜色的一个单独类项:**灰**既非淡色,也非黑色,而正是这种对立在产生着意指,而非灰色本身。因此,语义对立完全可以悖逆或者不顾实际常识设想的颜色对立:在流行中,**黑色**是全色—— 简单地讲,就是被标记的。它是着色的**颜色**(自然与**礼服**有关)。所以,在语义上,它无法与白色相对立,后者也居于标记的同一领域。[20]

11‑13 隐含支撑物:简化类项和简单类项

这并不是说,每一个属都有可能轻易地被简化为一个单独的变项游戏,就像我们对质料和颜色所做的那样,至少我们可以肯定,一个类项总是由一个简单的支撑物和几个隐含变项的组合关系决定的。也就是说,类项不过是为了使一个完整母体表述的方便而采取的命名捷径,什么是简单支撑物? 它是那些凭已知变项无法加以分解的类项,我们称这些无法简化的类项为**名祖类项**(espéces éponymes)。因为一般来讲,它们指涉的是它们自身所属的属项:**罩衫、茄克、背心、大衣**等。这些属称类项很容易受制于明确变项(**一件轻柔罩衫、一件束腰茄克**),为了创建新的类项,给予这些语段以新的名称就足够了:一件短裙可以是一件**迷你裙**,一顶帽子可以没有顶或边,如果它可以弯曲,则是**束发带**。因此,类项越特殊,就越容易简化,越普遍,分解的可能性越小,但我们仍有可能在简化类项中找到它的隐含支撑物形式。

注释:

[1] \下亚麻布,轻或重/
    OSV(类项)

[2] **系统**(以及**系统的**)这个词难免有些自相矛盾:**系统**(就术语的严格限定意义来说)是和语段层面相对立的聚合关系层。广义上,它是单元、功能和限度的总和(语言系统、时装系统)。

[3] 索绪尔:《语言学教程》(*Cours de Linguistique*);"区分一个符号就是构建一个符号。"符号的差异本质的确带来不少麻烦(参见戈德尔《来源》一书,第 196 页),但这并没有改变定义的衍展性。

[4] 系统产量的概念,大致上决定了以后的分类,尽管比起康丁诺(J. Cantineau)所提出的对立分类,它的精确性要逊色许多。康丁诺:《意指对立》(*Les oppositions significatives*),载于《索绪尔手册》(*Cahiers F. de Saussure*),第 10 期,第 11—40 页。

[5] 在以下的变项中可以找到选择对立:

    Ⅰ. **类项的肯定**{a/[A－a](类项的肯定在形式上应被看作是二元对立,在实体上应被看作是隐含变项的集成。参见 19－10)}。

    Ⅱ. **存在肯定**(有/无)

    Ⅲ. **人造手工**(自然的/人造的)

    Ⅳ. **标记**(标记的/未标记的)

    ⅩⅥ. **分形**(分形的/未分形)

    ⅩⅩⅦ. **移动性**(固定的/移动的)

    ⅩⅩⅥ. **增殖**(一/多)

    ⅩⅩⅧ. **展现**(过度的/齐平的)

    ⅩⅩⅩ. **控制**(增加/补偿)

[6] 在这里我们所谓**选择对立**(opposition alternative)是语言学中的**缺失对立**(opposition privative),它取决于一个标记的有或无。

[7] 以下是这组中的变项:

    Ⅶ. **移动**(升/降/突出/摇摆)

    Ⅷ. **重量**(重/轻/[标准]/——)

    Ⅸ. **柔韧性**(柔软/硬挺/[标准]/——)

    Ⅹ. **凸现**(突出/锯齿状/平滑/[标准]/——)

    Ⅻ. **长度**(绝对)(长/短/[标准]/——)

    ⅩⅢ. **宽度**(宽/窄/[标准]/——)

    ⅩⅣ. **体积**(臃肿/瘦小/[标准]/——)

    ⅩⅤ. **大小**(大/小/[标准]/——)

    ⅩⅩ. **弯曲**(上卷/下翻/[平直]/折叠)

    ⅩⅪ. **水平位置**(右/左/居中/遍及)

    ⅩⅫ. **垂直位置**(高/低/在中间/全长)

    ⅩⅩⅢ. **横切位置**(前面/后面/侧面/周身)

    ⅩⅩⅣ. **方向性**(水平/垂直/斜/——)

    ⅩⅩⅨ. **组合**(搭配/冲突/联合/——)

[8] 很容易判断两个对立项亲和力的轴心,或者更进一步,它们共同的义素。但这只是在回避一个问题:如何来定义"对比性"的义素?

[9] 以下是系列对立的变项:

    Ⅵ. **合身**(贴身/紧/松/蓬松)

    Ⅺ. **透明**(不透明/透网/透明/不可见)

    Ⅻ. **长度**(比例)(1/3、1/2、2/3,等等)

    ⅩⅧ. **闭合状态**(敞开/边对边/闭合/交叉/等)

[10] 以下是这组变项:

    Ⅴ. **样式**(直/圆……)

    ⅩⅩⅦ. **平衡**(对称/不对称/对比)

    ⅩⅩⅤ. **增加**(1/2/3/4)

    ⅩⅨ. **附着**(固定/置于……)

[11] 叶尔姆列夫(L. Hjelmslev):《论文集》(*Essais linguistiques*)。

[12] 马丁内(A. Martinet)这样描述中性化:"音系学所说的中性化是在由音素术语限定的文本下,如(超音段特征)韵律特征及意指要素之间的限度(连音),这种区别在独自有用某种语音特征的两个或几个音素之间就毫无用处了。"(《语言学学会著作集》(*Travaux de l'Inst. de Linguistique*),巴黎,克林克西克出版社,1957年,Ⅱ,第78页)

[13] 对67%的法国人来说是这样,参见马丁内:《现代法语发音》(*La prononciation du fran-cais contemporain*),巴黎,德罗兹出版社,1945年。

[14] \亚麻(轻或重)/

    OSV 中性

[15] \这件大衣有或无腰带≡旅行/

    OSV 中性

[16] 隐含或赋予变项。

[17] 我们已经看到,类项(3/4 长的茄克、运动衫)常常是通过旧变项(长度)或旧所指(运动)的固定来组成的,可以说,以类项的名义固化。

[18] 以同样的方式,我们有:棉布(Ⅰ)/刷毛棉布(Ⅱ),刷毛这个术语很少见,它似乎意示着凸现变项(平滑、没有突起)。由此,我们大胆假设,在最后的分析中,重量是指质料闭合或敞开的程度。这是两个互悖的概念,因为它们同样都适合于去满足感觉需要(温暖)和色情价值(透明)。

[19] 这些观察似乎与民族学的观察一致(参见克劳德·列维—斯特劳斯的《野性的思维》)。

[20] 我们知道,在中世纪,亮丽的色彩(并且不是这种或那种色彩)价值不菲,常作为交换的媒介或礼物[迪比(G. Duby)和芒德鲁(R. Mandrou)《法国文明史》(*Histoire de la civilisation francaise*),柯林出版社,1959 年,第 2 卷,第 360~383 页]。

第十二章 语 段

加州式衬衫,大领、立领、小领、军装领。

I. 流 行 特 征

12-1 句法关系和语段组合

在流行中,联结各意指单元的句法形式是自由的,它用简单的组合关系把一定数量的母体联结成一个单一表述,在一件**红白格子的棉衣**中[1],六个母体的联结关系在文字句法中找不到等同物,我们已经提到过它的同形异义的特征。[2]相反在母体中,语段关系是受到限制的。将对象物、支撑物和变项联结起来的是连带关系或双重涵义。由于流行句法是自由的,具有无限的组合性,因而,任何清单都不可能将其一览无遗,母体是有限的语段,稳定而且可以计数。并且由于服饰实体在其要素之间的分布是固定的(支撑物和对象物由属占据,变项仍是非物质性的)。由此,流行特征(属和变项的组合)便有了方法论和实际的重要性,这也就是为什么当我们说起语段组合时,我们并不是在指母体的句法,而是指属和变项的组合。事实上,特征有益于清单,它构成了一个分析单元,掌握了它,就可以控制杂志的整个表述。也可以设想出流行现象的规则清单。更重要的是,由于它充满着母体,特征所受到的限制不再是逻辑的,而是从现实本身衍生出来的,这种现实是物质的、历史的、伦理的,还有是美学的。总之,在特征上,语段关系与社会和技术的既定事实相互沟通。这种关系,是世事将意义赋予一般流行体系之所在,因为现实通过特征,支配着意义出现的机遇。很明显,系统关系(即使是对二元性的争论仍未有定论)指的是一种记忆,在任何情况下,它都指向人类学,而语段关系则肯定指一种"实践",其重要性也正在于此。

12-2　组合的不可能性

凭借着某种事实判断,某些特征是可能的,而另一些特征则绝无可能,因为决定特征出现与否的只有(属和变项的)实体,而不是流行法则。那么通常来讲,至少就我们这样的文明社会所能决定的范围来讲,什么是属和变项之间组合的不可能性呢[3]？首先存在着物质规则上的不可能。一个要素本质上过于脆弱,或者过于细长(吊带、线缝),形式变项都无法接受。一个圆形要素不能是长的,并且在更为一般的情况下,对于所有那些完全附着于其他要素之上的(**衬里、边、腰、衬裙**)或身体之上的(**紧身裤、袜子**)的要素,属的组合和某些变项的组合从某种意义上讲,是毫无用处的,它拒斥**标记**的变化:一个**背件**如果脱离了它作为衣件的一部分,是不可能有重量的,**长统袜**不可能有它自身的形式。其次,存在着道德或审美上的不可能性。某些的衣服或衣服部件(**罩衫、短裤、前件**)不会受制于存在变项,因为暴露胸部或躯体是不允许的。背件不可能是突起的,一件衣服也不可能"无缝",这是因为文明(而非流行)所产生的审美禁忌,甚至是某种"心理"禁忌:长统袜不能"落下来",因为这可能表示不修边幅和漫不经心。[4] 最后,存在着习俗上的不可能。属项的情形阻碍了某些组合(一件茄克受功能的限制,不可能是透明的;一件饰品拒绝在移动性上发生变化,因为它总是移动的;主要衣件是没有方向的,因为它就是方向性的领域),或者更为确切地说,是限制了其定义。一件长袖羊毛开衫不能自由分割或不开襟,因为界定它的正是其半开半闭的样子(与毛衣相对)。我们看到[5],既不分开,又不移动的要素并不一定是附加的。在所有这些(众多的)例子中,组合都是不可能的,因为那是多余的。因而,信息的某种经济制度排除了某些组合。由于衣件的定义毕竟还是意指于其名称之中的,所以,最终仍是由语言主宰着特征出现的不可能性。只有当语言自身改变了其术语系统,语段束缚才可能松懈。[6]

12-3 选择的自由

正如我们时常看到的那样,意义只有从变化中才能产生。组合的不可能性一直在试图剥夺其变化可能性的变项,从而破坏意义。因此,最终掌握系统大权的是语段。一个变项的系统产量[7]取决于语段组合,即特征所赋予它的自由范围。所以,我们才会看到,意义总是控制自由的产物。每一个特征的自由度都有一个最大范围度。例如,对一件属于人造变项(即,能够被"复制"的衣件来说,其定义不能过于含糊,其功能也不能太受限制:饰件太不明确,鞋子又完全是必需的,无论是哪一个,拥有自由都是一种"错误",因此,最大限度可以从毫无自由可言到完全的自由:一个无形的衣件(完全自由)和一件完全形式化的衣件(没有自由)无法成为样式变项中的一员。实际上,一个属与一个变项组合的最佳时机是当其似乎拥有这个变项,但又仿佛只是处于一种萌芽状态的时刻:一条裙子很容易纳入样式变化之中,因为它自身已经有了一定的样式,尽管这种样式还不是制度化的。为了产生意义,就必须发掘实体的潜力。可以把这定义为一个稍纵即逝的情形的捕捉,因为如果实体的潜力消耗殆尽,它会直接形成一个命名后的属和变项,而使我们束手无策。如果过快地赋予移动性,比方,赋之以两个衣件的配置,我们就会得到一个称为**两件**(deux-pièces)的属,它不再能轻易地融入移动性变项之中,因为就身份而言,它就是移动的。

12-4 流行库和历史库

实体决定了属项和变项组合的两种类型:可能和不可能。这两种类型对应着特征的两种记忆库:可能特征的库藏构成了流行的库藏,因为正是从这个库藏中,流行形成了组合,从而产生了流行的符号。然而,这不过是一种库房而已,因为变项包括几个术语,流行每年表现的只是其中之一,其余所有**可能的**术语都是**禁止的**,因为它们意示着**不流行的**。由此我们看到,根据定义,禁止的东西都是可能的;不可能的东西(应该说是排除在外的东西)是无法禁止的。为了能有所变化,流行在可能组合的范围内使单一变项的术语成为选择性的。例如,它让**长裙**接替**短裙,喇叭形**接替**直筒形**,因为不论什么样的场合,这些属和变项的组合都是可能的。因此,一个流行的永久清单应该只考虑可能的特征,因为流行样式的循环往往只涉及变项的术语,而不涉及变项本身。然而,被流行清单排除在外的特征并不是永远不可能回到清单上来,它对应着不可能的语段。因为如果组合的不可能性在某个文明社会领域内是必然的,那么,就更广泛的范围来说,必然性也就不复存在了。没有什么东西是放诸四海而皆准的;也没有什么是永恒的。在我们自身文明之外的文明社会里是可以接受的透明罩衫,接受突起的背件,其他的语言也可以从定义上界定长袖羊毛开衫不再是开襟的。换句话说,时间可以使今天排除在外的组合,明天却成为事实,时间可以重新发掘出尘封已久的意义。因此,不可能特征形成了一个库房,但这个库房不再是流行库,可以说,它是历史库。为了勾勒出这个库藏,即,为了使不可能的组合变成可能,我们假定,在流行力量之外,必须有另一种力量,因为这不再是在单一变项内部对从一个术语到另一个术语的信息施加影响的问题,而是推翻禁忌和定义的问题。文明已经将这些禁忌变成了名正言顺的本质,因而对服饰特征的观察,使我们得以区分并且在结构上界定三种时态:真实的流行时装、可能的流行时装、历史的流行时装。这三种时态概括了服装的某种逻辑。由每一年的流行所体现的特征总是标记的,我们知道,在流行中,**标记**是**不得已而为之**的事情,否则就会受到不流行垢名的惩罚。流行库所包含的潜在特征不是标记的(流行其实从来不谈**不入时的东西**),它们形成**禁止**的种类。最后,不可能特征(实际上,我们看到的是历史特征)是**排除在外**的,转移到流行体系之外。这里我们再次发现了一种语言学熟知的结构:标记(被标记的)、标记的阙如(禁止),以及居于关联之外的东西(排除在外)。但衣服的结构——其独创性也正在于此——有

一种历时的顺延,它使现实性(流行)与相对较短的历时性(流行库)对立,而在系统之外留下较长的持久期:

特征结构	例子	历时性	持久性	逻辑范畴
1. 属＋ 可能变项 的一个 术语	今年 喇叭形 风行一时	真实时装	一年	强制
2. 属＋ 可能变项 的所有 术语	线条: 直/ 圆形/ 方形等	时装库	短期	禁止
3. 属＋ 不可能变项	分衩袖	历史库[8]	长期	排除在外

II. 语段产量

12-5　一个要素的语段定义:"价位"

属和变项或许是——或许不是——依据世事(即,最终是历史)中产生的规则互相联系在一起的,从而,我们可以把每一个属项,以及每一个变项都看作是具有某种组合权力,我们可以通过它为了产生意指特征而联系的悖逆要素的数量对其进行衡量。我们称一个要素的组合关系为**价位**(valences)(就该术语的化学涵义来说)。如果组合是可能的,价位就是正的。如果组合是排斥在外的,价位就是负的。每一个要素(属或变项)在结构上都是由一定数量的价位决定的。因此,**颜色**属就包含有 10 个正价和 20 个负价,柔软变项包括 34 个正价,26 个负价。[9]每一个属也正如每一个变项一样,是由其价位数量的状态决定的,因为这种数量衡量着意义显露的程度。在重建每一个属、每一个变项的语段连接表的过程中,我们利用像词典编纂类目一般确定无疑的释义力量,重建了一个名副其实的语义文件,尽管这个文件没有涉及要素的"意义"。与流行的一般语汇相似(**真丝**≡**夏天**),我们现在可以设想出真正的语段词汇,具体说明每一个要素可能的以及排除在外的组合,因而,我们会得到一个"有界定"价值的组合上密切相关物的表:

饰　品:**可能的:**　　存在、标记、重量等
　　　　排除在外的:形式、合身、摆动等
　人造的:**可能的:**　　饰件、扣件、衬衣下摆,等
　　　　排除在外的:长统袜、手镯。

这样一种能够从结构上加以描述的词汇系统,其重要性至少不会亚于它的近邻词典编纂。因为流行更多的是从这个词汇系统中产生其意义的,即存在,而不是从一个随意的、偶然的所指表中产生意义的。这种所指的存在通常是修辞的。我们必须重申,正是在这些语段的聚合关系上,世事、现实和历史赋之以意指系统。在改变它们的意义之前,符号先改变了它们的情境,或者说,符号通过改变它们的语段关系,改变了其意义。历史、现实和实践不能直接作用于符号之上(因为这个符号动机不明时,就不是随意的),而在根本上是作用于其联结上的。如今,对书写流行来说,这样一种语段语汇系统唾手可得(因为属和变项的数量理应是有限的)。无疑,这种语汇系统应作为流行永久清单的基础,没有它,现实生活中流行款式的传播(流行时装社会学的对象)就会无从分析。

12-6　语段产量的原则

对照所有由清单支撑的语段表,就是把属和变项的语义力量相互加以比较。因为,很明显,正价数高的属(例如:**边**)要比正价数低的属(例

如:**别针**)有更多的机会产生意指。鉴于一个要素暴露给意义的程度是以它的价位数量来衡量的,我们称之为**语段产量**(rendement syntagma-tiqeue)。例如,我们可以说,**长/短**对立有很高的产量,因为它适用于很多属。我们必须强调一个事实,即我们这里研究的是结构上的估计,也就是说,严格说来不是统计上的估计,尽管数量还有待确定(实际上,非常简单的数量,最多也不过是藏书似的问题)。有待计算的绝不是我们研究的文字体中实际产生的语段关系数量,而是法定的相遇——原则上的相遇,即使我们在时装杂志中发现像**一件轻柔罩衫**这样的特征有一百次之多,也无关紧要(至少暂时是这样)。如果说重量变项十分丰富,那也不是出于这种完全经验式的重复[10],而是因为这个变项所能影响的数量众多。

12-7 要素的丰富和贫乏

根据定义,一个要素的丰富性,即其正价数高,转化着流行库的状态,因为流行从组合在一起的变项和属中产生特征的变化,在变项中,流行上可能的东西是丰富的。主要是在类项的肯定、标记、人造、存在的肯定、组合、大小及重量上。在属项中,主要是在边、褶、扣件、头饰、领子、饰件及口袋上,这些同一性变项最有可能产生意义,因为这些变项首先是所有的限定语,是最不具技术性的变项(例如,与量度变项或连续性变项相比),我们可以说,流行的"文学性"发展性在结构上是极具支撑力的:流行倾向于"描述"而非构造服装。至于那些最易受意义摆布的属项,我们看到,它们基本上不是主要衣件,而是部分衣件(领子或口袋),或装饰要素(褶,扣件,饰件)。这表明,流行在意义的产生上十分看重"细节"。[11]要素的贫乏(或负价数大)则与此相反。它对应着历史库,因为它是指组合的最小可能性,不经历一场观念上或语言上的剧变,是不可能得以实现的。最贫乏的变项是位置变项和分布变项:衣服存在着一种拓扑不变性,而正是在要素的方向上,服装革命才最容易感知。在最贫乏的属中,我们发现了次级要素像侧边、背部或长统袜,同时也发现了在流行中至为重要的要素,如质料或颜色。这种明显的矛盾使我们得以把意义的力度和其范围明确区分开来。

12-8 意义的范围或力量?

意义的力量和"范围"实际上处于一种悖逆的关系,因为一个要素的组合区域的范围在把信息世俗化的同时,也削弱了其信息的力量。当我们从系统产量转向语段产量时,也会发现同样的悖逆关系。当属和变项的组合由于贫乏而限于某一范围之内时,意义变化似乎立刻就转向系统层面,即转向存在广泛自由选择的地方。例如,在**式样**中,属在语段上的贫乏可以凭借它所能组合起来的几个类项的系统产量而得到平衡。值得注意的是,类项的肯定和形式赋予式样以丰富的变化,这说明了属在流行中的重要性。它使我们得以明确区分意义的扩展及其力量。意义的力量取决于系统结构的完善[12],即,取决于组合性术语的结构化程度和记忆性。意义的范围取决于它的语段产量。由于这种产量就像我们所看到的那样,最终是历史和文化的,意义的扩张将历史的力量置于意义之上。从语言中借用一个例子:"工业"这个单词的组合性聚合关系控制着"精确性"这个术语,是其语义光彩的基础。但"商业和工业"的语段组合居于意义的扩展之中,它指的是一种历史(财富的表达起源于19世纪上半叶)。因而,改变流行就意味着克服各种不同的阻力,这取决于我们对抗的是系统规则,还是语段规则。如果我们恪守系统层面,那么,从一个聚合关系术语转换到另一个聚合关系术语易如反掌,就这个单词的狭义来说,这是流行最佳的操作手法(**长/短裙**,依年代的不同而不同)。但是,通过创建一个新的组合来改变一个要素的语段产量(例如,**一个突出的背件**),就不可避免地要求借助于文化和历史的事境。

Ⅲ. 流行时装的永久清单

12-9 典型组合

我们已经看到,系统分析可以走向真实服装的结构化。[13]同样地,对语段的分析也会为真实(或"穿着的")时装的研究提供要素。这些要素是流行特征,我们称之为**典型组合**(associations typiques)。典型组合是一种特征(属·类项)文字体中实际产生的庞大数量,简单地说,也就是它传递的信息世俗性[14],表明了这种特征的重要性:**有腰带/无腰带、标记或不标记腰身、圆领或尖领、长裙或短裙、宽肩或标准型的肩、开领或闭领**,等等,我们知道,所有这些表达,形成一种刻板模式。它不厌其烦地反复出现在流行总结出来的清单中。典型组合表示一种双重经济制度,一方面,它是有代表性选择的产物,流行在众多的特征中选择我们所谓的意义敏感点,典型组合是概念化的天地,它把流行的本质用一小部分特征加以界定。它是集中的意义。另一方面,由于典型特征总是包括一个其聚合关系的互动仍相当自由的变项,因此,它强烈意示着**流行与不流行**对立发展之所在,即,流行历时变化的位置:**长裙**之所以被选中,一方面作为完整特征,是不同于其他不重要的特征(**宽裙**或**长毛衣**),另一方面不同于其变项的悖逆术语(**短裙**)。在典型组合中,流行的选择既是简化的,同时又是完整的。因此,如果我们一方面试图认定流行的某种存在状态(可以称之为强迫性特征),另一方面又想看出其变化的自由和限制(因为,在意指作用上,所有的自由都是受到控制的),那么,就必须观察典型组合。典型组合并不具有结构价值,因为它的确认是统计学上的,但它确实有实际效用,这就是,它为书写流行过渡到真实流行牵线搭桥。

12-10 基本流行

典型组合的全貌只有通过一定的分析才能得到,然而,流行可以以一种迅捷的方式,不断总结其特征,然后交给消费者读解。这个过程是对风行一时的流行(通常是广为宣传的流行)的摘要,这个词是共时性的缩略定义。我们称这种**摘要**流行为**基本流行**(Mode fondamentale)。基本流行主要以线条或趋势为名义,包括一定数量特征,因为款式的记忆性是最基本的。因而,流行195……年就完全是由下列摘要决定的:**柔软罩衫、长茄克、斜裁背件**。从一个基本流行到另一个基本流行的(来年)途径可以以两种方式产生:保持同样款式,但更换附加其上的变项术语(**长茄克**变成**短茄克**),或者让某些特征消失,而标记出新的特征(**长茄克**可能用**高腰带**代替)。更重要的是,款式变化可能只是部分的(**裙长从去年开始就一直未变**)。基本流行所涉及的特征通常称为流行**常数**,也就是说,款式和清单中的款式之间的关系,相当于主题及其变化之间的关系。基本流行的提出是作为一种绝对的一般范围。如果你愿意的话,它就是流行的**样式**。由杂志中的表述总体构成的变化与个人言语并无联系(像"穿着"时装,即"应用"时装,即是例证),它符合的是完全制度化的言语,这是一种范围非常广的公式俗套,从中,使用者可以幻想选择一种预制的"谈话"。在这种主题组织中,我们认识到,真实服装的款式可以在其最宽泛的历史维度中获得(例如,"西方"服饰也可以通过几个特征概括),仿佛流行是在一个消逝的镜像中产生一样,"消殒"(en abime),这是克鲁伯(Kroeber)在论及服装分期时,所设想的基本灵感或永久类型(**基本型**)的关系。[15]

12-11 流行的永久清单

流行自身也在其同时性特征中进行选择,或者是在典型组合上以一种机械的方式,或者是在每一个基本流行中以一种自省的方式进行选择。这种选择是经验式的(虽然它在整体上对于系统来说是武断随意的),自然也就产生了流行的实际清单(不再是原则上清单),这个清单不得不是双重的,一方面考虑书写文字体,另一方面要顾及真实(现实中穿着的)服装。书写服装的清单包括记录和监督每一年的典型组合以及基本时装款式,以发现它今年到来年所表现出来的变化,从而几年之后,我们对于流行的历时性就有一个精确的概念,历时系统最终也就水到渠成了。[16]在另外一个方向上,书写流行的每一个清单都必须面对真实服装的清单,试图判断出,典型组合和基本款式中业已确认的特征在实际穿着的女性服装中是否还能辨认出来,什么是适合的? 什么是被抛弃的? 什么又遭到抵制? 这两个清单的对峙比照使我们十分精确地掌握了流行样式传播的速度,只要实际清单是处于不同地区、不同环境之下即可。

Ⅳ. 结 论

12-12 属和类项的结构分类

为了完成这一服饰所指的清单,我们必须再回到语段在方法论上的重要性上。我们已经看到,迄今为止,我们采用的属和类项的分类并不是从结构上构建,因为它在属中是依字母顺序分类的,在类项中是以概念分类的。[17]我们为每一个属、每一个变项所建立的语段表使我们接近于要素的结构分类。然而就目前来说,它还是不成熟的。现在,我们可以设想三种分类原则,它们具有不同的用途。第一种是从单个变项的角度出发对属的整体进行分类,反之亦然。例如,我们把所有积极地和存在变项联系在一起的属归为第一类(积极的),把那些不与之发生联系的属归为第二类(消极的)。总之,我们研究的是第一个语段表内在的分类,并把它当作是产生于这些表的简单的阅读。这样一种分类,尽管由于要不断根据每一个表更新,因而显得支离破碎,但如果我们试图对一个属或一个类项的历时范围,比方说,衣服的透明度,或罩衫的历史结构,(以专著的形式)做深入研究的话,它仍不无益处。[18]分类的第二个原则基于严格的功能产量,它把所有具备同等数量,同种价位(正或负)的要素都看成是同属于一组,从而揭示出语段产量的等量区域,如果我们想考察服装的结构史,这倒很有用处。因为这样的话,我们就可以随着时间的推移,追寻每个区域的稳定状态和不稳定状态。最后考虑属,假设我们保持这里采用类项顺序,经由将一组组具有同样价位的属从一个个表中孤立出来,我们得到一个高度一致的属组,因为这些属都是以同样的方式栖身于某一变项组中。例如,分离—移动性/闭合状态—附加组(我们已经探讨了其尤为特殊的结构特征[19]),考虑到这个组,像**长统袜**、**帽顶**、**别针**、**线缝**以及**领带**(在其他属之间)之类的属独成一类,因为它们中间,没有一个能与其他四种类项组合在一起,因为这一组属项出于变项之间的亲和性,是个排斥性的集团。这种分类方法的优点在于,为组合的可能性和不可能性提供了一个有章可循的表。通过对这些可能性和不可能性的偶因(从物质、道德或美学约束中派生出来的)进行详尽细致的阐明,我们就可以分辨出同一组中各属之间的文化亲和性。[20]

注释:

[1] \一件棉衣有红(格子)和白格子图案/
　　　\　VSO/\VS O /\VS O 　　/
　　　　　　　\SIO 　　　V　　 S2/
　　　　　 O 　　V 　　　　　S

[2] 参见6-11。

[3] 有关不可能性的历史相对性,参见以下12-4。

[4] 不过,新潮流行——即文学上讲的"流行"——却可以给予穿着方式,比方说,漫不经心,以一种符号的习俗价值(例如,在青年流行中)。

[5] 参见以上9-20。

[6] 对于不可能组合的问题,语言学自是驾轻就熟。对组合不适配的分析,见于密特朗(H. Mitterand)《对名词先定性的评论》(Observations sur les prédéterminants du nom),载于《应用语言学研究》,第2期,迪迪耶出版社,第128页。

[7] 参见11-7。

［ 8 ］　我们知道,中世纪是有人穿开衩袖的。

［ 9 ］　回忆一下,我们研究的文字体已经展示了 60 个属,30 个变项。

［10］　实际产生的数量并非无关紧要,但应该从修辞的角度加以解释:像所有强迫观念一样,它是指语言的使用者,而不是系统本身。例如,它提供的不是流行方面的信息,而是有关杂志的信息。

［11］　参见 17 - 8。

［12］　参见 11 - 7。

［13］　参见 11 -Ⅳ。

［14］　我们或许可以说,一个特征的任何连续重复都会形成一种典型组合,它是对起决定性作用的刻板模式的印象。

［15］　克鲁伯语,引自施特策尔《社会心理学》,第 247 页,也可参见克劳德·列维—斯特劳斯的《野性的思维》。

［16］　基本款式使人联想起克鲁伯对女装基本特征所作的历时性分析。这里提出的清单所涉及的流行时装,历时性微乎其微。

［17］　参见 8 - 7 和 9 - 1。

［18］　这说明了从书写服装到真实服装的转译。在 1 - 1 -Ⅳ中,我们对此已作过概述,除非我们把自己的研究范围限定在服装的"诗学"上(参见第十七章)。

［19］　参见 9 - 20。

［20］　例如,"寄生"属、"限制"属、"线性"属等等。

二、所指的结构

第十三章 语义单元

一件供在寒冷的秋夜里去乡间度周末穿的毛衣。

I. 世事所指和流行所指

13-1 A组和B组之间的区别：同构

在研究服饰符码的所指之前,我们必须回溯到意指表述的两种类型[1],即能指指涉明确的世事所指(A组:**真丝≡夏天**),以及能指以整体的方式指向隐含所指,也就是我们所研究的流行共时性(B组:**开襟短背心,收腰≡[流行]**),两组之间的区别来源于所指表现的方式(我们已经看到,能指结构在两种情况下是一样的,它总是书写服装)。在A组中,与语言中的情形相反,所指有其自身的表达方式(**夏天、周末、散步**),这种表达像能指表达一样,很可能是由同一种实体形成的,因为两者都是一个语词的问题,但这些语词是不同的。在能指中,它们共享服装的词汇系统。在所指中,它们共享"世事"的词汇系统。因此,在这里,我们不顾及能指而随意处理所指,把它拿去进行结构化进程的测试,因为它是由语言中介的。与此相反的是,在B组中,所指(流行)是与能指同时赋予的。它一般不具有自身的表达方式。在其B组形式中,书写流行与语言模式保持一致,这种语言模式只是在其能指"内部"给予其所指。在这种系统中,我们可以说,能指和所指是同构的,因为它们是同时"被言说的"。**同构**(isologie)不断给所指的结构化制造麻烦,因为它们不能"脱离"其能指(除非我们借助于元语言)。结构语义学的困难也证明了这一点。[2]但即使是在B组中,流行系统也不是语言系统。在语言中,所指是多元的,在流行中,每一次都存在着同构,总是同一所指的问题。简单地说,年度流行,以及 B 组所有的能指(服饰特征)都不过是一种隐喻形式。由此,B 组的所指避免了所有结构化进程,我们必须努力加以组织结构的就只有 A 组的所指了(世事的明确所指)。

II. 语义单元

13-2 语义单元和词汇单元

为了形成 A 组所指的结构(以后,这是唯一值得考虑的问题),显然我们必须将其分解为不能再简化的单元。一方面,这些单元是**语义的**[3],因为它们产生于内容的断片,但另一方面——就像能指中的情形一样——它们只有通过一个系统,即具有自身表达形式和内容的语言系统才能达到:**周末乡下**,显然是一个服饰符号的所指,其能指紧随其后(**厚羊毛衫**),但它同时也是一个语言学**命题**的能指(句子),因而语义单元是文字上的,但它们不一定非要具备世事(或语素)的维度。从技术上说,它们不必和词汇单元保持一致。既然流行感兴趣的是它们的服饰价值而不是其词汇价值,我们就不必费心于它们的术语意义:**周末**肯定有某种意义(一个星期最后部分的休闲时刻),但我们可以把这种意义从词语中抽象出来,只是为了看看**毛衣**所指的究竟是什么。这种区分至关重要,因为它使我们有可能预见到,语义单元的所有理念上的分类(经由概念上的密切关系[4])都要进行质疑,除非这种分类与从服饰符码本身分析中衍生出来的结构分类是一致的。

13-3 意指单元和语义单元

在语言中,由于同构的存在,所指的某些单元与能指的某些单元是完全一致的。从而,我们把能指表述分解为更小的单元(意指单元),就能界定共生所指的单元。[5]但在流行中,能指的控制并不是决定性的。实际上,母体联合体(并非单独一个母体)通常都包含着一个在术语上无法分解(简化为一个单词)的所指。能指单元(母体 V.S.O.)无法确定无疑地指涉语义单元。其实,在流行系统中,进行约束的是关系单元(即,意指单元):一个完整的所指对应一个完整的能指。[6]在**一件厚羊毛衫≡秋季乡下周末**中,能指部分与所指部分之间,不存在符码对应。毛衣并不特指周末,羊毛也不专指秋季,而其厚度也不特意指称乡下,即使在秋天乡下的寒冷和羊毛的温暖之间存在着亲近性,这种亲近性也是一般性的,可以取消。况且,流行的词汇每年都在变换,在其他地方,**羊毛**或许就意味着**里维埃拉**(Riviera)**的春天**。[7]我们无法使能指的最小单元和所指的最小单元以一种稳定的方式互相对应。意义只有在完全的意指层面才能掌握意义的决定权:所指表述要在一般能指(能指表述)的控制下,而不是在其小型单元的控制下分解成片断。不论我们碰到的只是整体上全新或者整体上重复的所指,这种一般性控制在流行中恐怕就是无效的:每一次,那些唯一性的,或是同一性的东西,又怎么能够分解为断片呢?但问题不在于此。绝大部分所指表述都融合了已知的要素,因为我们对之已不再陌生,并在其他表述中以不同方式融合。像**乡下周末的、乡村度假、社团周末、社团度假**之类的表述都是简化的,因为它们是由普通的,因而也是变动的要素组成的。既然**周末、城市、假期**和**乡村**在(部分)不同的表述中都能发现,我们当然要把这些表述糅进语义单元之中,以形成真正的联合体。因为,通过改变表述,每个单元就会改变其整个能指,而显然使它们得以重复出现的正是符号的替换。因此,为了在我们所研究的文字体的范围之内建立语义单元的种类,我们所要做的就是让所指表述服从于这种新的对比替换测试。

13-4 平常单元和独创单元

然而,变动(即重复)单元并不能穷尽所有能指表述的整体性。有些表述或表述的断片是由独有的概念组成的,至少是在文字体的范围内。或许有人会说,这些都是 hapax legomena(只出现过一次的词。——译注),这些 hapax 本身也是语义单元,因为它们附着于整个能指之上,并参与了意义的形成。从而,我们有了两种语义单元,一种是变动和重复的[我们称之为平常单元(unités usuelles)],另一种是由表述或表述的剩余组成的,不属于重复出现[我们称之为**独创单元**(unités originales)]。我们有四种方式来区别平常单元和独创单元相遇的情况。(1)一个平常单元自行构成一个表述(**为夏天**);(2)一个表述完全由平常单元形成(**乡村夏夜**);(3)表述把平常单元和独创单元组合起来[**假期—冬天—在大溪地**(Tahiti)];(4)表述整体上是由一个独创单元构成的(根据定义不能分解),而不管其修辞面有多广(**为了能引人注目地走进那个你常去的小酒吧**)。我们不能肯定这种区分的内容是一成不变的,因为扩大文字体足以使一个独创单元转化为普通单元,只要我们在一个组合的形式下发现它。何况,它对表述结构并没有任何影响:组合的方式对所有单元都是一样的。然而,这种区别仍是必要的,因为平常单元并不来源于独创单元一样的"世事"。

13-5 平常单元

平常单元(**下午、晚上、春天、鸡尾酒会、逛街,**等)覆盖了现实社会世事使用的概念:季节、定时、节日、工作:即使这些现实从某种观点来看,未免过于奢华而多少有点不切实际,但它们仍构成了以真实的社会实践为依托的习俗、仪式,甚至是法律(在法定节日的概念上)的基础。从而,我们可以假设,书写服装的平常语义单元在本质上指称的是真实(实际穿着的)服装的功能。流行凭借其平常单元,代替了现实,即使它把这种现实不断地烙上了节日欢愉的印迹。简单地说,书写服装整个平常单元可能就是衣服实际穿着时真实功能的写照。平常单元的这种极为现实的起源说明了为什么它们中的大部分能轻易地与语词单元(**周末、逛街、剧场**)保持一致,尽管在结构上并没有要求它们这样去做:语词,就此术语的一般涵义来讲,其实是社会功用的强烈浓缩[8],它刻板模式化的本质与其对周围事境概括的习俗特征是一致的。

13-6　独创单元

独创单元(**为了陪孩子去上学**)一般都是完全属于书写服装的,在社会现实中,它们很少有保障,至少在其制度形式上是这样。然而,这也不是金科玉律,没有什么能阻止独创单元成为平常单元。**在大溪地岛上度假**中,大溪地岛是一个 hapax,但要使这个地名成为一个平常的服饰所指,当前时尚、旅行社,而且首先是生活水平的提高,这些都要能够使大溪地岛变成如里维埃拉一样制度化的胜地。就这一点来说,独创单元通常都只是·种乌托邦式的意象。它意味着一个梦幻般的世事,有着完全如梦幻般的清晰,充满着复杂的、唤起的、罕见的和难忘的偶遇[**就你们俩沿着加莱港(Calais)散步**]。对时装杂志表述的俯首唯命使独创单元很轻易地走向表述的修辞系统。它们很少去迎合简单的词汇单元,相反却要求在用语上不断发展壮大。[9] 在现实中,这些单元很少是概念性的,像所有的梦幻一样,它们倾向于与真实叙事结构联系在一起(住在离大城市 20 公里远的地方,我不得不一星期乘三次火车,等)。每个独创单元依照定义都是"hapax",它比平常单元带有更强烈的信息。[10] 尽管有某种独创性(即,在信息术语上,它们完全隐匿不见的本质),它们仍极具概念性,因为它们是经由语言的中介来进行传递的,并且,hapax 存在于服饰符码层面,而不是语言符码层面。不过,我们却可以凭借它们普遍具有的习语本质,按顺序将其列出(根据它们的修辞所指进行分类可能会更容易一些)。

Ⅲ. 语义单元的结构

13-7　"原词"问题

原则上讲,我们完全可以去研究是否能把平常单元分解为更小的要素

（除非它们是服饰意指）。这不啻超越语词（因为平常单元很容易设定一个单词的范围），无异于去区分这个词语代表的所指中几个相互可以交换的部分。语言学对这种分解所指词语的做法并不陌生：这就是"原词"（prim-itifs）问题[这个概念始见于莱布尼兹（Leibnitz）]。叶尔姆斯列夫、索伦森（Sörensen）、普列托（Prieto）[11]、鲍狄埃（Pottier）、格雷马斯（Greimas）都曾明确地提出过这个问题。**牝马**（jument）这个单词，尽管自身已形成了一个小得无法再分解的能指（缺乏向第二节点的过渡），但仍涵盖了两个意指单元："马"和"雌"，对比替换测试（"猪"·"雌"≡/母猪/）证明它具有流动性。同样地，我们可以把/午餐/定义为行为（"吃"）和时间性（"在中午"）的一种语义组合。但这可能纯粹是一种语言分析，服饰替换可不会让我们如此肆意。当然，它证明了时间原词的存在（**午**），因为是有一些适合于这个时间穿的衣服，但语言分析所采用的其他原词（**吃**）在服饰上得不到认可，不存在什么服装是用来**吃**的，**午餐**的分解也不可能完全正确。因此，**午餐**是我们达到的最后单元，我们无法再进一步。平常单元是提供给世事所指分析的最小的语义单元。可以预料，流行体系不可避免地要比语言系统粗糙，其联合体也不够精炼。当它建立在术语或伪真符码层面上时，它即是符号学分析的一个功能，"在词和物之间"，这句话表明，在语言中存在着意义系统，但拥有更大的单元和较稳定的联合体。

13-8 AUT 关系

对于这些单元，我们仍可以试着将其组成相关对立的清单。这里，我们又将借助于杂志提供的聚合段，每次，它所表达的，就能指而言（因为它们显然属同一个例子），是我们所谓的一个双重共变。[12] **条纹法兰绒或圆点斜纹布，取决于早晨穿还是晚上穿**，在这句话中，通过能指的变化，可以断定，在"晚上"和"早晨"之间存在着相关对立，并且这两个术语是同一语义聚合关系的一部分。或许可以说，它们组成了系统在语段层面扩展的断片。在这一层面上，连接它们的关系是排斥选言关系，我们称这种尤为特殊的关系为 AUT 关系(因为它在语段上结合了完全同样系统的术语)。[13]通过其二中择一的本质(或者……或者),也就是说,AUT 是系统的语段关系或者意指作用的特定关系。[14]

13-9　语义标记的问题

一个仍有待解决的问题是,这些所指的相关对立能否简化为一对**标记的/未标记的**,就像音系对立中所做的一样(但正如我们所看到的,不是对所有的服饰对立都这样[15]),即,对立的某一个术语是否拥有其他术语产生的特征。为了给简化创造条件,就必须在服饰能指结构和世事所指结构之间形成严格的对应关系。例如,为了让"**正式考究的**"相对于"**运动休闲的**"产生标记,正式服装就应当拥有一个标记,一个在运动服中所缺少的特殊标记。问题显然并不在于此。比起运动服,"正式"服装有时会更"紧张",有时则较为松弛。所指对立,不论杂志是否可能将其挑拣出来,仍然是一种等义对立,不可能将其内容形式化,即不能把对立关系转化为差异关系。[16]因此,差别分析在判定**小型语义单元**的分类时,就显得无能为力了,唯有在服饰符码的认可之下:平常单元仍保持为整体。以后,考虑到它们的分组,我们必须进行所指分析。

注释:

[1]　参见 2-3 和 4。

[2]　所有问题的综合都强调了困难[叶尔姆斯列夫、吉罗、穆恩(Mounin)、鲍狄埃、普列托]。

[3]　根据格雷马斯所作的区分(以后我们将会采用这种区分)[《描述的问题》(Problèmes de la description),载于《词汇学学报》,第 1 期,第 48 页],语义学停留在书的内容层上,符号学停留在表达层上。在这里,这种区别不仅是合理的,而且是必须的,因为在 A 组中缺乏同构。

[4]　例如,冯·瓦特堡和哈林格的分类,我们已经引用过。

[5]　然而,这些所指单元并不一定必须是最小的,因为大多数词都可以分解为义素。

[6]　这有点类似语言中的句子(参见马丁内:《对语句的思考》,载于《语言和社会》,第 113 至 118 页)。

［ 7 ］ 参见以下有关符号的论述（15－6）。

［ 8 ］ 我们知道，许多语言学家对"单词"这个概念都表示过怀疑，而这一疑症在结构平面上却得到了解决。但词语有着社会学现实，它是一种效果，一种社会力量，更何况，也正是在这一点上，它才成为含蓄意指的。

［ 9 ］ 例如，大溪地岛在修辞上发展成了一句话：在大溪地岛上的爱情与梦想。

［10］ 马丁内：《原理》，6－10。

［11］ 参见穆恩：《语义学分析》(Les analyses sémantiques)，载于《应用经济科学学会会刊》(Cahiers de l'in stitut de science économique appliquée)，1962 年 3 月。

［12］ 参见 5－3。

［13］ 和 VEL 关系相对立（参见以下章节）。我们必须借助于拉丁词汇，因为在法语中，OU 既是包含在内，又是排除在外的。

［14］ 这里是几对用我们研究的文字体表示的选择性术语：**运动休闲/正式考究、白天/夜里、晚上/早晨、严肃/轻柔、原色/鲜艳、朴素/华丽、岛/海**：这个对立涵盖了地中海的温暖（"岛"）和北冰洋的寒冷（"海"）之间的气候反差。

［15］ 参见 11－11。

［16］ 在语言学中，把所指分解为标记的和未标记的因素仍有待商榷。不过，可以参见马丁内有关男性和女性的论述。《结构语言学和比较语法》(Linguistique structurale et grammaire comparée)，载于《语言学学会著作集》，巴黎，克林克西克出版社，1956 年，I，第 10 页。

第十四章 组合和中性化

不故弄风情的万种风情。

I. 所指的组合

14-1 语义单元的句法

平常语义单元(这是我们以后关注的焦点)不仅是变动的(它可以插入各种不同的表述中),而且是自给自足的:它自己就可以形成能指表述(**真丝≡夏天**)。这意味着,语义单元的句法不过是一个**组合**(combinaison)而已。[1]一个所指从不需要另一个能指,它总是一个简单的并列结构。这种并列的语言形式不应该造成一种假象:语词可以在语言上(介词、连词)和句法(而不是并列结构)要素组合在一起,但它们替换的语义单元纯粹是组合物(**晚上·秋天·周末·乡村≡为了秋夜在乡下度周末**)。然而,组合关系可以以两种不同方式加入:我们或者把能补充意义的单元累积起来(**这件真丝长裙适合夏天在巴黎穿**),或者列举出同一能指可能有的所指(**一件适合于城市或乡村穿的毛衣**)。所有的语义单元组合合并到一个单独的表述中,所产生的结果都不外乎于这两种情况:我们称第一种组合类型为 ET 关系,第二种组合类型为 VEL 关系。

14-2 ET 关系

ET 关系是累积的,它在一定数量的所指之间建立一种实际互补的关系(并不是像 VEL 一样,它是非形式的),一种**所指**综合了各种独特的、实际的、偶然的、经验的情境(**在巴黎,在夏天**)。这种关系的用语多种多样,由所有限定成分的句法形式构成:表征形容词(**春假**),补充名词(**夏夜**),环境限制词(**巴黎的夏天;在码头上散步**[2])。ET关系的势力究竟能扩张多远?其扩展范围十分广阔,乍一看,我们可能会认为,它只能连接关系密切的所指,或至少不是相互矛盾的所指,因为它们必须指称能够同时体现的情境或状态:周末通常与春天是相配的,亲近性确实是ET关系中的普遍法则。[3]然而,关系也可以是明显具有矛盾意义的单元并列而置(**大胆创新又朴实无华**)。这里,我们必须稍稍提醒一下,这种关系的有效性并不取决于理性标准,而是形式条件:一个单独的能指就足以控制这些语义单元。从而,毫不奇怪的是,ET关系的应用领域实际上是完整的,从纯粹的冗余赘述(**淡雅朴素的**)到不失正确性的自相矛盾(**大胆创新又朴实无华**)。ET是现实的关系,它允许从日常功能的一般库藏中获取特殊偶然情况的标写;通过简单组合物之间的相互作用,流行制造出罕见的所指,尽管发轫于贫乏和普通要素,却有着丰富的个性化外表。因而,这种关系接近于人和世界的一种hic et nunc(**当场并立刻**),并且仿佛设定了服装的复杂事境和独创气质。再者,当组合物包含有独创单元时,ET产生一个乌托邦世界的表象,仿佛一切都是可能的:**在大溪地岛度周末**,以及**极为柔韧**。服装的意义出现于难以想见的地方,并且指涉独一无二的、不可逆转的用途。这都要归因于ET。于是,服装变成了一个纯粹事实,超然于所有一般化和复制过程而保留下来(虽然是从重复出现的要素中产生的)。于是,服饰所指表明,相遇的时间是如此漫长,以至于只能通过单元的积累才能表现出来,这些单元尽管可能是相互冲突的,但没有一个单元在损毁另一个单元。所以,我们可以说,ET是经历过程的关系,即使是想象中的经历。

14-3　VEL关系

VEL关系既是选言的(disjonctif),同时又是包容的(和AUT相反,后者是选言的,但又是排斥的)。之所以选言,是因为它所联结的单元无法同时体现;之所以包容,是因为它们都属于单一种类,这个种类与它们同时扩展,并且隐约就是服装实际的整个所指:在**一件适于城市或乡村穿的毛衣**中,我们必须在城市和乡村这两种现实之间任选其一,因为我们不可能同时住在两个地方,而毛衣却持久地,或至少是相继地代表着城市和乡村,从而也就是指向唯一的种类,一个同时包括城市和乡村的种类(即使这一种类不是由语言命名的)。当然,这里关系是包容的,并不是由于其术语意义的连贯性,而只是因为它的建立,是在一个单独服饰能指眼皮底下进行的。城市和乡村的关系是一种同义关系,或者进一步说,**从毛衣的视角来看,是一种不偏不倚**。[4]其实,如果两个语义单元不再受制于一个能指而是两个能指,关系就会从包容转向排斥,会从 VEL 转向 AUT(**毛衣或罩衫,取决于是在乡村还是城市里穿**)。这里我们有**两个符号**。VET 的心理功能是什么?正如我们所看到的那样,ET 关系将可能性变为现实,虽然看起来似乎风马牛不相及(**大胆创新和朴实无华**)。这也就是说,它把可能性推向极致,从而转化为真实。有鉴于此,它无疑是一种经历的关系,即使是乌托邦式的经历。VTL 关系则与此相反,它不会实现什么,却经常认可相互矛盾的术语,尽可能地统一它们的特点。它所指称的服装极为一般,并不是为了满足稀少和强调功能,而是为了不断充入几种功能,每一种功能都具有许多可能性。与表示一段时间内服装的 ET 相反,VEL 强调一种持续期,在这段持续期间,到服装经历一定数量的意义,却不会丢失符号的唯一性。因而,我们目睹的是一场严重的逆转:ET 关系指称的服装,其乌托邦倾向甚至到了其所指具备所有现实表象的地步(这的确十分罕见)。的确,流行服装之所以过于理想化,是因为它太注重细节了[5]:梦想着拥有一件毛衣**供秋夜里,在乡下度周末时穿**,以显示你的轻松随意和认真严谨,这很自然,就像凭你实际上的经济实力很难拥有它一样自然。反过来,VEL 表示一件真实的服装,甚至到了其所指只是可能的地步。每一次当杂志使用 VEL 关系时,我们都可以肯定,它在炫示其乌托邦,目标是对准实际读者:一件**适于在海上或高山穿**的服装(VEL),要比一件**为了去海边度周末**的服装(ET)更具可能性。由于不上升到一般概念,以消弭它们之间的差别,就不可能使牛头不对马嘴的功能均等(**城市和乡村、大海和山川**),所以说,VEL 表示世事的某种概念性:同样一件外套,如果不是含蓄地指出夜间外出这个更为抽象的观念,是不能(不加区别地)穿着去剧院,去夜总会。与 ET 关系相反,后者是一种经历过的幻想关系,VEL 是概念上真实的关系。[6]

II. 所指的中性化

14-4　中性化

　　既然所有的语义单元都可以要么由 ET,要么由 VEL 组合起来,而不必考虑某些矛盾上的逻辑一致性(不故弄风情的万种风情),或某些赘述冗余(淡雅和朴素),除非在某个单一能指的认可之下,那么,为所指建立语段表[7],即,为每一个单元统计它所能组合起来的补充单元,这种努力纯粹是白费工夫。显然,原则上,不排除任何组合关系,但是,由于术语的语段发展通常都是置于相关对立之中("周末"/"周"),难免会导致这种相关性消失(**一件服装可整周穿,也可周末穿**)。语义单元在单个能指下的组合与我们就能指所描述的中性化现象是一致的[8],语义单元的分析所寻求的正是要凭借中性化。我们已经看到,AUT 关系(**条纹法兰绒或圆点斜纹布,取决于是早上穿,还是晚上穿**)是相关差异或意指作用关系。在这个表述中,"**早晨**"和"**晚上**"是单个系统中的两个选择术语。为了让这个对立中性化,只须两个术语不再受两个能指(**条纹法兰绒/圆点斜纹布**)支配,而是听命于单一能指即可(例如,**条状法兰绒适于早晨或晚上穿**),换句话说,任何从AUT 到 ET 或到 VEL 的转换,都会形成相关对立的中性化,其术语仿佛固化了一般,可以在作为简单组合的语义单元的所指表述中找到。这里,我们看到,语言学中所谓的中性语境(或优势)正是由服饰能指的唯一性形成的。[9]

14-5　主要语素：函子和函数

其他那些以区别方式产生对立的单元(**下午/早晨、随意/正式**)，在单一能指的优势主导下，有时会任凭中性化将其分解(ET)或均等(VEL)。但是由于相互统一，或者没有显著差别，这些单元难免会产生第二个语义类别，将它们包括在内。有时候，它是一种使用情境，宽泛地足以同时涵盖随意和正式，有时它是一个时间性单元，与下午和早晨共存(比方说，白天)。这个新的类别，或这个辑合的所指，在细节上做适当修改后，就相当于由音系中性化产生的主要音素，或者由服饰中性化所产生的主要衣素[10]，我们称之为**主要语素**(archi-sémantème)。我们将局限于**函数**(fonction)这个术语中，它最能解释中性化的聚合运动，因为一个函数的术语，"领头"的是**函子**(fonctifs)。对于这种函数或函数组合，我们通常都有一个一般性的名称。因此，**早晨和下午**都是**白天**函数的函子，但有时候，函数也得不到语言中任何一个词汇的认可：在法语中没有一个词能够表示**随意和正式**同时存在这个概念。因此，在术语上，这个函数就是不完善的。但这并不妨碍它在服饰符码层面上是完整的，因为，它的有效性不是出自语言，而是来源于能指的唯一性。[11]于是，不管函数命名与否，一个由函数及其函子组成的函数细胞总是能够与中性化表述分开。

$$
\overbrace{(\text{白天})} \qquad\qquad \overbrace{(O)}
$$
$$
(\text{早晨}) \quad (\text{下午}) \qquad (\text{随意}) \quad (\text{正式})
$$

14-6　意义的途径

既然每一个函数都是由其术语或函子的中性化组成的，那么其意义自然也就出于它与新的实际术语对立之中。它也属于系统(即使没有被语言命名)，因为所有的意义都出自对立。要想让**白天**具备服饰涵义，它自己必须是潜在函数的一个简单函子，必须是新的聚合关系的一部分：譬如，是**白**

天/夜晚的一部分。由于每一个函数都可以成为函子[12]，中性化系统就是通过流行所指整体建立起来的。一个系统有点类似于金字塔，其基底是由大量相关对立组成的(**早晨/下午;夏天/冬天/春天/秋天;城市/乡村/山区;随意/正式;大胆创新/朴实无华**[13]，等等)，而在其顶端，我们至今只发现了几个对立(**白天/夜晚、户外/屋内**)。在基底和顶端之间，是逐渐中性化的整个范围，或者可以说，是中介细胞的领域，要么是函子，要么是函数，取决于认可它的是双重能指，还是简单能指。总之，所有从 AUT 到 VEL 或 ET 的转化，都只不过是持续运动中的一段过程，促使流行的语义单元破坏它们在更高的境地里的区别，在不断一般化的意义中失去它特定的意义。当然，在表述层面上，这种运动是逆转自如的，一方面，融入函数中的成对(或成组的)函子不过是已经丧失活力、僵死的对立，只具有一种修辞上的存在，因为它还能通过对偶游戏炫耀一番它的文学意图(**适于城市和乡村的布料**)；另一方面，流行通过复制能指，还能把 VEL 或 ET 恢复为 AUT，能够从白天回到**下午**和**早晨**的对立上去。因此，每个函数都是混做一团的(ET)或无关紧要的(VEL)，都是变动不停、可以回复的，都点缀着见证术语(termes-témoins)。任何同一**系列**的中性化，从特殊的基本对立到将它们全部吸纳的一般函数，都可以称作意义的一般途径。在流行中，中性化的运动非常强烈，所以只有少量罕见的途径，即一些完整的意义，能够保存下来。一般地，这些途径与已知的范畴是一致的：时间性、位置、气候。例如，在时间性中，途径包括像"早晨"、"晚上"、"下午"、"夜晚"之类的中介函子，它们被纳入最终的函数："**任何时候**"。[14] 地点("**不管你去什么地方**")或气候("**全天候裤子**")的情况也与此类似。

14-7　通用服装

我们可以设想当这些不同的途径戛然而止的情形，即，当它们的终极功能进入一个最终互相对立的时候："**任何时候**"/"**不论你去什么地方**"/"**全天候**"/"**多用途**"。然而，即使在金字塔的顶端，函数中性化的可能性也还是有的。我们已经把一个服饰能指给了**白天语义单元**,又把同样的服饰能指给了**年度的语义单元:一件小紧身针织套裙从早到晚,全年都可以穿**。我们仍然可以把一个途径的特殊函子与另一个途径的终极函数结合起来(**方格布,适于周末,适于度假,并且适合全家**),或者与几个途径的终极函数结合起来(**适于各个年龄,适合任何场合,适合所有品味**),更有甚者,杂志甚至可以把这些最终函数也中性化,产生一个完整的途径,来包纳服装所有可能的意义:一件**多用途**的衣服,一件**适合所有场合**的衣服。能指单元(**这件衣服**)指向一个通用的所指:衣服同时意指着**所有事物**。这种最终中性化的确具有双重矛盾。首先是内容的矛盾。流行也会考虑通用服装,这不能不使人诧异,通常这只有在完全丧失继承权的社会里,才会出现。人们因贫困所迫,而只有一件衣服可穿,但在悲惨服装和流行服装之间(这样说只是处于结构的考虑),仍有着根本性的不同。前者只是一个标志,绝对贫困的标志,后者是一个符号,至尊无上地主宰着**所有**用途的符号。对流行来说,将其可能具有的函数整体聚集于一件衣服之中,绝不是为了抹杀差别,而恰恰相反,是为了说明,单件服装奇迹般地适应于其每一个功用,以期用最微弱的意示来指涉它们中的每一个。这里的通用并不是抑制,而是附加一种特殊性。这是一个绝对自由的领地,先于最后中性化的函数仍隐隐约约表现得像一件服装所能扮演的众多[角色]。严格说来,一件多用途外套并不是指在使用上的差别,而是指它们的相等,即不露痕迹地指它们的区别性。由此推演出通用服装的第二个矛盾(这个是形式)。如果意义只有在差异中才是可能的,那么为了意指,通用性就必须与其他一些功能形成对立,即在术语上仿佛是矛盾的。因为通用性吸收了衣服所有可能具备的用途。但实际上,从流行的角度来看,通用性在其他意义中仍保留着一个意义(就像现实中,多用途衣服与其他具有特殊用途的衣服都挂在同一个衣橱里一样)。到达最后对立的极致之后,通用性就与它们融合在一起——它并不主宰它们。它是终极功能的一种,与时间、地点和职业在一起。在形式上,它并没有关闭语义对立的一般系统,它只是完成了它,就像零度完成了两极对立聚合体一样。[15]换句话说,在通用所指的内容和它的形式之间,存在着变形曲解。形式上,通用只是一个函子,基于和主要途径的最后函数同样的原因和同样的界线,超过这一界线,就不再有对立,从而也就不再有意义。意指作用停止了(显然,这就是悲惨服装的情形)——意义的金字塔成了截去顶端的金字塔。[16]

14-8 为什么要中性化?

中性化不断纠缠于所指主体,制造着每一个流行词汇的虚像。没有一个符号是确定无疑与"**早晨**"和"**晚上**"所指对立的,因为它们时而有着不同的能指,时而又只有单一能指。一切仿佛都在表明,流行词汇是伪造的,终究是由单独一系列的同义词组成的(或者,我们可以说,是由一个巨大的隐喻组成的)。但这个词汇系统似乎又是存在的,这就是流行的特征。在每一个表述上,都具有完整意义的表象,法兰绒似乎永远附着于早晨,斜纹布也似乎永远离不开晚上。我们所读到的、收到的显然都是完整的符号,持久和审慎的符号。在其语段上,即其读解层面上,书写流行指向所指井然有序的整体,简单地说,就是指强烈制度化了的世界,如若不是自然化的世界的话。但是,一旦我们试图从语段中推断出所指系统时,这个系统就离我们远去。斜纹布不再意指什么,而开始由法兰绒来意指晚上(**在晚上和早晨穿的法兰绒中**),即用它刚才所指的对立实体来进行表述。从语段到系统,流行所指就像魔术师手中的玩物一般,我们现在必须揭开这个秘密。在所有的意指结构中,系统是符号的有序记忆库,因而意味着某种时态的变动不停:系统是**记忆库**。从语段过渡到系统,就是将实体的碎片重新聚集为永久不变的东西,形成一种持久性。反过来,我们可以说,从系统过渡到语段,就是实现这个记忆。如今,正如我们已经看到的那样,流行所指系统,在中性化的影响下,不断更改其内部结构,成为一个不稳定的系统。从强势的语段转向弱势的系统,流行所失去的正是其符号的记忆。看起来,流行在其表述中,似乎正在形成强烈、清晰、持久的符号,但将它们付诸于变幻莫测的记忆后,很快就忘得一干二净。流行的整个矛盾就在于此:意指作用在一段时间内是强烈的,但在持续期却趋于崩溃。然而,它又并未完全分解:它屈服了。这意味着,流行实际上拥有一个双重所指体制:在语段上各不相同,变化的、特殊的所指,一个充满着时间、地点、场合和特征的丰富世事;在系统层面上的几个零星所指,以强烈的"普遍性"为标志。流行所指的辑合显得就像是一场辩证运动。这场运动使流行得以通过一个简单系统表示(但不是真正去意指)一个丰富的世事。但是首先,如果流行冒着使其词汇体系丧失活力的危险,轻易地认可了其所指的中性化,那也是因为表述的最终意义不是在服饰符码上(即使是在其术语形式上),而是在修辞系统上。现在,即使在 A 组中(我们刚才分析过它的所指),这些组所具有的两个修辞系统中的第一个系统[17]也有其一般所指:即流行。法兰绒是否同等地意指着早晨或晚上,终究并不重要,因为形成的符号为流行提供了其真正的所指。

注释:

[1] 独创单元也能纳入(有着平常单元)组合之中,但它们的独一无二性使我们无法像对待平常单元一样,继续对其分析下去。它们可以被认识,但却无法分类。

[2] 当变化无法在语言上进一步简化时,它就是术语的(**巴黎,夏日**)。当它以文学和隐喻的形式来表现单元时,它就是修辞的(即,带有一定的含蓄意指)。有人或许会说,**春光**比春天更有"**春意**";**码头**是**海洋**的隐喻,一个平常单元通常是以三种气候区的类项引用的:海滩(≡阳光)、码头(≡风)、港口(≡雨)。

[3] 其他的亲近所指:**古典的和易穿的、朝气蓬勃的和活泼雅致的、鲜艳和实用、朝气和娇柔的、简单和实用、随意和轻松、显眼和巴黎式的、柔软的和自由洒脱的。**

[4] 这就是为什么 VEL 通过介词和就能完美地表达一件适于**大海和高山**的毛衣。有关**和/或**,参见雅各布森:《论文集》,第 82 页。

[5] "细节"是想象的基本因素。多少美学理论都是因为过于精确而让人难以置信。

[6] 当然,ET 和 VEL 也可以在同一表述中出现:

\这件毛衣≡周末穿着运动或出席高级的社团活动/

1　　　ET (2VEL　　　　3)

[7] 参见 12 -Ⅱ。

[8] 参见 11 -Ⅲ。

［9］ 有关词汇和词法中性化的范围,参见马丁内提出的质疑(《语言学学会著作集》,Ⅱ)。

［10］ 参见 11-9。

［11］ 术语上不够完善的函数主要涉及性格、心理和审美上的所指,简单地讲,是受对立概念支配的理念法则。

［12］ 语言的某些一般词汇体可以用函子和函数术语来描述:

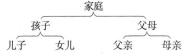

［13］ 显然,所指对立还远远不是完全的二元性。

［14］ ［一件披肩适宜任何时候穿。］

［15］ 我们可以在一个构造规则的对立表中分配主要途径:

1	2	混合的	中性的
在家 工作 城市 运动 白天	外出 假日 自然 古典 年度	多用途的	无计划的一天
等等			

［16］ 这里是几个途径标题,就像时装杂志所表达的一样:**全家**;**整天,甚至晚上**;**城市和大海,高山和乡下**;**任何海滩,只要不是里维埃拉**;**任何年龄**;**雨天或阳光灿烂**,等等。

［17］ 参见 3-7。

三、符号的结构

第十五章　服　饰　符　号

这件著名的小外套看起来就像一件外套。

I. 定　义

15－1　服饰符号的句法特征

符号是能指和所指的组合,这种组合,已成为语言学中的经典,所以应该从它随意武断及其动机上着手,即从其双重基础——社会的和自然本性的两个方面加以审视。但是首先,必须重申,服饰符号的单元(即,服饰符码的符号,摆脱了其修辞机构)是由其意指关系的唯一性,而不是由其能指或所指的唯一性决定的。[1]换句话说,虽然已简化为单元,服饰符号仍可以包括几个能指断片(母体和母体要素的组合)和几个所指断片(语义单元的组合)。因此,我们不必要求能指的某一特定断片一定要与所指的某一特定断片保持一致,我们完全可以假定,在**开领的开襟羊毛衫≡随意**中,正是领子的敞开状态与随意性有某种紧密关系[2],而对象物和支撑物共同分享着意义:造成随意的,不只是"敞开状态"。对母体链来说(**红白格子图案的棉衣**)同样如此。尽管终极母体[3],也就是其变项(这里是格子图案的存在)拥有意义点,但它像吸附性过滤器一样,搜集中介母体的意指力量。至于所指,我们已经说过,它将其单元不是归因于自身,而是归因于能指,归因于它的读解是在谁的控制下进行的。[4]因此,能指和所指之间的关系应该全方位地来加以观察,服饰符号是由要素的句法所形成的完整语段。

15-2 价值的缺乏

符号的句法本质给予流行以一个并不简单的词汇系统,它无法简化为专门术语,以形成能指和所指之间的两边(持久的)对等,两者都是无法简化的。当然,语言不再是一个简单的专业语汇,它的复杂性源于其符号无法简化为能指和所指之间的关系,但或许更为重要的是源于一种"价值"。语言学符号的界定完全超越了它的意指作用,除非我们能够将其跟与之类似的符号进行比较:用索绪尔的例子,就是/**羊肉**/和/**羊**/,两者具有同样的意指,但却不具备同样的价值。[5]现在,流行符号似乎也不受任何"价值"限制,因为如果所指是明确的(世事的),它绝不会允许价值变化等同于把"**羊肉**"与"**羊**"对立起来。流行表述从来都不是从其上下文中产生意义。如果所指是隐含的,那么它就是独一无二的(即流行本身),排除了任何所指聚合关系,除了**流行/过时**以外。"价值"是复杂性的一个因素。流行不具备这一点,但这并不妨碍它成为一个复杂的系统。它的复杂性来源于它的不稳定性。首先,这个系统年年更新,并且只有在短暂的共时性层面上才有效;其次,它的对立受持续中性化一般过程的支配。因此,我们必须探讨的就是这种与不稳定性有关的服饰符号的武断性和动机。

II. 符号的武断性

15-3 流行符号的设立

我们知道,在语言中,能指和所指的同义(相对来说)是无动机的(稍后我们将回到这一点),但它不是武断的。一旦这种同义建立起来(/**猫**/≡"**猫**")。如果想充分利用语言系统,就无法对之视若无睹。正因为如此,我们可以纠正索绪尔的说法,语言学符号不是随意武断的。[6]一般规则极大地限制了系统使用者的权力,他们的自由在于组合,而非创造。在流行体系中则相反,符号是(相对)武断的,每年它都精心修饰,不是靠使用者群体(相当于制造语言的"说者群体"),而是凭借绝对的权威,即**时装集团**,或者,在书写服装中,或许就是杂志的编辑。[7]当然,像所有在所谓大众文化的氛围里生产出来的符号一样,流行时装符号可以说居于独一无二(或寡头)概念和集体意象的结合点上,它既是人们强加的,同时又是人们所要求的。但在结构上,流行符号居然也是武断的,它既不是逐渐演变的结构(在流行中,找不到承担责任的"世代"),也非集体意识的产物。它的产生是突然的,并不超越其每年规定的整体范围(**今年,印花布衣服赢得了大赛**)。暴露出流行符号武断随意的恰恰是它不受时间限制这一事实。流行时装不是逐步演化的,它是变化的。它的词汇每年都是新的,就像语言的词汇表一样。虽然总是保持着同样的系统,但会定期地突然改变其用词的"潮流"。此外,语言系统认可的规则也不尽相同。脱离语言系统就意味着可能失去交流的能力,它很容易受内在因素实际使用的限制,而侵犯流行(目前)的法定地位。但严格说来,脱离语言系统并不会失去交流的权力,因为**不时髦**也是系统的一部分,它只是会导致道德上的羞辱感。我们可以说,语言符号的习惯制度是一种契约行为(在社会整体和历史的层面),而流行符号的习惯制度是一种专制行为。语言中存在着**错误**(erreurs),流行中存在的是**缺陷**(fautes, faults)。更何况,正是为了与它的武断随意相称,流行才发展起来完整的规则和事实修辞。[8]这样做尤为紧迫必要,因为武断随意性是无以制擎的,必须加以理性化、自然化。

Ⅲ. 符号的动机

15-4 动机

当符号的能指和所指处于一种自然或理性的关系之中时,也就是说,当把它们结合在一起的"契约"(索绪尔语)不再是必要的时候,符号就是有动机的。动机最普遍的源泉是类比。类比有许多层次,从事物所指的隐喻复制(在某些表意符号中),到某些信号的抽象图解表述(例如,在高速公路符码中),从纯粹而简单的拟声词[9]到部分(相对)类比,即,在语言中根据同一模式建立一系列语词(**夏天——夏日时光;春天——春光**,等)。但我们知道,本质上,语言学符号是无动机的。在所指的"猫"和能指的/猫/之间没有类比关系。在所有的意指系统中,动机都是一个值得观察的重要现象,这首先是因为,一个系统的完美,或者至少是它的成熟,在很大程度上要依赖其符号的动机缺乏,像具有数字功能的系统(即非类比的)似乎就更具效率。其次是因为,在动机系统中,能指和所指的类比似乎是从自然中去发现系统,并把它从纯粹是人类创造的责任范围内解脱出来,动机显然就是一个"具体化"的因素。它形成一种理念规则上的托词。因此,符号的动机每次都必须在其范围内更换:一方面,产生符号的不是动机,而是其理性的、相异的本性。但另一方面,动机导向意义体系的伦理道德,因为它构成了形式和本质两者的抽象系统的分节点。在流行时装中,当我们分析到修辞层面时,当有必要对系统的一般经济学进行讨论时[10],这个问题所涉及的利害关系就出现了。符号的动机问题仍停留在服饰符码领域,根据所指是世事的(A组),还是属于流行的(B组),以不同的方式呈现出来。

15-5 A组的情况

当所指是世事的时候(**印花布衣服赢得了大赛;饰品使其春意盎然;真丝适宜夏天穿**,等),我们可以在动机关系中区分出三种符号模式。第一种模式,符号以功能的形式,显然是有动机的。**在适合走路的理想鞋子**中,鞋子的样式或质料,和走路的实际要求,在功能上是一致的。严格来讲,这里的动机不是类比的,而是功能的。服装的符号性并不完全接受它的功能起源,功能建立起符号,符号传递的又是这种起源的证据。把这个论点稍微推进一步,我们就可以说,符号的动机性越强,其功能的表现就越强,而关系的符号特性就越弱。有人或许会说,动机显然只是一个**解意指作用**

(désignification)的一个因素。经由其有动机的符号，流行闯入功能性的实际世界，这个世界与真实服装的世事几乎没有什么区别。[11]第二种模式，符号的动机要松散得多。如果杂志称**这件皮大衣很适合于你在火车月台上等火车时穿**，我们当然可以在保护性材料(皮毛)和暴露在风中的开放空间(火车站月台)这两者的一致中追寻到一种功能的轨迹。但这里，符号只是在一个极为普遍一般的层面上是有**动机**的，用非常模糊的术语来讲，就是寒冷的地方需要有温暖的衣服，超越这一层面，就不再有动机。火车站不会要求皮毛去做什么(更不用说花呢)，皮毛也不会要求火车站什么(更不用说大街)。一切似乎都在表明，每个表述中都存在着某个核心物质(或者是服装的温暖，或者是世界的寒冷)，仿佛动机的建立是从一个核心到另一个核心，而不必考虑每个表述涉及的单元细节。最后第三种模式，符号初一看好像一点**动机**都没有。当一件**百褶裙**置于与成熟妇女年龄同义的关系之中时(**一件适于成熟女性穿着的百褶裙**)，或者当一件**低胸船领**自然地或者从逻辑上被安排于**瑞昂莱潘**(Juan-les-Pins)**的茶舞会**上时，它似乎是没有什么动机的。在这里，能指和所指的会聚看起来绝对是毫无必要的。然后，如果我们贴近一点观察，我们仍然可以看出，在第三种模式中，能指领域和所指领域之间存在某种实质性的、但分散的对应关系。像表示外形特征的**平滑和弯曲**，就是经由对立悖逆来强调年轻，褶裥可以看作是为成熟而"预备"的。至于**低胸船领**，对立下的船形(只是在**茶舞会**上)。在这两个例子中，我们看到，最终的动机依然存在，但要比在**火车站上的毛皮**显得更加分散，并且首先，是以不同的文化命名形式建立起来的。在这里作为其基础的既不是物质上的类比，也不是功能上的一致，而是有赖于文明的使用。无疑这是相对的，但在任何情况下，都要比体现它们的流行更为广泛，更加持久(比如，就像"随意性"和节日欢庆之间的亲近关系一样)。在这里作为意指关系基础的正是这种流行的**超越**，尽管它可能是历史性的。由此，我们可以看出，我们刚才所讨论的三种符号形式，实际上与动机的程度并不一致。流行符号，(在 A 组中)总是有动机的，但其动机有两个特殊的特征。它是朦胧的、分散的，通常只涉及两个组合单元（能指和所指）的物质"核心"，其二，它不是类比的，而不过是简单的"亲近"而已。这就意味着，意指作用关系的动机要么是一种实用功能，要么是一种美学或文化模式的模仿。

15-6　所指服装：游戏、效果

说到这里，我们必须对动机的一个特例加以研究：即当所指就是服装本身时。在**一件茄克充当大衣**中，能指**茄克**指向一个样式上的原型，即大衣，从而也就是作为所指的一般功能。的确，这个所指是服饰，并且严格地说，已不再是世事的。这并不是说，它是质料对象物，而是说，它是参照物的一个简单意象。这里仍保留了和 A 组（那些有着世事所指的）连贯性。因为在这种情况下，大衣不过是某种文化观念，脱胎于世事的样式原型。因而，存在着一种完整的意指关系：茄克—对象物意指大衣—观念。既然是一个模仿另一个，那么显然，在能指—茄克和所指—大衣之间就存在着一种基本的类比关系。类比通常包含着时间流逝的轨迹。实际的服装可以意指一件过时的衣服，这就是启示（évocation）（**这件大衣使人想起披肩和长袍**），或者又是衣件扮演起它自身起源的角色，即予其以符号（当然，不必完全符合它）。在**一件马海毛毯裁成的大衣，**或**一件由彩格披巾制成的裙子**，流苏还留在上面呢，大衣和裙子是当作马海毛毯和彩格布的能指。彩格布和马海毛毯不只是被使用，它们还是所指，也就是说，呈现出来的与其说是它们的概念，倒不如说是它们的实体。彩格披巾不是经由它的保暖功能，而是经由它的特性，很有可能就是经由外在质料的特征：流苏，表现出来的。[12]这些能指—所指的类比本质有一种心理涵义，如果我们考虑到这些表述的修辞所指，这些涵义就会显露出来。这个所指就是**游戏**（jeu）的理念。[13]经由衣服的游戏，服装代替了人，它展现的丰富个性足以使它经常更换角色。[14]我们可以更换衣服来变换其精神。在服装分为能指和所指的双重性中（类比），实际上既是考虑到意指系统，又要顾及摆脱它的趋势，因为这里的符号深深地浸淫着行动（生产制造）的梦想，仿佛它所赖以存在的动机基础既是类比的，又是偶然的，仿佛当能指仅仅是在表现所指时，所指即在产生着能指。这清楚地说明了**效果**的模糊概念。效果既是一种随意偶然，又是一个符号学的术语。在**双排纽扣使大衣起皱**中，纽扣的效果是起皱。但也在意指着起皱。这些纽扣所联系的是凸痕的理念，不管现实情况如何。[15]但当这些表述走向极端，超越了系统，超越了意指作用所能意示的极限时，其戏谑的本质就毕露无遗了。在**这件著名的小外套看起来真像一件外套**（或者甚至说，**一件非常外套的外套**），意指作用陷入了其自身的矛盾之中，它成了自省式的：能指指称自己。

15－7 B组情况

上述观点适用于A组（有着明确世事所指）。在B组中，符号显然是没有动机的，因为没有服装可以通过类比或亲近来予以迎合的流行实体。[16]在所有的可能性中，流行中的确存在着一种趋势，要迫使所有的符号体系（除非它完全不是人造的）加入某种（相对）动机，或者至少是将"动机"插入语义契约中（语言就是一例），仿佛一个"完善"的体系就是最初的无动机和派生的动机之间的紧张状态（或者是平衡状态）的结果。一年的基本款式[17]并不是无中生**随意**颁布的，它的符号绝无任何动机。但大多数时装表述只是以"变化"的样式来发展一年一度的回应符号，这些变化显然又与启示它们的主题有着动机关系（例如，口袋的形式和基本"线条"有密切关系）。这种次级动机产生于缺乏最初的动机，仍保持完全的内在性，它在"世事"中无立锥之地，这就是为什么我们可以说，在B组中，流行符号至少也是和语言符号一样，是无动机的。当我们着手对所谓时装一般系统的道德伦理进行分析时，A符号（有动机）和B符号（无动机）的这种区别就是关键之所在了。[18]

注释:

[1] 参见 4-V。

[2] 双重共变从样式上证明了这一点:**开领或闭领的长袖羊毛开衫≡随意或正式。**

[3] \棉衣有着红色(格子图案)和白色格子图案/
　　　　\VS O/　\VS　　　O/　　　\VS　　　O/
　　　　　　　　　\S1O　　　　V　　S2/
　　　　O V　　　　　　　　S

[4] 参见 13-3。

[5] 见于索绪尔:《语言学教程》,第 154 页,对开本,以及戈德尔:《来源》,第 69、90、230 页,对开本。

[6] 参见本维尼斯特(E. Benveniste):《语言学符号的本质》(Nature du signe linguistique),载于《语言学学报》,1939 年第 1 期,第 23—29 页。

[7] 以流行的符号来校正其基本主题的发展。

[8] 参见第十九章。

[9] 然而,可见于马丁内对声喻法的动机所作的限定。《语音学变化的协调》(*Économie des changements phonétiques*),伯尔尼,A. 弗兰克出版社,1955 年,第 157 页。

[10] 参见第二十章。

[11] 我们仍然必须指出,那些表面上看来仿佛绝对是功能上的,即自然本质上的东西,有时不过是文化上的。有多少其他社会的服装,其"自然本性"是我们所无法理解的。要是有一种普遍性的功能法则,恐怕只剩下一种服装式样了(参见基内尔:《服装、时尚和人》)。

[12] 必须这样分析:
　　　　\裙子·流苏飘饰≡彩格布/
　　　　　OS1 S2　V　Sd

[13] 在以下几种修辞能指中,所指游戏很明显:**通过摆弄披巾和腰带而摆弄罩衫;一件裙子耍耍小聪明,**等。

[14] 参见 18-9 戏谑主题特别是杰纳斯式的戏谑(Janus,罗马神话中的天门神,头部前后各有一张面孔,故也称两面神,司守护门户和万物的始末——译注)。在背后,一件**紧身衣配以低垂的后腰带,前面,胸部宽松对襟,**诸如此类的衣服。

[15] \一件大衣配以双排纽≡皱痕/
　　　　O　　VS　Sd

[16] 流行符号是一种"同义反复",因为流行不过是**流行**的服装而已。

[17] 参见 12-10。

[18] 参见第 20 章。

第二层次　修辞系统

第十六章　修辞系统的分析

　　她喜欢学习和惊喜聚会,喜欢巴斯卡、莫扎特和酷爵士乐。她穿平底鞋,搜集小围巾,羡慕她大哥的普通毛衣和那些宽大蓬松、婆娑作响的背心。

I. 修辞系统的分析要点

16‑1　分析切点

　　经由修辞系统,我们碰到了含蓄意指的一般层次。我们看到,这个系统在整体上覆盖了服饰符码[1],因为它使意指表述变成了新所指的简单能指。但由于这个表述,至少在具有明确所指的 A 组中,是由一个能指(服装)、一个所指("世事")和一个符号(两者的结合)组成的,因而在这里,修辞系统与服饰符码的每一个要素有了一种自发的关系,而不再是与其总体单独产生关系(就像语言中的情形一样)。我们或许可以说,在修辞系统中,存在三个小型的修辞系统,这是依其对象的不同而划分出来的。服饰能指的修辞,我们称之为"服装诗学"(poétique du vêtement)(第十七章);世事所指的修辞,它是流行给予"世事"的表象(第十八章);以及服饰符号的修辞,我们称之为流行的"理性"(raison)(第十九章)。然而,这三种小型修辞系统具有同一类型的能指和同一类型的所指,我们把前者称为**服饰写作**,把后者称为**流行理念**。我们很快将在本章中就此二者进行分析,在此之前,我们先来看服饰符码的三个要素[2]:

服饰符码	修辞系统	
Sr:服装	Sr	Sd
	"服装诗学"	
Sd:"世事"	"流行的世事"	
服饰符号	"流行的理性"	
	服饰写作	流行理念

16‐2　一个例子

在开始不同的分析之前,我们必须对流行体系"进入"的切点提供一个例证,以下面这个表述为例:**她喜欢学习和惊喜聚会,喜欢巴斯卡、莫扎特和酷爵士乐。她穿平底鞋,搜集小围巾,羡慕她大哥的普通毛衣和那些宽大蓬松、婆娑作响的背心**。这是一个意指作用话语[3],首先是在服饰符码层面上,它包括一个能指的表述,即服装(**平跟;小围巾;她大哥的普通毛衣;宽大蓬松、婆娑作响的背心**)。这个能指包含一定数量措辞上的标记(**小、大哥的、婆娑作响的**),作为一个潜在所指,一种理念的修辞能指,或者我们可以说,作为一种"神话"规则,从整体上看,这是时装杂志产生的它自身以及衣服的视像,甚至超越了它的服饰意义。其次,这个例子包括一个世事所指的表述(**她喜欢学习和惊喜聚会,喜欢巴斯卡、莫扎特和酷爵士乐**)。因为在这里,它是明确的,所指表述也包括它自身的修辞所指(不同单元的快速更迭交替,明显无任何规则),以及一个修辞所指,即流行杂志表现自身的视像,以及试图呈示出妇女穿着衣服的心理类型。最后,在第三位置上的,表述整体(或意指作用表述)具有一定的形式(使用现在时态,动词的并列结构:**喜欢、穿着、搜集、羡慕**),作为最后的完整所指的修辞能指,名义上是杂志完全以推论方式表现自身,表现服装和世事之间的同义,即流行。以上是流行的三种修辞对象,但在具体讨论它们之前,我们必须先谈谈修辞系统的能指和所指的一般研究方法。[4]

II. 修辞能指:服饰写作

16-3 走向写作的文体学

修辞能指——不管它考虑的是能指、所指,还是服饰符号——显然是从语言学分析中产生的。然而,我们在这里所进行的分析必须一方面揭示含蓄意指现象的存在,另一方面,把写作与风格区别开来。因为如果我们把**风格**这个术语限定在完全个别的言语上(譬如,一个作家的言语),把**写作**这个术语限定于集体的但非国民的言语上(例如,由编辑组成的集体的言语),像我们在其他地方试图采取的那样[5],那么显然,流行表述不是从一种文体,而完全是从一种写作中产生的。在描述一件衣服及其使用上,编辑在其言语中不注入任何有关他自己、有关他深层心理的东西,他只是迎合一定的传统和老一套的口味(可以说是一种**社会气质**)。更重要的是,以此,我们很快认识了一本时装杂志。再进一步,我们会看到,服饰描述的修辞所指组成的集体视像会对社会模式,而不是对个人主题产生影响。再说,由于它完全纳入简单的写作之中,流行表述无法从文学中产生,然而可能是"表达得极为优美的":它可以伪装成文学(抄袭它的语气),但由于文学正是它所意指的,它无法达到文学的境界。为了解释修辞能指,我们所需要的,打个比方说,就是一种写作的文体学,这种文体不是矫饰的那一种。我们只是在流行的一般系统中标出其位置,并且在过渡中,标识出修辞**语气**的最普通的特征。

16-4 服饰写作的主要特征

我们将区分由具体的词语单元形成的**分节特征**(traits segmentaux)以及与几个单元同时并存,甚至与整体性的表述并存的**超音段特征**(traits suprasegmentaux)。在第一组中,我们必须很枯燥地列出所有的比喻(**饰件**

跳起白色芭蕾），并且以更为一般的方式，列出所有语词"价值"中派生出来的特征。一个很好的例子就是**小**这个单词。正如我们已经看到的（以后我们将进一步讨论），尽管**小**有其直接意指涵义，它仍属于术语层（尺寸变项），但就其不同价值来说，它也属于修辞层面。于是，它采取了更分散的意义，由经济的（**不贵**）、美学上的（**简单**）和爱心的（**某人所喜欢的**）细微差别组成。就拿**婆娑作响**这个词来说（借用以上分析的例子），在其直接意指意义（**模拟叶子或布料沙沙作响的声音**）之外，它也带着女性性感的色情原型。而**大哥**这个词，其指示意义只是**男性**（一个平常的语义单元），有着家庭成员所特有的以及青少年的语言。在更广泛的意义上，充实这些分节含蓄意指的基本特征是所谓**形容词性**（adjectif）实体（一个比语法上的形容词更为宽泛的概念）。对于超音段特征，我们在这里必须在初级层面上（因为它们仍涉及那些与声音联系起来，却是具体的单元），列出时装杂志所惯用的所有韵律游戏：**写在书本上，穿在沙滩旁；六套服装不穿白不穿，穿了也白穿；你的脸——亲切，高洁，和谐**。然后是某些接近于对句或谚语表达的习惯用语（**小发带使它看起来像手工制品**）。最后是并列结构的所有表达方式。例如，快速无序地连续使用动词（**她喜欢……她羡慕……她穿**）及语义单元，在这里是独创性的语义单元（**巴斯卡、莫扎特、酷爵士乐**），作为品味多样、个性丰富的符号。当超越这些严格的文体化现象，而成为世事所指的问题时，简单的选择就足以建立一个含蓄意指的能指：**傍晚时分，在乡下，秋日的周末，长时间的散步**（这个表述仅仅由平常单元组成），这句话就是在通过简单情境的并列（术语层），指向一个特定的"心境"，指向一个复杂的社会和情感世界（修辞层）。这种组合现象本身就是修辞能指的一种主要形式，由于流行表述所涉及的单元是从一个符码产生的，所以，它尤为活跃。这个符码很理想化地被置于语言之外（现实中并非如此），从而也就增加了最简明言语的含蓄意指力量。由于它们的超音段特征，所有这些要素在修辞系统中扮演的角色，就像是语调在语言中扮演的角色一样。更何况，语调也是含蓄意指的一个十足的能指。[6]因为我们讨论的是能指（虽然是一个修辞上的能指），服饰写作的特征应该分为对立组或聚合关系组。对分节特征来说，这易如反掌，但对超音段特征来讲，就困难了（像在其他地方对语言音调来说，也一样）。我们必须等待结构文体学的进一步发展。

Ⅲ. 修辞所指：流行的理念

16‑5　隐含的和潜在的

在修辞层面上，一般所指是与服饰写作一致的。这种一般所指就是流行理念。修辞所指受分析的特定情境制约，现在我们就要对这种情境进行研究。这些情境是以修辞所指的独创特征为基础的，这个所指既不明确，也不隐含，它是潜在的。明确所指的一个例子就是 A 组中的服饰符码：它作为一个所指，通过一个质料对象物：语词（**周末、鸡尾酒会、晚上**）体现出来。隐含所指是语言：在这个系统中，正如我们曾经说过的，能指和所指是以同构标记的[7]，不可能让所指脱离其能指而客观化（除非借助于一个定义的元语言）。但同时，孤立一个能指会立即对其所指产生影响。因而，隐含所指既是具体的，同时又是看不见的（像所指一样），但都是相当清楚的（因为其能指的不连贯性）。为了释义一个单词，除了语言之外，也就是除了作为一种功能的系统之外，我们无须其他任何知识。在隐含所指中，意指关系可能是必要的和充分的。语音形式/**冬天**/必须具有某种涵义，并且这种涵义还要足以穷尽**冬天**这个单词的意指功能。关系的“闭合”特征[8]源自语言系统的本质，这个系统的质料是直接意指的。与隐含所指形成鲜明对比的是，**潜在**所指（对所有的修辞所指来说都存在这种情况）有独创性，来源于它在整个系统中所处的位置：居于含蓄意指过程的终点，它分享着其构成上的两重性。含蓄意指一般是把意义伪装成“自然”的外表，它从来不在一个缺乏意指作用的系统类项下暴露自己。因而，从现象学上讲，它并不要求公然使用阅读的操作手段。消耗一个含蓄意指系统（在本例中,就是流行的修辞系统)并不是消耗符号,而只是在消耗原因、目的、意象。由此,含蓄意指的所指在字面上是**隐匿的**(不再是隐含的),要想揭示它——即,最终是为了重建它——也不再可能像语言系统中的"说者群体"(mass parlante)那样[9],依赖于系统使用者群体共享的直接证据。可以说,含蓄意指的符号已毫无必要,因为,如果阅读时没有注意到它,整个表述单凭其直接意指仍是有效的。而且,它也不够充分,因为在能指(我们已经看到过它的扩展性,以及超音段特征)和分散的完整所指之间没有充分的调整余地。这个所指的知识含量是不平等的(取决于其消费者是如何教化的),它倾向于精神领域,其中的理念、意象和价值似乎都在一种飘忽不定的语言氛围里悬疑,因为它没有把自己看作是一个意指系统。当杂志同时提到**大哥的毛衣**(不是男人的毛衣),或者提到喜欢**惊喜聚会和巴斯卡、莫扎特和酷爵士乐**的少女时,无论是第一个表述中多少有点孩子气的"家庭观",还是第二个表述中的折中主义都是所指,其地位是不确定的,因为它们在一个地方被看作是一个简单性质的简单表达,而在另一个地方则被看作是一种远距离的批评方式,以窥出征象背后的符号。我们可以假设,对读解服装的妇女来说,不存在对意指作用的认识,但她从表述中收到的信息是充分结构化的,足以使她跟着改变(例如,重新肯定和确认家庭观的愉悦气氛,或者有权喜欢深奥难懂的式样,和她有着微妙的关系)。有了修辞或潜在的所指,我们一步步接近含蓄意指作用的基本矛盾:可以说,它是一个**收到**后却不做**读解**的意指作用。[10]

16-6　修辞所指的"星云状态"

在考察这种矛盾对分析过程的影响之前,我们必须指出修辞所指的另一个独特特征。以下面的表述为例:**不故弄风情的万种风情**。它的修辞能指是一种矛盾关系,它结合了两个对立物,因而,这种能指表明了这样一种观点,即书写流行所关注的世事忽视了对立物,而我们可能会面对两个独特对立的特征。我们并不需要在两者之间进行抉择,换句话说,这里的所指是由世事的视野所构成的。这种视野既是混合的，又是愉悦的。现在，这种修辞所指对大量表述来说都是一样的（**质朴粗犷、淡雅而富有想象力，随意严谨,巴斯卡和酷爵士乐,**等）。因此,对众多的能指来说,只有几个修辞所指,就是在这几个为数不多的所指中,每一个都是一个最小的理念,从某种意义上讲,是在潜移默化地渗进更大的理念中去（心情愉悦和混合必然指涉本质、快乐、罪恶等普遍性的观念）。可以说,只有一种修辞所指,它是由一组未有定义的概念形成的。我们可以将之比作一个庞大的星云,有着朦胧的连接关系和外形轮廓。这种"星云状态"不是系统的缺乏:修辞所指是混乱的,因为它过分依赖于控制信息的个人状况（就像我们在讨论习得的公路符码时已经指出的那样[11]）,依赖于他们的知识、他们的感觉、他们的道德、他们的意识,以及他们所处文化的历史状况。因此,修辞所指的这种混沌一片实则打开了世事的一隅,通过其最后的所指,流行到达了其系统的极限:这就是系统触及整个世事的系统逐渐七零八落。我们悟到,进入修辞面以后,以这种形式展开分析就会趋于放弃形式的精确,变成理念性的。我们认识到赋予其上的界限,这种赋予是同时经由它被言说的历史世界,以及言说它的世事的存在而进行的。经由一种双重相反运动,分析家必须避开使用者,以使他们的态度客观化,并且还要不能把这段距离当作一种实证真理的表现,而是一种特定的、相对的历史情境。同时,为了理解以不同方式使用的术语,分析者必须既是客观的,又是身历其境的。

16-7 "证实"修辞所指的困难

这里的客观性是指把修辞定义为可能的,而非一定的。我们无法直接借助于其使用者群体来"证明"修辞所指,因为这个群体并不在**读解**含蓄意指信息,而是在**接收**信息。对这种所指,没有"证据",只有"可能性"。然而,这种可能性可以置于双重控制之下。首先是外在控制。流行话语的阅读(以其修辞形式)可以通过让阅读它的妇女接受非直接采访而加以证实(这恐怕是最好的手段,因为最终仍是一个重建理念整体的问题);其次,是内部控制,或更确切地说,是内含于其对象物的。这里聚集的修辞所指联合起来形成了世事的普通视像,即一种由杂志及其读者构成的人类社会的视界。一方面,流行的世事必须完全被所有的修辞所指浸染,而另一方面,在这一整体中,所有的所指必须在功能上联结在一起。换句话说,如果修辞所指在其单一的形式上,只是一种**结构**,这种结构就必须是连贯统一的。[12]修辞所指的内部可能性是与其连贯性成比例的。面对实际证明或现实实验的要求,简单的连贯性作为一种"证据"恐怕有点不尽如人意。但我们可以逐渐倾向于把它当作一种法则来加以认识,这种法则,即使不是科学的,至少也是启发性的。一部分现代批评理论的目的就在于通过主题取径(这种方法与内在分析有关),重建创造性的大千世界。在语言学中,证明其实存的是系统的连贯性(而不是其"使用"),无须承认我们低估了马克思主义和精神分析学在现代社会的历史生活中的实际重要性,他们的"成果"清单远不能穷尽他们那些著名的理论。这些理论把它们"可能性"的关键部分归之于它们系统的连贯性。现代认识论中,在证明上似乎总有一种"移位"。当我们从决定论的问题上转移到意义的问题上时,或以另一种方式对待它们,当社会科学研究的现实部分因社会本身而转移到语言时,这种"移位"就是在所难免的了。这就是为什么动机、符号或传播的社会学都要求与符号学分析进行合作(除非通过人类言语,否则是无法达到目标的)。再者说,作为语言,社会学最终仍无法摆脱这种分析,从而不可避免地会产生一种符号学家定的符号学。因此,分析家认可了修辞所指以后,他的任务也就即将终结。但这种终点也正是他进入历史世界之时,在这个世界中,占据的客观位置。[13]

注释:

[1] 参见第三章。

[2] 因为服饰写作以及流行理念已经穷尽了这种分析,我们不再对修辞符号(能指和所指的统一)分别进行研究。

[3] 如果以少女同时穿着所有这些服饰特征来理解,就是有一种意指作用表述。意指作用的针对对象物是隐含的,它是外套,最终变项是组合变项,由简单的逗号表示:

$$\underline{\text{\平跟鞋,小披巾,普通毛衣,宽大背心/}}$$
$$\backslash \text{V \quad SO} / \backslash \text{V SO} / \backslash \text{V \quad SO} / \backslash \text{V SO} /$$
$$\backslash \quad \text{S1} \quad \text{V} \quad \text{S2} \quad \text{V} \quad \text{S3} \quad \text{V} \quad \text{S4} \quad /$$
$$\text{O}$$

但也可以理解为,这些特征的任何一个都足以决定所指。因而,有多少基本母体,就有多少意指作用。更何况,这种隐含性对修辞分析毫无影响。

[4] 显然,我们必须区别**修辞能指和能指的修辞**。因为在第二种情况下,我们研究的是服饰符码的能指,这同样也适用于**所指和符号**。

[5] 《零度写作》(*Le degré, zéro de l'écriture*, Seuil, 1953)

[6] 就动物发出的口头信息来说,理解的是含蓄意指(愤怒的口气、善意的口气),而不是直接意指(单词的字面涵义)。

[7] 参见 13 - 1。

[8] 这是一个建立语言学符号所需的最小结构部件的问题,因为我们只注意意指作用,没有将"价值"考虑在内,然而在语言系统,它是最基本的。

[9] 不言而喻,即使在语言中,含蓄意指也是隐含性的一个因素,(至少可以说),它把沟通复杂化了。

[10] 社会心理学似乎已经知道了潜在信息的存在。**表现型**(phénotypes)(或外显行为)和**基因型**(génotypes)(或潜在的、假想的、推断行为)之间的区别就证明这一点。这个理论是库姆斯(C. Coombs)建立的,经施特策尔进一步发展[《社会学方法论的最新发展》(Les progrès méthodologiques récents en socioiogie),载于《社会学第四届世界大会会报》第 2 期,伦敦,A. I. A. 第 267 页]。

[11] 参见 3 - 3。

[12] 显然,内部连贯性与我们对整个社会的认识不应该是矛盾的。

[13] 参见 20 - 13。

第十七章　能指的修辞:服装诗学

时髦靴,这是最时髦的短靴!

I. 诗　　学

17-1　物和言

　　一件衣服的描述(即,服饰符码的能指)即是修辞含蓄意指之所在。这种修辞的特殊性来源于被描述物体的物质属性,也就是衣服。或许可以说,它是由物质和语言结合在一起决定的。这种情形我们赋之以一个术语:**诗学**(poétique)。当然,语言可以在不具任何"诗意"的情况下作用于事物之上,至少对直接意指表述来说,确实是这样:一台机器可以经由其组件及其功能的简单术语,从技术上加以描述。只要描述始终是功能性的,直接意指就是纯粹的,它产生于对实际使用的观点(组装机器,或使用机器)。但是,如果技术描述只是自我假扮成某一类型的符号性复制品(譬如,在模仿诗文或小说中),那么,机器就有了含蓄意指,有了最初的"诗学"。实际上,或许直接意指的真正标准是语言的过渡性,含蓄意指的标志是语言的非过渡性(或伪过渡性,或者又是其反身性)。一旦我们从实际功能转向展示,甚至当这种展示伪装在功能的表象之下时,就会存在诗学的变化。总之,每一个非过渡性(非生产型)描述都具有某种诗学的可能性,即使这一诗学依据审美价值来说并不完整。因为,在描述一个物体对象时,如果我们不是为了组建或使用它,我们总是倾向于把其物质属性与第二意义联系起来,通过我们赋予的显著特点被意指。每一个非过渡性描述都表示一种虚。那么,时装杂志描述出来的虚象,其本质是什么呢?

17‑2   罕见和贫乏的修辞

我们可以期望衣服创建一个极具诗意的预定目标,首先是因为它以各种各样的方式调动起事物的性质:实体、形式、颜色、触感、运动、硬度、亮度。其次,是因为它触及身体并且同时充当其替代品及伪装面具,它肯定是一个极为重要的投资对象。文学中经常出现的服饰描述及其特性证明了这种"诗学"倾向。现在,如果我们看着杂志给予衣服的表述,我们立刻会注意到,流行并不遵循着要赋予其对象以诗学的计划。它没有为实体的精神分析提供任何原始资料。这里的含蓄意指并不是指一种想象力的操练。首先,在许多实例中,第一系统的能指(即服装),其表现不具任何修辞。服装是根据一个纯粹而简单的专业语汇加以描述的,它被剥去了所有的含蓄意指,而完全沦为直接意指层面,即术语符码。于是,所有的描述术语都产生于我们先前建立的属项和类项的清单。在一个像**毛衣和风帽,适于度假村穿的衣服**这样的表述中,服装被简化为两个类项的肯定。[1]这些不完善的例子证明了一个很有意思的矛盾。流行在服装层面上是最不具文学性的,就仿佛面对它自身的存在现实,而趋于客观,同时又保留着对世事的,即对于**别处**的服装,所具有的丰富内涵。这里包含着对流行系统直接意指范围的第一个暗示:流行倾向于直接去指称服装,因为不管这是多么地不切实际,它也不会放弃某种**行动**的计划,即其语言要有某种过渡性(它必须诱导它的读者去穿这件衣服)。其次,即使有服装的修辞,这种修辞也总是贫乏的。必须认识到,组成服装修辞能指的任何隐喻和措辞,都不是以事物的发散本性为参照,而是参照由从世俗化的文学传统中借用过来的刻板模式,或者借用韵律游戏(**裙装柔软、梦幻**),或者借用淡而无味的比拟(**一条腰带如线般细长**)。总之,这是一种平庸的修辞,即一种缺乏信息度的修辞。我们可以说,每一次当流行试图去含蓄意指一件服装,在"诗学"隐喻(源自事物的"创造性")和刻板模式隐喻(源自自发的文学反应)之间,它总选择后者。暖意是多么富有诗意的含蓄意指,而流行却宁愿去模仿栗子小贩的叫卖声（**时髦靴！这是最时髦的短靴！**）来达到含蓄意指。这里我们假设没有什么比冬天的"诗意"更为平庸的了。

17-3　直接意指和含蓄意指：混合术语

服装描述不断地受到直接意指的压力，造成了修辞系统在能指上的稀少和贫乏。每当流行建立起来，压力便随之而来，从某种意义上讲，这种建立是在术语层面和修辞层面之间，仿佛它对两者无法抉择，仿佛它总带着一丝悔意，带着一种术语的诱惑在不断深入修辞标写。现在，这些例子已司空见惯。这两个系统在两点上是重合的。一是在某些变项上，一是在所谓的混合形容词的术语层面上。[2] 一路上，我们已经看到，某些类项，尽管属于直接意指系统，或者至少在第一符码清单中进行分类的（鉴于它们都与服饰意义的变化有关），它仍有一定的修辞价值。例如，**标记**或**管理**的存在实际上就是基于纯粹的术语表达，也就是说，很难将它们准确地"翻译"成真实（不再是书写）衣服。它们的文字本性使这些类项天生就具有修辞倾向，甚至无须使其脱离直接意指平面，因为它们拥有术语服饰符码的所指。对混合形容词来说，它们都是在语言系统内部同时拥有物质和非物质价值的形容词，像**小**、**亮**、**简单**、**严谨**、**婆娑**等。它们因其物质价值而属于术语层，因其非物质价值而属于修辞层。在**小**中（我们在其他地方已经对之进行过分析[3]），可以轻而易举地分解两个系统，因为单词的指涉价值直接从属于服饰符码的聚合关系中（大小变项）产生。但像**漂亮**、**好**（**一件很好的旅行茄克**）、**严谨**之类的形容词，只是大致上属于直接意指层。**漂亮**属于**小**的范围，**好**属于**厚**的范围，**严谨**属于**平整**的范围（没有装饰）。

17-4　能指所指

直接意指的压力也会作用于系统的另一点上。某些术语可以同时被看作是所指或能指。在**一件男式毛衣**中，**男式**是一个所指，因为毛衣标记着真实的男性（社会或世事领域内的）；它又是一个能指，因为这个术语的使用决定了服装简单纯粹的状态。在这里,我们再度碰到了我们曾经多次注意到的历时现象。某些服装类项作为旧的所指"固化"于能指之中(**运动衫、黎塞留式鞋**)。混合形容词通常表现了这一进程的初始阶段,代表着当所指准备"采取行动",准备固定于一个能指的微妙时刻:只要男性化作为女性服装的价值足够怪异,男性就是一个所指。但是,如果这件衣服的男性化是约定俗成的(而不完全制度化的,因为要使流行具有意义,就必须保留在女性与男性之间进行选择的可能性[4]),**男性**就会变成一个如**运动**一样成为"物质性"的标写。它把一些衣服类项界定为纯粹能指。一个术语从开始的所指逐渐发展成为能指,这是一段动荡不安的历程。[5]把一个所指"固化"为一个能指,不可避免地就是顺着某种直接意指方向,因为它意味着去刺激一个不起反应的同义系统(能指≡所指),促使它趋向术语化的专业语汇,以便用于过渡性的目的(以组建服装)。流行接受了赋予其系统服饰部分的直接意指压力后(或者,至少是已经准备在修辞层和术语层之间进行密切互换)时,它才想起,必须帮助组建服装,即使是以一种乌托邦的方式。一旦它能影响到服装时,就会在修辞系统上精打细算,费尽心机。

II. 服装的修辞所指:几种模式

17-5 认知模式:"文化"

衣服的修辞系统虽然少得可怜,但却无所不在。其所指是什么[6]?由于流行排斥衣服的"诗学",因而它不是实体的"幻想"。它是社会模式的整体,我们将这个整体分为三大语义领域。[7]第一个领域是由文化或认知模式的网络构成的。这个整体的能指通常由类项的隐喻化命名组成。**莫内式(Manet)长裙应该是喜欢绘画;这件大红上衣有着土鲁斯一劳特累克(Toulouse-Lautrec)般的魅力**。因而,一些文化上推崇的对象,或风格便将它们的名称给予了服装,或许可以说,这就是符号的形成模式,它清楚地认识到,类比关系把名称的主题和某个时期的典型代表联系在一起,从而具备了基本的修辞价值。把一件长裙置于莫内的"符号"之下,与其说是为了命名一种样式,倒不如说是展示某种文化(这种双重性正是含蓄意指所特有的)。文化的参照物居然如此明确,甚至于人们可以说是**激发或启迪**。[8]有四种主要的命名主题:自然的(**花裙、云裙、如花盛开的帽子**,等);地理的,涵化于色情主题(**俄国罩衫、彻罗基饰物、日本武士短上衣、塔式袖、斗牛士领结、加州裙、希腊夏日色**);历史的,与地理相对,最初就是它为样式提供了整体形式("线条"),它激起"细节"(**1900 年的时装、1916 年的风格、帝国线条**);最后是艺术(绘画、雕塑、文学、电影),这是最具激发灵感的主题,其标志是完全奇思妙想的流行修辞,除非参照物本身是熟知的(**新塔纳格拉式线条、滑铁卢式睡衣、毕加索式色彩**[9])。当然(这是含蓄意指的特征),所有这些修辞能指的所指,严格说来,并不是样式,即使是以统称方式来看(自然、艺术等)也是这样。倾向于有所意指的正是文化观念,在其自身的范畴上,这种文化是一种"世事"的文化,即最终是学院式的;历史、地理、艺术、自然史,这就是高校女生所学的分类法。流行那些乱七八糟的式样是从一个少女的书包课本里借用过来的,她是一个"会赶时髦的聪明人"(如流行所说的),参加罗浮宫学校的学习,旅行时参观一些展览和博物馆,读几本著名的小说。更重要的是,这里所构成并且意指的社会文化模式完全可以是想象的,它并不需要与阅读时装杂志的女性的实际地位相符,甚至可能只是代表了社会进步的一个理想的程度。

17‑6　情感模式:"爱心"

修辞所指包含的第二组模式是情感模式,这里,我们必须再度从能指开始。我们立即注意到,当流行写作不是"文化的"、升华的时候,就会走向另一面:熟悉,甚至是亲密,稚气未脱。其语言也是生活化的,主要靠两个术语的对立来表达:**好和小**(这两个单词在这里是从含蓄意指意义上加以理解的）。**好**(好厚的羊毛）包含着复杂的理念：防护、保暖、正确、简单、健康等。**小**(我们已经多次碰到这个词）指每一细处的涵义都是措辞得当的（时装总是委婉的）。但在这个概念深处是一种诱惑的理念，而非保护（**漂亮、美丽**也在**小**的范围之内）。**好/小**对立可以从术语上分解为类似的意义（它证明了修辞层面的现实性和自主性）。**灰**意味着**小**，而**快乐**意味着**好**。当然，这两极与衣服的两个典型意义是一致的：防护和装饰，保暖和优雅。但它们支撑的含蓄意指却在他处：它带着一种亲情的口吻，是对**一个好母亲/一个漂亮的小姑娘**的关系补充。服装时而柔情爱意，时而惹人怜爱，我们称此为衣服的"爱心"（caritatisme）。因此，这里所意指的是服装的角色，它一身兼饰两角：母亲和孩子。这个角色完全以孩子的共鸣而定：用寓言似的方式来对待服装（**公主式睡衣、魔术长裙、一世国王袍**）。这里衣服的爱心与皇室神话联系在一起，在今天的大众文化里，则隐藏于头衔之下，而其重要性更是众所周知的了。

17−7　流行的"严肃性"

　　文化模式和爱心模式尽管在表面上是矛盾的，但它们都有一个共同的目标，它把流行的读者置于同样境地，既是教导式的，又是孩子式的。因此，简单的语义分析就能准确无误地判断出这一模式读者的心理年龄：只有少女才会在进入高校后，还在家玩玩具娃娃，即使这些玩具只是她书橱上的小摆设。总之，服饰修辞也染上了现代社会孩子角色的模糊性。孩子在家里非常幼稚，在学校里又过分严肃。应该从字面上来理解这种过分。流行既是**过于严肃**的，同时又是**过于轻浮**的。正是在过分这种有目的的互补的作用下，它才解决了一直威胁着要破坏其脆弱名望的基本矛盾。就事实来说，流行在文字上不可能是严肃的，因为这有悖于常识（原则上它是受到尊重的），这很容易把流行的行为视作无意义。反过来，流行不会是讽刺性的，不能威胁到自身的存在。一件衣服，用它自己的语言来说，既要保持基本部分（它给予流行以生命），又不失去饰件（常识认为它必须这样）。由此,一个修辞有时是高尚的,给流行一种完全命名文化上的安全感;有时又是熟悉的,把服装转化为大千世界的"小东西"。[10]再者,极端严肃和过分轻浮的共存并置,作为流行,修辞的基础[11],只能在衣服上重塑西方妇女的神话境地,既是崇高的,又是幼稚的。

17-8 最具生命的模式:"细节"

在衣服的修辞中,还存在一种既不分享符号的崇高,也不涉及其轻浮的第三种模式,因为它显然与流行生产的实际(经济)情况紧密相关。它的能指是由"细节"(这是一个混合术语,直接意指—含蓄意指的,因为它也属于式样清单[12])的所有隐喻变化组成的。"细节"包括两个恒定的互为补充的主题:细小[13]和创造性。典型的隐喻就是**种子**(grain),全部收获发轫于最初的微小存在(细枝末节)中的"点滴",转眼之间,我们即有了充斥着流行意义的一件外套:**一点微乎其微的东西即可改变一切;这些微不足道的东西无所不能;仅仅一个细节就可改变其外表:细节保证了你的个性**,等等。流行给予"细微之处"以极大的语义权力,当然它只是依照它自身的系统,其母体和语链都严格遵循着通过不起作用的质料散发意义。从结构上讲,流行的意义是一段距离下的意义。在这个结构中,散发的核心正是这种"细微之处",其重要性在于衍生,而不是扩展,从细节到整体有一种繁殖过程,**细枝末节**可以意指**一切**。但这种生命力的幻想并不是不负责任的。流行要成为公众价值(若不是通过时装商店,就是凭借杂志),就必须把那些建构起来并不困难的意义复杂化。"细节"就是这样。一个"细节"足以把意义之外的东西变成意义之内的,把不时髦的东西变成时髦,而且一个"细节"的代价也不高。通过这一特殊的语义技巧,流行远离了奢华,仿佛进入实际接近于中等预算的衣服。但同时,这一低价的细节以**发现**的名义升华,分享着自由、光荣之类的崇高观念。细节体现了预算的民主,同时又尊重口味的贵族门第。

Ⅲ. 修辞和社会

17‐9　修辞和流行时装读者

　　修辞所指的描述不是居于实体诗学的一面,而只是(当它确实存在时)居于社会心理学的角色一面。从其语义学开始,某种流行时装社会学还是有可能的,因为流行完全是一个符号系统,修辞所指的变化无疑会导致读者的变化。[14]在我们所研究的文字体中,服饰修辞的有或无清楚地反映出不同的杂志类型。贫乏的修辞,即具有强烈直接意指,适应社会地位较高的读者。[15]相反地,强烈的修辞,主要在文化和爱心所指上进行发展的修辞,对应着更为“大众”的读者。[16]这种对立不难解释。我们可以说,有了较高的生活水平就有更多的机会得到想要的(书写)流行,直接意指(我们已经讨论过它的过渡性特征)也就重新获得其权力。反之,如果生活水平较低,买不起衣服,直接意指就变得毫无意义,就需要用含蓄意指强烈的系统来补偿其无用性。这种系统的作用就在于制造一个乌托邦式的梦想:梦想得到**一件喜欢绘画的莫内式长袍**要比做一件容易得多。然而,这一定律也不是绝对的。例如,只有当文化投入的受益群体有办法获得其文化意象时,这种投入才是可能的。因此,当两个相邻领域:真实的和梦想的之间存在着紧张关系(以及平衡)时,含蓄意指就是强烈的;梦尽管不切实际,但却是唾手可得的。但如果我们降到另一个文化意象较为贫乏的社会职业领域,系统又会再度趋向直接意指。[17]总之,我们探讨的是一个钟形曲线,顶部是含蓄意指强烈、拥有平均水平读者的系统。两极是直接意指强烈,读者水平要么很高,要么很低的系统。但在最后这两种情况中,直接意指并不一样,豪华杂志的直接意指表示变化丰富的流行,即使,它完全是描述上的,即没有修辞的。大众杂志的直接意指是贫乏的,因为它着重于它认为是可以得到的廉价服装:乌托邦理想,理所当然地占据了穷人实践和富人实践之间的中间位置。[18]

注释:

[1] 然而,在所指层面的表述中(世事)仍保留了一些"修辞"。在这里,**度假村**(所指)具有一种社会含蓄意指,一种休闲和奢华的含蓄指。并列结构的突然中断表示一种毋庸置疑的证明。

[2] 参见 4 - 3。

[3] 参见 3 - 11,4 - 3。

[4] **女性气质**仍是一个含蓄意指的术语(经常出现于时装词汇系统中)。尽管流行时装从字面上讲完全属于女性的,因为在男性和女性之间仍存在着一种紧张状态。夫妻的存在样式上使其每一个术语都具有含蓄意指。

[5] 这些能指—所指是在什么地方进行分类的? 如果母体被一个变项占满,混合术语就会转向世事(社会)领域(**婆婆、宽大的衬裙**)。但是如果混合形容词直接面对类项(**婆婆的衬裙**),它就具备了一个变项的价值(合身)。

[6] 我们谈论的是单一所指,因为,修辞所指是"星云式的"(16 - 6)。

[7] 我们重申,在这里使用的术语中,**语义**是指内容层,而非表达层。

[8] "**1959 年流行一无所有,同时又无所不有:它使人想起了吉吉、莫内、维尼和乔治桑,一个接着一个。**"有时标题更直接。这是**借用词**,它也是一个文学概念。

[9] 高级女装设计师也能构成一种文化模式。著名的设计师可以作为一种所指(**夏奈儿风格、夏奈儿外观**)。

[10] 另一种"小型化"的语言形式(但具有不同的伦理视野)是由"疯狂"的主题给予(越来越常见,但仍停留在时装摄影中)。参见附录Ⅱ。

[11] 如果这是严肃与轻浮的辩证关系问题,即,如果流行的轻浮性**直接**被当作完全严肃性的,那么我们就会有一种文学经验中最崇高的形式,即,一种有关时装的马拉海式的辩证运动[马拉海的《最后的流行》(*Ladernière Mode*)] 。

[12] 例子:**发现、补充、观念、精炼、标记、语素、强调、奇想、琐事、细枝末节。**

[13] "细微之处"可以强化,精致到难以言表的地步(这正是生命的隐喻):**这些小裙子有一条或像这个、或像那个的腰带、克劳丁式(Claudine)领。**

[14] 由于我们在此并不旨在建立流行时装社会学,这些提示都是大概的,不过,从社会学角度界定每一时装杂志,在方法论上并不困难。

[15] 像《时装苑》、《流行》杂志。

[16] 像《她》杂志。

[17] 像《时尚新闻》杂志(最近,还有《小时尚新闻》)。

[18] 在所指修辞的分析中,也可以发现这种现象(参见以下章节)。

第十八章 所指的修辞:流行的世事

我是一个秘书,我喜欢尽善尽美。

I. 世事的表示

18-1 隐喻和并列结构:流行小说

当服饰符码的所指明确时[1],它把世事分解为修辞所能理解的语义单元,以便"把它们打扮起来",支配它们,并且从中建立一个世事的本真视像:**晚上、周末、散步、春天**,这些从世事中派生出来的飘忽不定的单元,并不表示任何特定的"世事",任何固定的理念。这就是为什么它们总是拒绝在服饰符码层面上进行分类的原因。[2]世事的这种修辞构建,就像是真实的宇宙进化,可以通过两种方法来加以认识(在探讨修辞所指时,我们就曾经指出过这一点[3]):隐喻和并列结构。世事隐喻的一般作用是把一般(因而也是概念上的)的语义单元转化为独特的偶然性(即使这种偶然性在修辞上是指一种刻板模式)。因而,在你在乡间散步以及参观农场,你的衣服要色彩鲜艳中,在第一个符码的要素(**散步·乡村**)上又加上多余的重复隐喻(**参观农场**),这一方面是目标的视像(**农场**)代替了概念(**乡村**),另一方面又意示着虚像的社会情境。它来源于对一个年轻姑娘所做的整个文学描述(**参观农场**表示她来自某个庄园,来自某个富贵豪门,来自某个休闲胜地。在那里,他们把这种乡村与劳动的混合本质视为一种异域景象)。至于对并列结构而言,它是通过那种从时断时续的情景和事物中孕育而生的所谓"气氛",而扩大了隐喻力量。**这件法兰绒上衣适合于那些有点亲英,或许还痴于普鲁斯特,喜欢去海滩度假的女孩**。度假、海滩、女孩、英式,以及普鲁斯特,所有这些凭借其简单划一的相邻叙述,重新构建了一个熟悉的文学境地,即,诺曼底、博尔贝克(Balbec)的海滩,一群"正当花季的少女",由此而产生了一个事物和事境的整体,它们不再是通过用途和符号的逻辑关系而相互联系,而是受制于全然两岸的规则,即叙事规则。修辞把语义单元从单纯的组合—断续转到生动的画面,或者可以说,是从结构转向事件。实际上,正是由于修辞的作用,才把产生于结构要素(服饰符码的语义单元)的那些过分事实化的规则加以精心修饰。由此看来,流行修辞是一种**艺术**(撇开**价值**不谈)。其实,叙事受启示于一种结构,然而,它在构成结构的同时,又在远离结构:农场证实了乡村的存在,但它为了维护新价值,也掩饰了其他的抽象(语义)本质。用**亲历过程式**的表象(即在倾向性上难以言表的表象)来补偿符号的纯粹组合,却又不破坏这种组合。简单地讲,这是一个在符码及其修辞之间取得某种滑稽平衡的问题。延续至今的那种根本性的模棱两可使得小说既是结构的,又是事件的,既集中了基本特征(角色、模式、情境、性格),又是一个环环相连的叙事。在流行的虚构化过程中,结构的力量是很强的,因为隐喻和并列结构,从信息上讲是平庸的,即,它来源于我们耳熟能详的单元和组合。但它是一个完全置于事件保护之下的结构,或许我们可以称这种结构的低级形式或者说事件羞涩形式为**原型模式**(stéréotype)。正是在这种原型模式中,我们发现了流行修辞的平衡,也正是这种原型模式导致了信息假象的出现。它安抚人心,并且造成一种**前所未见**的模糊表象(我们可以说,原型模式的功能就像一个勉强能够唤起的记忆)。这就是所指修辞精心雕饰的具有虚构语气的结构情境,把结构伪装于事件背后。

18-2 分析原则:"工作"的概念

这本小说的"题目"是什么?或者换句话说,当流行修辞提及"世事"时,它的所指是什么[4]?正如我们已经说过的,下面也将提到[5],只有通过新的元语言,即系统分析学家的元语言,我们才能对其命名。最能解释流行普遍性的关联,或者更进一步,与其任何一个特征都不相违背的概念,恐怕就是工作的概念了。[6]毋庸置疑,流行修辞最为常见、最集中的表现与工作毫无关系,而恰恰相反地是与它的对立面——休闲有关。但这正是一对互为补充的事物:流行的世事是逆向的工作。修辞所指的第一层网包括所有与人类活动、人们所做的事情有关的单元(以及它们的隐喻式部分的并列结构)。即使这种活动、这种**做事**(faire, doing)带有某种不切实际的因素。一般来讲,这就是用以表示一种活动(即使是休闲活动),或者表示我们假定这种活动进行的环境的所有功能、所有情境。但是,流行中的"做事"(不切实际也在于此)最终不过是存在状态的一种装饰标志,因为工作脱离了人们的精神本质和人类模式,就无以存在。并且由于在流行中,工作不生产人,而是追随着人,所以修辞所指的第二层网就包括与人类生存状态有关的所有单元。因而,流行小说是围绕着两个同义关系而组织起来的。其一,流行提供给读者的是一种要么是由其自身,要么是由时间、地点的事境所决定的活动(**如果你想表明你在这里是干什么的,像这样打扮**)。其二,它提供了一种特征供读解(**如果你想这样,你必须像这样打扮**)。总之,穿着流行的妇女不禁会有这样四个问题:**谁? 何事? 何时? 何地?** 她(乌托邦式)的服装至少会解答其中一个问题。[7]

II. 功能 和 情境

18-3　活动情境和节日情境

在做事的范围内,时髦的女性总是被置于这三个问题中的某一个:何事(转换)? 何时(时间)? 何地(地点)? 显然我们必须从广义上理解做事。一个行动只有以伴随行动的事境(时间和地点)形式,才能完全表现。实际上,流行并不知道什么真正的转换[8],它更注重主体把她的状态和她采取行动所处的周围环境联系在一起的方式。打猎、打球、购物,这些都是社会形式,而不是技术、行为。流行中包含的事体仿佛就像是一场流产,其主体在行动的时候就被本质的表象撕裂。**为了行动而穿戴**,从某种意义上讲,是为了不行动,它只是在不用假设其现实的情况下,展现做事的存在。同样地,流行中的过渡情境也总像是一种职业,即采取主体存在的方式,而不是去有效地转化现实。从而,做事固定的概念领域可以用一种具有四个术语的复合对立形式来加以构建。两个截然对立的术语:**活动情境和节日情境**;一个既包含于活动又包含于节日的复合术语:**运动**;以及一个中立术语(即非活动,也非节日):**无计划的**。活动情境本身是贫乏的:工作是未定的[9],而流行只提边际性的活动:杂务、逛街、家务、修补、园艺。本质的东西是不确定的,确定的只是琐碎小事。节日情境要复杂得多,它们是最社会化的。在这里,娱乐消遣大部分被融入了表象之中(舞场、剧院、仪式、鸡尾酒会、节日演出、花园聚会、招待会、旅行团、派对、参观)。至于运动或许有着最高声誉,流行以妥协的方式把运动的本质拿来:一方面,只要它固定为一个能指(**运动衫**),它就适合于所有的活动情境(从而与**实际有关**);另一方面,只要它是所指,它就获得了做事的奢华形式。获得了一种毫无用处的过渡性,它既是活动的,又是闲散的(狩猎、散步、打高尔夫、野营)。毫无目的的很少见(但仍有意义):**适合于那些没有计划的日子**。人总归要是什么或者要做点什么。在这样一个世界里,工作的缺乏本身就具有活动的等级。更何况,只有修辞才能用符号表示这种消极活动。

18-4 时间情境:春天、假期、周末

在流行中,节日是至高无上的,它征服了时间:流行时间基本上就是节日时间。无疑地,流行是有着它自己详细的全年季及旺季前的日历,有一个非常完整的全天重要时刻的时间表(九点、中午、四点、六点、八点、午夜)。然而,有三个时间段是最重要的:在季节中,是春天;在一年中,是假期;在一周中,是周末。当然,每一个季节都有自身的流行。然而,春季的

流行是最具节日气氛的。为什么？因为作为一个季节,春天是单纯的,同时又是神话般的。单纯,是因为它不与其他所指混合在一起(夏装是适于度假的流行,秋装是回到按部就班的流行,冬装是工作的流行);**神话一般**,是因为它利用了大自然的苏醒。流行把这种苏醒占为己有,然后给它的读者(假若不是它的购买者的话)一个机会,每年一次加入时间发轫之初的神话中去。春季流行,对现代妇女来说,有点像古希腊的大酒神节或春祭。假期是由一个复合的情境组成的。这些假期受时间循环(一年的周期循环)和气候(太阳)因素控制,但流行却赋予它们另外的环境和价值:大自然(季节、乡村、山川)和某些活动形式(旅行、游泳、露营、参观博物馆,等)。周末具有丰富的价值,从地理上讲,它在城市和乡村之间形成了一个中间地带,即,它是作为一种关系来加以体验(和品味)的。周末这是对乡村的挤迫,因而乡村的优雅本质可以从其极为明晰的符号中(散步、篝火、老房子),而不是从其毫无意义的隐晦中(厌倦、枯燥杂务)神奇般地领悟到。时间上,星期天因其持续时间(两天或三天)而被升华。当然,周末带有一种社会内涵,它将自身置于和星期天对立的位置上。星期天是一个微不足道、大众化的日子:从这句话就可以看出这一点:穿上你的星期天盛装。[10]

18‑5 地点情境:逗留和旅行

在所有地点概念的核心都有类似的异化。对流行来说(就像对莱布尼兹来说),处于某一特点的地方就是经过这个地方,也就是说,旅行是流行的最大所在地。“逗留”(séjours)只不过是单一的旅行行程功能中的一端(**城市/乡村/大海/山川**)。所有的国家有某种吸引力。流行的地理学标记出两个“异地”,一个是乌托邦式的“异地”,其表现是一切事物都带着异国情调,异国崇拜是一种逐渐涵化的地理学。[11]另一个是现实的“异地”,它是流行从外部,从现代法国一个完全经济化和神话般的地方**里维埃拉**借用过来的。[12]流行总是在体味它所向往的这些地方,或者把它们作为一种单纯的所在一掠而过,匆忙中悟到它的本质。它所直接嵌入的生存空间或要素正是它的目标。这就是为什么一个重要的流行能指总是一个突发性的要素,就像**众多充满**或**全然**之类的最高级形式所表明的那样:**阳光充沛,长满绿树,鼓满风**。流行纯粹是地点的迅速更迭。

18-6　做事的视像

在我们看来,服饰符码的语义不连贯性(因为这种符码只包含具体的单元)基本上是以分离实存的形式重现于修辞层面,通过其第二系统的含蓄意指,流行不是把人类活动分解为供组合使用的结构单元(由此会产生一系列技术行为的分析),而是分解为在其内部承负自身超验性的姿势。可以说,修辞在这里的功能是把使用转化为仪式。**周末、春天**和**里维埃拉**,在含蓄意指的一面,它们就是一种"景"观",这里的"景观"一词所具有的涵义就如同一种祭拜仪式中的景观,或者更恰当地说,一种幻觉理论中的景观。因为最终,它纯粹是一种想象,无限地重复,不断地激发。流行的修辞活动摆脱了时间,它没有集中性,也就是说,它既不会没落衰败,也不会令人厌倦。流行假想的活动不会自生自灭。它无疑是建立了一种梦幻似的快乐,这种快乐瞬息之间就被奇迹般地"截断",失去所有的过渡性。因为周末和购物一旦说出来,就不再需要"做事",从而,我们认识到流行行为的双重特性:它既是感觉上的,同时又是纯概念上的。流行修辞应用于做事,看起来就像是一种"准备工作"(在化学涵义上),注定是要把人类活动的主要沉渣清除出去(异化、厌倦、不确定,或更为根本性、不可能性),同时又保持它的基本特性,即快乐,以及重新确定一个符号的明晰度:**购物**不再是不可能的、或者浪费金钱的、疲惫不堪的、麻烦的、让人失望的。购物经历被简化为一种纯粹的、值得珍视的感觉。它既是脆弱的,又是顽强的,它糅合了无限的购买力、美丽的承诺、城市生活的兴奋,以及毫无意义的忙碌活动的欢欣。

Ⅲ. 本质和模式

18-7　社会职业模式

　　做事因而被简化为本质的排列,在流行的妇女(修辞的)活动和她的社会专业地位之间,不存在截然断裂。在流行中,工作只是一个简单的参照物,它提供了身分,然后立即丢弃了它的现实性:**秘书、图书馆馆员、新闻专员、学生**。这些都是"名称",其实就是表示性质的称谓,而颇为矛盾的是它注定要去发现所谓**做事的存在**。因而,从逻辑上讲,流行修辞所说的工作(任何情况下都很少)是由它们表现的情境,而不是它们的技术操作决定的:一个秘书(因为总是以她为题)不是一个打字、整理文件或接电话的妇女,而是一个在高层领导周围工作的特权人物,她凭借邻近关系而渗入上司的本质之中(**我是一个秘书,我喜欢尽善尽美**)。只要流行给予妇女一项工作,这个工作既不是完全高贵(让妇女真正与男人竞争还是很难让人接受的),也不是完全低下的,它总是一个"干净"的工作:秘书、装潢师或售书员,并且,这种工作总是属于那种被称为奉献型的工作(就像以前的护士和为老人读书的人一样)。妇女的身分就此而建立在男人(老板)、艺术、思想的侍从身上,但这种恭顺谦卑在惬意的工作表象下被崇高化了,在"世事"关系的掩饰下被美化了(在这里表象至关重要,因为它是一个表现服装的问题)。工作**环境**及其技术非现实之间的这种距离,使得流行的妇女既是道德的(因为工作是一种价值),同时又是闲散无聊的(因为工作会玷污她)。这说明了为什么流行可以用同样的方式来谈论工作和休闲。在流行中,所有的工作都是空洞无物的,所有的快乐都是充满活力的、自发的,甚至可以说是勤勉的。通过行使她对流行的权力,即使是以最不切实际的奢华梦想,这个妇女也总会显得是**在做些什么**。再者,地位以其纯粹的形式体现了作为一种崇高使命的休闲之间可贵的辩证关系,除非是一个极度艰巨的任务，一个无限的假期，即明星的地位(在流行的修辞中经常使用)，它显然是一个模式(这个地位不会是一个角色)。因此，她只有以万神殿的方式[丹尼·罗宾(Dany Robin)、弗朗索瓦·萨冈(Francoise Sagan)、科莱特·迪瓦尔(Colette Duval)[13]]，在流行的王国里占有一席之地。这里的每一个神都显得既悠闲自在，又似乎忙得不可开交。

18-8　性格本质："个性"

职业模式是贫乏的，而精神本质却是丰富多彩的：**大意、淘气、尖刻、敏锐、聪明、均衡、粗鲁、世故、卖弄风情、严肃、天真**，等。流行妇女糅合了细腻分裂的本性，有点类似于古典戏剧"演员"扮演的性格成分。这种类似不是武断的结论，因为流行把女性当作一种表象来加以呈现，用形容词的形式来讲，人的简单属性实际上即是以这种方式吸收了个人的整体存在。在**卖弄风情**和**天真**中，主语和谓语是杂乱的，所是的和所称的是混淆的。这种心理的不连贯性有几个优点(因为每一个含蓄意指都有一种遁词的价值)。首先，它是熟悉的，因为它是从古典文化的一种标准文本中派生出来的。我们从星象学、手相术、基础笔迹学的心理分析中可以找到。其次，它是明显的，因为不连贯性和流动性总是被看作比连贯性和流动性更具概念性。而更重要的是，它使我们得以概括出科学的，从而也就是权威的和回复性的**性质类型学("A型：随意的；B型：先锋的；C型：古典的；D型：工作第一的")**。最后一点，也是最重要的一点，它使性格单元的真正组合成为可能，也就是说，它从技术上为人的近乎无限的丰富性，即流行中所谓的**个性**，提供了幻象。流行个性其实是一个定量的概念，它不像其他地方一样，由一个特征的强制力量决定。本质上，它是普通要素，以及常见细节的独创组合。这里的个性是**复合**的，但它并不复杂。在流行中，人的个人化取决于操纵的要素数量，如果可能的话，更取决于它们明显的对立(**端庄的和坚决的、柔软的和硬实的、随意的和精明的**)。这些心理矛盾有了怀旧价值：它们表现出一种整体性的梦想，在这种梦想中，人同时即为一切，无须进行选择,即无须特意强调某个特征(我们知道,流行不喜欢进行选择,不喜欢伤害任何人)。因而,矛盾在于把特征的一般性(独自与流行风格一致)保持在一个严格的分析领域:这是积累的一般性,而非综合的一般性。在流行中,人既是不可能的,同时还是完全知晓的。

18-9　同一性和他性:名称和扮演

细微心理本质的逐渐积累通常是对立的,它只是为了让流行给人以一种双重假设的方式:或给予个性化,或给予多重性,取决于特征的集合是否被看作是一种综合,或者相反,取决于我们是否假设,这种存在不必伪装于这些单元之后。流行修辞随时都在把双重梦想:同一和扮演的梦想,置于妇女的范围。在所有的大众工作,以及所有参与其中的人的活动中都可以发现同一的梦想(成为某某,并让这种**自我**得到众人的认同)。不论我们把它看作是异化阶级的行为,还是称之为旨在对抗大众社会的"非个性化"的补偿行为。一般情况下,同一性的梦想基本上是由一个名称的肯定加以表示的,仿佛名称奇迹般地如实表现了人。在流行中,名称无法直接展现,因为读者是不具名的。但当这个读者幻想着自己的名字时,她就把自己的特征转嫁到几个个人身上。这几个人如万神殿一般荟萃了众多的我们通常认为的明星,这倒不是因为她们都是奥林匹亚山的女神,而是因为她们都有一个称号:**阿尔伯特·德·穆恩(Albert de Mun)伯爵夫人、蒂埃里·冯·楚皮伦(Thierry van Zuplen)男爵夫人**。无疑,贵族标签并非不具有含蓄意指,但它不是决定性的。称号抽象出来的不是血脉亲缘,而是金钱。**诺尼·菲普斯(Nonnie Phips)小姐**是一个著名人物,因为她父亲在佛罗里达拥有一个农场。名字,就意味着家庭背景,意味着财富。如果谁缺乏称号,就像一个空洞的符号,仍保留着作为一个符号的功能,继续在保持着同一性。这种情况出现于所有穿着衣服并相应得以**命名**的妇女(**安妮、贝蒂、凯茜、戴瑟、巴芭拉、杰姬**,等[14])最终,在专有名词和普通名词之间,不再有本质上的区别。流行甚至可以把它的对象称为比金钱更具品味的小姐(*Made-*

moiselle Plus-de-goûtd'argent），这样的话，它就更接近于姓氏命名过程的核心。这个名称是一个绝好的结构模型[15]，因为它有时可以被看作（虚构地）是一个实体，有时（形式上）被看作是一种差异。对称号的迷恋既代表着一种同一的梦想，同时又意味着他性的梦想。因而我们看到，对存在产生幻想的流行自己，既是自我，又是他者。关键在于第二个梦想。我们不断在流行列举出来的存在游戏中，看到这种梦想的痕迹（只须改动这一细节就可变成另外一个人）。在流行文学中，这种转化神话已司空见惯[16]，就像那些大量的故事和箴言，充满着服装神话般的遐想。处于一种简单存在状态中的人扩大化以后，总是会被流行看作是一种权力的标志：**你在发号施令，并且你很可爱**；同时装设计师们在一起，你发现你会是双重的，你可以过一种双重的生活。古老的伪饰主题，神、警察和强盗的基本特性都隐喻其中。而在流行的视野中，戏谑的母题不包括所谓的**眩晕效果**（aucun vertige）：它扩大了人，却不冒险迷失自己，因为，对流行来说，衣服不是游戏，只有**符号**的游戏。在这里，我们再度发现，任何一个语义系统都具有的慰藉功能。服装以服饰游戏的**命名代替了游戏**（**扮演园工；在你内心中想当童子军的虚假流露**）。衣服的游戏在这里不再是存在的游戏，不再是朗朗乾坤中令人百思不得其解的问题。[17]它不过是一个符号的键盘，一个永恒的人从中挑选某一天的娱乐游戏。它是最后的个性奢侈，丰富多彩，随你怎么扩展，它固若金汤，使你不再迷失。因此，我们看到，流行"戏弄"的是人类意识中最严肃的主题（**我是谁?**）。但在它接受这一主题的语义过程中，流行给它贴上了同样的无意义，使它总是受制于对衣服的迷恋，而这，正是流行所追寻、渴望的。

18-10 **女性**

对社会职业模式和心理本质，我们还要增加两个人类学规则的基本所指：性别和身体。流行深谙女性和男性之间的对立，现实本身就要求它这么去做（即，在直接意指层面上），因为现实总是把男性服装中得来的特征转嫁到女性服装中。实际上,男性和女性两类服装中,完全迥异的符号是很少见的,并且总是停留在细节上(例如,女装的样式是扣住的)。女装几乎是将所有男装通盘全收,而男装只是满足于"排斥"某些女式服装的特征(一个男人不会去穿一件裙子,而女人却可以穿裤子)。这是因为,异性禁忌对两者的作用力不同,是社会规范禁止男人的女性化[18],但对女人的男性化却网开一面:流行显然认同的是**孩子式的外表**。**女性**和**男性**各自具有自己的修辞转换。**女性**可以指一种强调性的、女人味十足的观念(**一件精致的女式内衣**)。当**孩子式外表**被标记时,它比性感价值更为短暂,它是一个理想年龄的补偿符号,在流行文学中,它假定了**年轻**的日益重要性。[19]**青年**体现了女人/男人的复合程度,它趋向于男女不分,但在这一新术语中,更为引人注目的是它淡化了性别,突出了年龄优势。这就是流行的深层进程,重要的是年龄,而非性别。一方面,我们可以说,模特儿的年轻不断被强调、维护,因为它天然就受到时间的威胁(而性别则是天赋的),必须不断重申,年轻是所有衡量年龄的标签(**仍很年轻、永葆青春**),它的脆弱带来了它的声誉。另一方面,在一个同质同源的世界里(因为流行关注的只是女人,一切都是为了女性),自然会期望,对立现象应该转移到一个可以感知的、理性的变化世界。因此,年龄接受了魅力和诱惑的价值。

18‐11 作为所指的身体

黑格尔曾经指出,人的身体与衣服处于意指关系:身体作为一种纯粹的感觉能力,是不能意指的。衣服保证了信息从感觉到意义的传递[20],可以说,这是特殊的所指。但流行意欲指涉的是哪一部分身体? 这里,流行至少会面对(倘若不是与之冲突的话)一个众所周知的结构不连贯性,即语言和言语的不连贯性[21],制度及其现实的不连贯性。流行以三种方式把抽象身体上产生的信息转移到其读者的实际身体上。第一个方法是假设一个理想状态下的具体化的身体,即模特儿、封面女郎的身体。结构上,封面女郎代表了一个不常见的矛盾。一方面,她的身体具有抽象制度习俗的价值,另一方面,其身体又是个人的,两种情境恰好对应着语言和言语的对立,两者之间不存在转移(与语言系统相反)。这种结构上的矛盾完全决定了封面女郎:她的基本功能不是审美感上的,她不是一个传示"美貌身体"的问题,不受形体完美的权威法则所限,而是一种"变形"的身体,旨在形成某种形式普遍性,即一种结构。由此,封面女郎的身体不是任何人的身体,它纯粹是一种形式,不具任何属性(我们无法说是这个人的或是那个人的身体),经由一种循环论证,它指向服装自身。这里的服装不再负责意指某个丰满、修长或纤细的身段,而是经由这种完整的身体,在其自身的普遍性中意指它自己。制度与现实之间的第一种调解方法是由摄影(或服饰画)来完成的。如果我们采用这种方法(尽管有术语规则),那是因为,时装杂志对于接受封面女郎的抽象性愈发感到有所顾忌就像我们看到越来越多的"处于某种情境下"的人体摄影,即把体态和姿势修辞与结构的纯粹表象结合起来,以产生身体的特殊的经验视野时(旅行中的、炉边的封面女郎[22],等)事件对结构就越来越构成威胁。在流行对身体所采取的另外两种方式中,可以清楚地看到这一点,严格说来,这两种方式是文字上的。第一种方式是用每年的规律来断言某些身段(而不是其他身段)是时髦的(**你有今年的面容吗?如果你的脸娇小,特征完美,帽子尺寸不超过50厘米,那么,你就达到了**)。在纯结构和文字做事项上进行调和显然代表了另一种解决方案。一方面,它无疑是一种结构,因为模特儿是抽象化地、高贵地、外在地固定于任何一个既定的现实之上;另一方面,这种结构的诞生渗透着做事项。因为它是季节性的,从经验上直接体现于某些身体而非另外一些身体之上的,所以,我们不再知道,这种结构是由真实的东西所启发的,还是决定着什么是真实的。第三种解决办法是用这样一种方式来调节服装,即改变实际身体,努力使它意指流行的理想身体:加长、膨胀、简化、扩大、收缩、修饰,通过这些巧妙手段[23],流行断定,定能让任何事(尽管有实际身体)都划入它所设定的结构(年度流行)之中。这一方案具有一定的权力感,流行能把所有的感觉化为它遴选的符号,它的意指力量是无以穷尽的。[24]我们可以看出,这三个方法具有不同的结构价值。在封面女郎中,结构的赋予是不具事境的(一个没有"言语"的"语言")。在"时髦身体"中,结构与事境之间是一致的,但这种一致性受时间限制(一年)。在"转化身体"中,利用艺术(女装),事境完全受制于结构。但在这所有三种情况中都存在着结构的束缚,身体受符号的概念系统控制,感觉在能指中被化解。[25]

Ⅳ. 流 行 的 女 性

18‐12 从读者到模特儿

通常被流行修辞指涉的必须是女性,绝对年轻,具有强烈的同一性,同时又不失与之矛盾的个性。她叫戴茜或巴芭拉;常见她和德·穆恩伯爵夫人和菲普斯小姐在一起;一位主任秘书,她的职业并不妨碍她全年或整天出现在每个庆祝会的情境;每个周末,她都离开城市,不断旅游,去卡普里(Capri),去加那利群岛(Canaries Islands),去大溪地,每次旅游,她都去南方;她只愿生活在温和的气候下,她热爱所有的一切,从帕斯卡尔到酷爵士乐。在这样一个怪物身上,我们一眼即可看出那种暂时的妥协,它标志着大众文化及其消费者之间的关系。流行的妇女既是读者的身分,同时又是她梦想成为的身分。她的心理形象几乎就是大众文化每天"告诉"她的那些明星。因此,流行的确是在通过它的修辞所指[26],深深地渗入了这种文化。

18‐13 流行的愉悦感

然而,流行的妇女在决定方式上有一点和大众文化的模特儿有所不同。无论就何种程度来说,她都没有罪恶感。因为,流行无须考虑她的缺陷,她的难处,它从不提爱情,它既不知道通奸,也不懂风流,更不用说调情。在流行中,妇女总是与丈夫一起巡游,她知道钱吗？很少会懂。当然,她懂得区分大价钱和一般价格。流行教的是如何去"适应"一件衣服,而不是如何使它长久。[27]任何情况下,经济束缚对妇女来说都不成问题,因为流行在挣脱束缚上是无所不能的。一件衣服的高价只是为了证明它的"超值"。金钱从来都不会成问题,更不用说流行可以解决的范围之内。就这样,流行以一种单纯的状态萦绕着它所谈论的以及与之谈论的妇女,一切都是为在所有可能的世界里精益求精。这里存在着流行愉悦的法则(或者是委婉语的法则,因为我们在这讨论的是书写服装)。流行的"优雅得体"禁止它带来任何美感上或道德上的不快,犹如母亲般的话语:是母亲的语言"保护着"她的女儿不受罪恶的侵袭。但这种系统化的愉悦感对流行显得尤为特别(它以前属于少女文学)。在大众文化的其他任何产品中(电影、杂志、通俗小说)都找不到这种愉悦。这些产品的叙事总是戏剧性的,甚至是结局性的,拒绝怜悯是流行修辞里最引人注目的,正如我们所看到的那样,这种修辞正逐渐趋向于小说式的风格。如果有可能构思出"什么都不会发生"的小说并加以计数,文学就不是持续愉悦小说的唯一一个例子。[28]或许流行会赢了这场赌局,因为它的叙事是片断的,限制在格调、情境和人物的引据上,失去了轶事所谓的组织成熟性。总之,流行生产出了初级的、无形式的、无时间感的小说,并从中获得了愉悦感。时间并不出现在流行修辞中,为了重新找回时间及其戏剧效果,我们必须放弃所指修辞,走向流行符号的修辞。

注释:

[1] 只要所指是隐含的(B组),这个所指就是流行,其修辞与符号的修辞是一致的(参见以下章节)。本章只考虑A组。

[2] 参见13-19。

[3] 参见16-4。

[4] 需要说明的是,可能会提到单独修辞所指(即使它是由几个主题组成的),因为在修辞上,所指是"星云状的"。

[5]　参见 16 - 5、16 - 7 以及 20 - 13。

[6]　格雷马斯曾经提出与这个概念有关的语言所指分类。在语言的符号层面上，**词汇**要符合**技术**（《机械化操作描述中的问题》(Le problème de la description mécanographique)，载于《词汇学学报》，I. 1959 年，第 63 页）。

[7]

谁	存在状态	本质和模式
何事 何时 何地	做事	功能和情境

[8]　这是苏联对西方流行提出指责，它没有考虑到工作服。

[9]　一旦我们转向在社会职业角色的形式上，由他的工作决定他的存在，情况就不一样了（参见 18 - 7）。

[10]　然而，人们的星期天盛装仍是实际服装的一个基本事实。大部分法国人在星期天仍要打扮一下。普通着装（例如，一个矿工的）只有两件外套：一件是工作时穿的（或者更为确切地说，是为了去上班时穿的），另一件是星期天穿的。

[11]　今天，这种异国情调并不一定只有在遥远的国度里才会有，而在一些胜地也会有，通常是奥林匹亚地区：卡普里、摩纳哥、圣特罗佩(Saint-Troproz)。

[12]　稀奇古怪的是那些不是米迪的地方：**在各地的海滩都很实用，即使不是在南部的海滩**。

[13]　明星有着贵族气质，因为只须受益于她的血缘关系，就能跻身于模特儿地位（**佛朗索瓦·萨冈的母亲**）。

[14]　这些姓名并不完全是空洞的，（在一个法国人听来），它们表现的是某种崇拜英雄热。更何况，它们很有可能就是国际模特儿和封面女郎的名字。但封面女郎越来越接近于明星地位，她自己也变成了一个模特儿，而**无须掩饰她的职业**。

[15]　参见克劳德·列维—斯特劳斯：《野性的思维》。

[16]　这里要区分三个概念：(1)大众的、诗学的概念。服装（奇迹般地）制造出人；(2)经验性的概念。人生产出服装，通过它**表现**出来；(3)辩证概念。在人和服装中存在着一道"旋转门"[萨特：《辩证理性批判》(Critique de la raison dialectique)]。

[17]　**我是谁？你是谁？**同一性的问题，就像斯芬克斯之谜，既是悲剧性的，但又是极具戏谑性的。既是悲剧的问题，又是社会游戏的问题，这并不妨碍两个层面的偶然达成一致。在格言中（源于两极对立游戏）在真理游戏中等等。

[18]　尽管现代矫饰主义(dandyysme)的某些形式倾向于把男性服饰女性化（一件毛衣，不着内衣，一条项链）。正如我们将要看到的那样，两性会在年轻这个单一符号下面趋于统一。

[19]　"一件小弟穿的运动外套，其中的某些部分可能是从哥哥那里借过来的。"

[20]　"衣服凸现了身体的姿态，它保护我们免受像感觉一样不具任何意指作用的直视，从这个意义上讲，它应该被视作一种优点。"[黑格尔：《美学》(Esthétique)，巴黎，奥比耶出版社，1944 年，第 3 卷，第 1 部分，第 147 页]。

[21]　参见 1 - 14。

［22］ 参见附录Ⅱ。

［23］ 参见 20 - 12。

［24］ 流行可以超越委婉法则，大谈有缺陷的身段。因为对于纠正这些缺陷，流行自是手到擒来。我不是依一个模特儿塑造的，我没有纤纤细腰，我的臀部太大、胸部太丰满，等等。就像是浩浩荡荡的原告队伍去起诉杂志，碰到流行后，就仿佛碰到了慰藉女神。

［25］ 例如，裸露在流行中，不过是穿着时髦的符号而已（在肩和袖之间露出胳膊，显出时髦考究）。

［26］ 并且无疑是其杂志巨大发行量的结果。

［27］ 永不磨损不是流行价值之一（因为流行所必须做的实际上是加快购买的节奏），除非是像一个"款式"的持久性符号一样：一件旧皮茄克。这种情况很少见。

［28］ 圆满愉快的结局理所当然地被置于善与恶之间的斗争，即属于一种戏剧效果。

第十九章　符号的修辞：流行的理性

　　每一位女士都会把她的裙子截至膝盖以上，穿上淡色格子布衣服，脚穿双色浅口便鞋。

I. 流行符号的修辞转形

19－1　符号和理性

　　符号是**能指**和**所指**、**服装**和**世事**、**服装**和**流行**的统一。但时装杂志不是公开地去表现这种符号，它无须去说：**饰件是春天所指的能指；今年，短裙是流行的符号**。而是以一种全然不同的方式说：**饰件营造了春天；今年，裙装会短式穿着**。通过修辞，杂志转换了能指和所指之间的关系，并且用其他关系的幻象（过渡性、终极目标、属型、偶然性等）替代了纯粹的同义关系。换句话说，正是由于流行建立了一个严格的符号体系，它竭力要给予这些符号以纯粹理性的外观。[1]众所周知，流行是至高无上的，其符号是武断随意的。因此，它必须把符号转变为一种自然事实，或理性法则：含蓄意指不是无端的。在系统的一般经济体制中，它负责恢复某种**比率**（ratio）。然而，转换的行为因 A 组（有着世事和明确的所指）或 B 组（把流行作为隐含所指）的情况不同而有所差异。在第一种情况下，符号借着用途、功能的掩护，它的**比率**是经验的、自然的。在第二种情况下，符号采取的是既成事实或理念的形式，其**比率**是法定的、制度化的。但就算是在 A 组中，流行也同样会表现出含蓄意指中介系统的修辞所指。[2]因此，流行的法定**比率**最终适用于所有的表述。

Ⅱ. A组:功能符号

19-2 真实服装中的符号和功能

我们可能很容易就把纯粹功能性的衣服(牛仔服)和纯粹符号的流行形成对立,甚至是当它的符号还隐含于功能之后时(**适于鸡尾酒会的一件黑裙**)。这种对立或许是不严密的。不论它有怎样的功能,真实服装总包含有叙事性因素,就像每一个功能至少都有其自身的符号一样。牛仔服适于工作时穿,但它也"述说着"工作。一件雨衣防雨用,但它也意指了雨。功能和符号之间(在现实中)的这种交换运动或许在许多文化事物中都存在着。例如,食物既取决于一种生理需求,又是以语义的地位为基础的。食品满足着,并且意指着,它同时是一种满足和交流。[3]实际上,一旦构造的规范取代了功能,功能与规范的关系就变成了事物与结构之间的关系。每一个结构都表示不同的形式(单元)系统,功能变成了**可读解的**,而不再只是过渡性的了。因而,尚未规范化(标准化)的事物就完全被纯粹**实践**所穷尽,每一个事物也都是一个符号。[4]为了发现纯功能性的符号,有必要设想一种临时性事物,例如,罗马士兵披在肩上用以遮雨的形式各异的盖布。但是,一旦这种临时代用的衣服制造出来,可以说,以**连帽氅衣**的名称制度化以后,防护功能就被系统的社会系统取而代之。连帽氅衣与其他服装形成了对立,并指涉其用途的观念,就像一个符号与其他符号形成对立并表达一定意思一样。这就是为什么,一旦实在事物标准化以后(今天还有其他类型的事物吗?)我们必须谈**功能—符号**,而不说功能。文化物因其社会本质而拥有一种语义使命,就符号来说,它很容易把自身与功能分离,自行其是,一旦我们从这一点上理解,那么,功能就会被简化到计谋或借口的行列。**宽边牛仔帽**(防雨,遮阳)充其量不过是所谓"西部"的符号而已;"运动"茄克不再具有审美功能,而只是作为一个符号,相对于**穿着考究**而存在;**牛仔裤**变成了休闲的符号,等等。当社会的标准化事物不断增加时,意指作用的进程变得日益强烈,它仿佛是在以形式的差异系统丰富性来促生着越来越复杂的物体语汇系统。正因为如此,现代技术社会轻易地就可以把符号与功能分开,并将不同的意指作用灌输到它制造出来的实用物体中去。

19-3 真实和非真实功能

有时,设想的(言语的)服装和实际功能是一致的:**舞裙**是用于跳舞的,也以一种稳定的方式意示着跳舞,所有人都能读解。[5]在语义关系中,形式或物质对于行为和持续性有一种适应性。但在大多数情况下,流行赋予衣服的功能要复杂得多。杂志的趋势是表现出不断精确、日益偶然性的功能。在这一运动过程中,修辞无疑扮演着一个重要的角色。[6]当一件衣服**决意**要去代表某些大场面,比方说,人类学规则、一个季节或庆祝会时,保护或装饰功能仍保持一副貌似合理的样子(**一件冬大衣,一件婚礼服**)。但如果宣称,**这件裙子代表着一位年轻妇女,住在离大城市20公里外的地方,每天乘火车,经常和朋友一起吃午餐**,过于精确的世事术语反而使功能变得不够真实。这里,我们再度发现了小说艺术的矛盾:"细枝末节"一直不断地流行是不真实的,但是,功能越是偶然,它也就显得越"自然"。于是,流行文学和"现实"风格的假定想结合起来,其依据是:分秒时间和特殊细节的逐渐积累要比一个简单的勾勒更能确认所表现事物的真实性。一般认为,"极为精细"的图画要比一般"草草画就"的图画"更真实"。在大众文学的规则中,对服饰功能谨小慎微的描述与当今大众传媒把所有信息都个性化的趋势是一致的,它把每一个表述都变成直接的挑战,不是直接针对某个读者群,而是特别地针对每一位读者。流行功能(**居于20公里之外**,等)因而也就成了一种真正的信任,就好像这件裙子与如此精确的习惯行为之间的同义关系就只是为所有读者中某一位设定的,好像一旦越过了20公里,就理应产生读者和服装的变化。我们可以看到,流行功能所体现的现实,本质上是由偶然性决定的,它不是一个过渡性的现实,而是一种奇遇般的现实。相对于小说的非现实性来说,强调的是它的非真实的现实性。

19-4 "理性化"

毋庸置疑,一个功能越是神秘(通过将其偶然性夸大),它对符号的伪装就越强;其功能越是要求绝对服从,符号就越要让位于明显经验性的用途。矛盾在于,正是在流行修辞的全盛形式上,服装似乎无法展现一切,而被适度地简化到工具的行列,仿佛这件貂皮短背心只能用在一个春天婚礼日上,在一个寒冷的教堂里抵御寒气。就这样,修辞把一系列虚假功能引入流行,其目的显然是想给予流行符号以现实的保障。这种保障是弥足珍贵的,因为,尽管流行被人们推崇备至,但总有一种无用的负罪感。这种功能上的托词无疑是普遍(或许是现代)进程的一部分。它依据每一个经验**比率**,源自在世事中要做些事情,不但足以为享乐观念找到借口,而且以更加微妙的形式为本质的任何表现也找到了借口。功能,从修辞的层面上讲,是世事在重新获取流行进程中的权力,是存在系统向做事系统屈膝臣服的表现。符号规则向理性规则的转化[7],在其他地方被冠以理性化的名称,而考虑到衣服本身(真实服装,不再是书写服装),它可以被描述为建立服装精神分析学。弗吕格尔为这种从符号到理性的社会转换提供了一些例证[8]:长长的尖头鞋在接受它的社会看来,并不是男根的象征。它的使用只是出于简单的保健原因。[9]假如这个例子显得过于依赖精神分析学的符号象征,那么这里还有一个完全历史性的例子。1830年左右,上浆领带因其舒适卫生的优点而被肯定。[10]在这两个例子中,我们甚至可以区分出一种趋势的表现(或许不是偶然的),即把符号的理性置于和其物质特性相对立的位置上,不舒服变成了舒服。如果我们恪守马克思主义的设想[11],或许这种转换与资本主义社会的那种影响现实及其表象的转换颇有共同之处。事实是,衣服的符号本质在早期阶段比我们现在有更好的阐明，可以说，是更单纯的。君主制社会公然把它的服装作为符号的整体而不是作为一定数量理性的产品来加以表现：一列火车的长度确实意示着一种社会状况，不存在什么言语来把这种词汇转换为理性，来表现是公爵的尊严产生了火车的长度，就像冬天的教堂产生了白色貂皮背心一样。早期的服装式样不会纵容功能，它展现的是与之对应的手工制造。这些对应物的更改也始终是公开的、规范性的：作为一个符号，世事和衣服之间的关系必须严格依照社会规范，相反地，在我们的书写服装里（并且也恰恰因为它是书写的），符号的更改从来都不会体现为公开的规范性，而只是功能性的。我们所必须遵循的是事物符合功能（**露肩式船领，百褶裙**），遵照它们在功能上的一致性（**参加聚会，表现年龄的成熟**）。由此开始，规则仿佛总是在抄袭自然法则：homo significans，借 homo faber，即借它的对立物，来伪装自己。我们可以说，由于理性化使它把所有的符号都转化为理性，书写服装[12]形成这一矛盾：成为一个被言说的执行。

Ⅲ．B组:流行法则

19‑5　标记—告知

在 B 组中，隐含所指完全是流行，修辞当然就无法把符号转化为功能，因为功能必须是命名的。更困难的是，符号的理性化，可以说只有以强力运作的代价才是可能的。我们已经看到，流行经由对服饰特征单纯而简单的**标记**，只要不是构造它的问题，就可以摆脱语义过程，以一种特征的所指出现，即标记（今年）**裙子短穿**，也就是在说，**短裙**意示着今年的流行。所指**流行**只包含一个简单的相关变化，即**不流行的**。但由于委婉原则禁止流行对否定其存在的东西加以命名[13]，真正的对立不在**流行**和**不流行**之间，而更多地是在于**标记的**（通过言说的）和**未标记的**（沉默）之间。在标记的和好的之间,及未标记的和坏的之间有种混淆。用不着刻意去声明,一个术语决定另一个术语,所能说的是,流行不会去标记它最初鄙视的东西,它标记的是给它以荣耀的东西。更有可能流行是在给予它所标记的东西以荣耀(像它自身的存在),鄙视它所不标记的东西。通过宣称自我,命名自我(以一种循环论证神性的方式:**谁是他是的那种人?**——在西方语言中,"是"又含有"存在"的意思——译注),流行的存在赫然便以法则的形式呈现出来。[14] 由此可推断出,流行中**被标记的**总是**被告知的**。在流行中,存在和名称、标记和好的、概念和合理性是完全一致的。说出来的即是合理的,进一步讲(在这里B组中流行符号的伪装),合理的就是真实的。这种终极转化(很快我们就将讨论这个问题),与A组中把符号转化为功能相比,是对称的,就像明确符号需要理性伪装一样,流行的法则也需要自然本性的伪装。因此,我们可以看到,所有的流行修辞都用于证明其信条的合法性,或者是经由在某一景观的类项之下,疏离它们,或者是经由将它们转化为外在于其自身意愿的纯的事实观察。

19-6　作为景观的法则

用修辞性的强调来声明法则,实际上是一种背离法则的方式,也就是说,是一种以过度**展现**的方式来玩弄法则。发布一条称为**滑雪者十诫**的社论,其实是假装用玩笑来为流行的武断随意辩护,是人们对其错误解嘲的夸张方式,他认识到错误,却又不愿公开承认。每当流行认识到其决断的随意性时,它就会以一种强调的口气去伪饰,仿佛炫示一种反复无常就如同是在减少反复一样,仿佛依某个规则行事就会使它变得不够真实一样。[15] 流行在它的决断修辞中融入了一些武断,从而能更好地为形成这些决断的武断性寻求借口。流行游戏般的隐喻有时与政治权力联系起来(流行是一个世代相传的专制王国,是一个提出妇女义务的议会,像提出公共教育或兵役问题一样),有时与宗教律令相联系,它从教谕转向规定(**每位女士都会把她的裙子缩至膝盖之上**,等),将义务和预示混在一起,因为在这里,预见就是强行赋予。流行尤其喜欢使用像十诫之类的道德时态,即将来时:**今年夏天,帽子将会是稀奇古怪的,它们将既是轻快愉悦的,又是严肃的**。很难再把流行的决定进一步浓缩,因为无须表明出于何种原因(例如,时装团体),它被简化到一个单纯的结果,即,在术语的物质和道德意义上,简化到一个必然的事件:**今年夏天,裙子将是由真丝制成的**。经由自然的偶然性,凭借律令的预示,真丝必须作用于裙子之上。

19-7 从律令到事实

这些充斥着强制义务的未来在流行中是司空见惯的,凭借它,我们接近于B组中关键的理性化过程,即从律令转化为事实:所要决定的、赋予的。最终作为一种必然出现的,以一种纯粹而简单的事实方式中立的。为此,只须保守流行决定的秘密即可,是谁使今年夏天裙装由真丝制成变成了一种强制义务? 流行以缄默不语,把真丝转化为一种半真、半规范的事实,一个字,这就是**命**。因为流行存在着一种命运:杂志不过是记录了当人们还是事情和情感命运的奴隶时,所经历的多少有点污点的时期:游戏(**颜色供你随意搭配自己**[16]),疯狂(我们不拒绝流行,它启示着,控制着),战争(**对攻击回以柔和的口气**,在**对膝盖上下的争夺战中,对绶带的尊崇**)。这些强烈的感情就仿佛把流行抛于人性之外,并把它作为一种恶意的偶然加以构建。流行把自身置于机遇和神圣教律的十字路口,其决定成了一个明摆着的事实。留给流行所要做的就是实践纯粹事实观察的修辞(**松散长裙所具有的**)。杂志唯一的功能就是报导**是什么**(**我们注意到驼毛毛衣的重新出现**),即使是以一种睿智历史学家的方式,杂志能够在一个简单的事实中辨识出发展的主要线索(**黑貂皮的时装正趋流行**[17])。因而,杂志把流行当作一种不可抗拒的力量来加以构建。它把所有的对象物的模棱两可都留给了流行,毫无理由的,不过却非毫无意愿的。有时候,特征以一种现象的表象呈现出来,那么自然证实它都会显得不协调(**黑色始终是你燕**

尾服的颜色,当然你会戴上你的白色羊皮手套,以做点缀),或者,又是为了能更好地把流行与产生它的上帝分开。不是归之于其生产者,而是其消费者(**他们喜欢条纹泳装,她们把泳装前件抬得很高**),或者,最终,特征会以其表象的主体生成(**今年,睡衣流行三种长度**),不再有什么设计师或购买者,流行把人驱逐出去,变成了一个专制世界,主体在其中自行选择茄克,睡衣选择它们的长度。于是,这个世界大智隐于无形,一切都被看作是在完善它的规则,而这个规则已不再是某个初出茅庐的设计师自负的教律,而是纯自然王国久远的规律。流行可以以箴言的形式表达出来,因而也就不再置于人的法律之下,而是置于事物的规律之下,就像它对农民,对人类历史中的耄耋老人,对他们重复叙说着本质:**穿着时髦的大衣,白色洋装;穿着精致面料,闪闪发光的饰件**。流行的智慧体现在对过去和未来之间,在业已决定的和即将发生的之间所做的大胆的混淆。一件时装可以在它发生之际,在它描述之际就被记录下来。所有的流行修辞都包含于这种省略之中:去评论赋予的东西,去制造流行,然后,只把它看作一种效果,看作没有名称的缘由,从而在这种效果中只保留现象,最后,使这种现象得以发展,就仿佛独力支撑起自己的生活。这就是流行为了把事实同时转化为原因、规律和符号时所遵循的轨迹。在(实际)律令和(神话)事实之间,我们目睹了方法和结局的奇特互换。流行的现实本质上就是建立流行的武断性。在这里,我们无法从逻辑上把一个规律转化为事实,除非是在隐喻上。现在,流行能说什么?当它确实意识到其规律时,是作为一种隐喻,当它隐藏于事实背后时:又仿佛是文字上的。它把**滑雪者的十诫**(这就是它的现实)隐喻化,它看到了一个事实:**今年,蓝色会流行**(这是纯粹的隐喻)。它给予现实以精致隐喻的修辞强调,给予其隐喻以事实观察的简单性。它竭力要在直接意指的地方炫示含蓄意指,采取纯修辞的形式勾画直接意指低下的形象。在这里现实和意象之间再度颠倒过来。

IV. 修辞和时态

19-8　流行的理性和流行的时间

从符号到理性(功能的、法律的,或自然的)的修辞转形无疑对任何文化物都是适用的,不管它们是否是在相互交流的进程中理解。这就是"世事"为符号所付出的代价。但在流行中,这种转形仿佛是以一种特殊的,甚至是更为专制的形式得以确定的。如果流行的专制王国和它的存在一样,这种存在最终也不过是某种时态的激情。当所指**流行**与一个能指相遇(某件衣服),符号变成了一年的流行,但这种流行教条似地拒绝先前的流行,即拒绝其自身的过去。[18] 每一种新的流行都拒绝传承,反对先前流行的压制。流行把自己作为一种权力,一种现在超越过去的自然权力。然而,流行的背弃决定了它只是生活在一个它想成为的世界里,是在一种理想的平稳状态下,透过一个循规蹈矩者的眼光看着这个世界。[19] 修辞,尤其是符号的理性化解决了这一矛盾。正是由于流行现在的保守性,决定了它很少是持之以恒的,决定了它难以被认识。所以,流行集中于发扬一种虚设的时间性,这种时间性具有更为辩证的外表,有一定的规则、结构和成熟性,它在功能层面上是经验性的,在规律层面上制度化,在事实层面上有机地组织起来。流行的进攻节奏具有如世仇一般的反复周期,但都被时间更为耐心的形象一一瓦解。在流行言语中所充斥的那种绝对的、教条式的、复仇的现在时态中,修辞系统所具有的理性化将它与更易控制的、更为久远的时间重新联系在一起。这种理性就像是杀人犯承认自己过去的罪行时的谦恭,或者说是忏悔,仿佛它隐约听到了杀戮之年那不可抗拒的声音在对它说:**昨天我曾是你现在的样子,明天你将是我现在的样子。**[20]

注释:

[1] 有关这一进程的一般结果,参见 20-Ⅱ。

[2] 参见 3-7。

[3] 功能—符号属于所谓的次级系统,其存在并不完全在于意指作用上。

[4] 因此,我们期待着从技术社会里派生出来新的事境,能够赋予事境中的人们以直接阅读主导的认知。弗里德曼在 1942 年曾经指出过这一点[见《亚历山大·科耶文集》(*Mélanges Alexandre Koyré*),第 178 页]。

[5] 要注意,在这种表述中,所指是僵化的,也就是说,是以一种类项的形式[参见《运动衫》(*chemise-sport*)]。

[6] 只要存在语义单元的并列结构,就会出现修辞的倾向(参见 16-4)。

[7] 这种转化仿佛如同在"次级利润"的现象中,把神经质的东西加于他的神经上[努伯格(H. Nünberg):《精神分析原理》(*Principes de psychanalyse*),巴黎,P. U. F. 出版社,1957年,第 322 页]。

[8] "理性化"这个词见于弗吕格尔《服装心理学》第 1 章,第 14 章。它与克劳德·列维-斯特劳斯所描述的是一致的:"语言现象和其他文化现象之间的区别在于,前者从来不在**清晰的意识中出现**,而后者,尽管有着同样的无意识起源,却总是要上升到意识思想层面,从而产生了次级推理和重新释义。"(《结构人类学》),第 26 页)

[9] 弗吕格尔:《服装心理学》,第 27 页。

[10] 领带学,即有关领带的一般论著,1823 年。

[11] **如果人及其环境在所有的意识形态中都像在照相机透镜中一样反转过来表现,这种现象源自它们生命的历史进程,就像物体在视网膜上的反转是出自它们直接的物理过程一样。**[参见卡尔·马克思:《德意志意识形态》(*The German Ideology*)]。

[12] 只有经由语言(它是含蓄意指),才可能有符号的理性化(即,把它变成一种功能),这是书写流行的关键。在图像语言中(摄影、绘画),不存在这种现象,除非当环境与服装的功能联系沟通起来(参见附录Ⅱ)。

[13] 对**不时髦**所产生的幻想只是为了在新的流行来临之际,先使这种幻想破灭。

[14] 在这个法则背后,存在一种流行之外的权威,它是时装**团体**及其经济"理性"。但在这里,我们只停留在系统的内在分析层面。

[15] 当然,如果这些隐喻的严肃性由于嘲讽式的强调形式而表现得像是一个玩笑,靠的也是嘲笑错误的模糊性。我们只敢拿我们不敢成为的东西开心,因为社会谴责那种无意义,流行只有故作严肃。

[16] 再一次,**"花呢对于面料来说,就像是荷兰王室对于证券交易所一样:万无一失的投资"**。

[17] 杂志规定它自己的流行,或者它将自己限制在传递**时装团体**构思出来的流行,两者并无多大差异。在所有杂志修辞中,两种情况都不存在。

[18] 我们已经看到,出于委婉,流行很少提及不时髦,即使提到的话,也总是以当前的名称,作为一种反价值而提到的。它毫无顾忌地把昔日还是随意绘就的线条称为**角和突破**。它说,**今年,外套会是充满朝气、柔韧的**,那么,难道去年它们就是老气横秋、硬实的吗?

[19] 现在,我们可以给流行的**无意义**下个定义:它是背弃,一种具有强烈归罪感的情绪。

[20] 在墓碑上可以读到。

结　　论

第二十章 流行体系的经济学

I. 流行体系的独创性

20-1 语言，意义的监护人和世事的入口

我们曾经有几次机会来论述大量发行的流行时装杂志(可能会被视为真正的流行杂志)，在多大程度上改变了流行现象，并扭转了社会意义:跨越书写沟通，流行变成了一个自主的文化物，具有自身的独创结构，或许还有一个新的结局;其他的功能都从属于(或附加于)通常是被流行服饰认可的社会功能[1];这些功能类似于那些文学中所具有的功能，概括而言，就是经由从此以后控制它的语言，流行变成了**叙事**。语言行为作用于两个层面，即直接意指层和含蓄意指层。在直接意指上，语言既充当起意义的生产者，又是意义的监护人。它强调了流行的语义本性，因为通过其术语系统的不连贯，它衍生了其符号，而正是在这一点上，现实只是一个连续实体[2]，很难精确地进行意指。从类项的肯定上可以清楚地看到这种意义的衍生:当(书写)流行使**亚麻**产生意指时，它小心翼翼地在真实服装的语义可能性上加以改进。这件衣服实际上只是在相对于**厚重织物的轻薄织物**上才产生意义。语义把这种基本结构分解为成千的语义类项，从而建立起一个系统，其存在合理的理由不再是利他的(使轻与重相对，就得让冷与热相对一样)，而只是语义上的。因此，它建立起一种意义，作为思维的真正奢华。更进一步来说，由于符号的扩大，语言再一次介入，但这一次是为了给予它们以结构的**支撑**。正是通过名称的稳定(尽管这种稳定性也可能是相对的，因为名称也趋于消亡)，语言抵御住了实际的动荡变化。这在系统逻辑中是显而易见的。那些禁止某某属项与某某类项相

遇的禁令其实并不是绝对的。没有什么是永恒的,但流行的禁令却是绝对的,因而意义也是必须的[3],不仅是在同时性上,而且是在更具深度的术语系统上也是如此。同时穿两件罩衫或许是不可能的,除非他有权改变第二件罩衫的名称。但当语言否定了这种权力(至少在其自身同时性的范围之内),流行可自成一种逻辑,或者我们可以说,自己构建一种十足的系统。因此,在直接意指层面,语言担当起管理者的角色,完全受制于语义目标,可以说,流行言语表达的程度只是它想成为一个符号系统的程度。然而,在含蓄意指层面,它的作用全然两样。修辞使流行充分展现于世事,经由修辞,世事在流行中的表现,就不再是抽象意义上的人类生产力,而是"理性"的整体,即作为一种理念。经由修辞语言,流行与世事进行沟通,它在人性中形成某种异化,某种理性。但是,正如我们已经看到的那样,在**趋向世事**的运动中,即其含蓄意指系统的运动中,流行也抛弃了其大多数语义存在(它的符号变成了理性,它的能指不再是恰如其分的不连贯的,它的所指变成了不确定的、隐晦的),所以语言具有两种几乎是截然对立的功能,取决于它介入的是系统的直接意指层,还是含蓄意指层(很快我们就会清楚地看到)。系统深层的经济学显然正是居于角色的这种歧异性之中(不管它是单纯的对立,还是一种辩证运动的激励)。

20-2 分类行为

虽然修辞以某种方式消解了修辞之外(在直接意指层上)被详细阐述的符号系统,尽管由此可以说,世事开始于意义的终结之处,但是,现实(而不是"世事",它是真实的)在它为其设定界限之时,就发现了意指作用。鉴于现实的有限性,它的意指就像直接意指系统的分类经济学所体现的那样。这种经济有赖于逐步消除实体(在叶尔姆斯列夫赋予这个词的意义上)。从一开始,我们可以看到,现实以物质、审美或道德约束的形式,否认了某些事物,某些意指作用,它阻止它们不断变化,或者相反,赋之以无穷无尽的变化。这种初始的排斥状态激起意义在事物和性质、属和支撑物之间意义的广泛**分布弥散**。它所依据的路线有时是封闭的(**排斥**的),有时又是开放的(**典型组合**)。这一错综复杂的运动在表述层找到了意义:于一片意义迷雾中现出一个单一的意义,经过一连串母体命令的过滤,最终每一个表述都只有一个意指作用所确定的目标对象,尽管其单元链是缠绕在一起的。这种同形异义的组成使某种等级制度在服饰物体中进行分配,但这种等级制度不再考虑其要素的物质重要性。如今,意义的构建看起来就像是一种反本质的行为。它推进细小的要素,避开重要的因素,仿佛事物的**先设**只须用概念性就能加以弥补似的。因而,意义是根据一种革命风度进行分配的。它有充分的自主权,使它远远地发挥作用,并且最终消解实体本身。产生意指的不是披肩,而是披肩的肯定。意义否认实体所有的内部价值,这种否认或许就是流行体系最为深层的功能。与语言相反,这个系统一方面实际考虑的是受外在语义使用限制的实体(衣服),另一方面,它又绝对不需要利用联合体的中介,像**双重分节**的中介。[4]因为其所指其实在数量上少得可怜,这种束缚,以及这种自由,产生了一种特殊的分类,它依赖于两个原则:一是,每个单元(即,每个母体)像是一种回缩,把不起作用的物质实体引向某个它能孕育出意义的地点。因此,每一次,系统消费者所实施的行为都是在把意义赋予事物,而这些事物的原始存在(与语言相反),不是为意指。二是,无序状态可能会导致大量能指和少量所指攻击一个系统的危险。但在这里,强烈的等级分配压制了这种混乱,其分节与语言的分节正好相反,不再是线性的(尽管受语言支撑),但可以说,是协调一致的。从而所指的贫乏(不管是世事的,还是流行的)经由能指的“智性”结构得到了弥补,这个能指接受语义力量的本质,并与其所指几乎不发生任何关系。因此,本质上看,流行——这是其经济学的最终意义——是一个能指系统、一个分类活动,它与其说是一个符号学规则,倒不如说是一个语义规则。

20‑3 开放体系和封闭体系

然而,这种语义规则为了"消解"实体,细密而坚实地武装自己,而渐渐趋于空泛,它在某一所指的一般属项之下与世事相遇,并且由于这个所指在 A 组和 B 组中是不同的,我们的分析必须沿着两条不同的路线展开。况且,两组类型之间的差异不仅与它们在所指上的性质差异有关(一是多重的,一是二元的),而且更多地涉及它在组成每一个流行表述的那些各不相连的系统层理结构中所处的位置。我们尚未参照这一构建方式,因为它已经分析过了。[5]但现在应该是重新采用它在流行体系的经济制度中所扮演的基本角色的时候了。我们回忆一下,在 B 组中,流行是服饰特征的隐含和直接所指。因而,它构成了简单直接意指的所指。A 组则恰恰相反,它使明确的世事所指替代流行,这样就提高了一个层次,转移到第二所指的行列——含蓄意指的所指。于是最终仍是由流行来构成两个系统 A 和 B 的分散经济的支柱:一是直接意指(B),一是含蓄意指(A),它涉及两种不同的理论,因为所有含蓄意指一方面包括从符号到理性的转化,但另一方面,又让低级系统对世事的观念形态开放。经由直接意指,流行直接参与一个对其能指**封闭**的系统,它与世事的交流只有经由每一个符号系统代表的概念才能进行下去。[6]当含蓄意指时,流行间接地分享着一个**开放**的系统,它于世事的沟通是经由明确世事所指的术语进行的。因此,两个经济制度似乎在相互交换它们的缺点和优点。A 组对世事开放,但正因为如此,它们参与了意识形态赋予现实的逆转。B 组仍保持贫乏,可以说,保持所有直接意指形式上的正直,但却以抽象为代价,这种抽象看起来就像是一种接近于世事的方式。正是其组合体的这种对称的模糊性标志着流行体系。

Ⅱ. A组:异化和乌托邦

20－4 所指的命名

A组对世事的开放基于三个原因:首先,由于它们的所指是命名的,它被语言中产生的术语系统所接管(决定它们的正是这种同构的缺乏),其次,因为在它们中间,流行转移到一种含蓄意指系统的领域,即以理性或本性为伪装。最后,因为流行和所指是经由修辞组织起来的,并且形成世事的表象,与一般意识形态组合在一起。然而,流行向世事敞开后,却逐渐地"支撑"起世事来,即承担着现实的某种更迭转变,我们习惯上是把这种转换以意识形态上**异化**(aliénation)的名称加以描述。当系统"开放"之际,就转化了或者可以说决定了这种异化。所指命名导致这些世事所指转变为一种不变的本质,除了我们熟知的意指作用系统以外:一旦命名,**春天、周末、鸡尾酒会**就会被神化,仿佛本来就能制造出服装似的,而不会仍停留在意指过程的武断关系之中。根据我们熟悉的人类学过程,词把物转化为一种力量,而语词本身也变成了一种力量。更重要的是,能指一方面在两个各自独立、互不相同的事物之间发展一种语义关系,另一方面,所指精心简化系统的功能结构,以一种断断续续的、固定的联系把意义附加于单元之上。我们可以说,它是在把意指作用的整体恢复为一个词汇系统(**真丝≡夏天**)。无疑,这些意指作用实际是变动不停的,因为流行词汇年年都在重新制造。但这里的符号不像语言历时性那样,它不是从内部转化的。它们的变化是武断随意的,而在明确了所指的同时,又给予它以事物的分量,这些事物以**公众亲近性**(une affinité en quelque sorte publique)为依托连接。符号不再是流动的[7],而只是死亡和复活,暂时和永久,多变和合理。经由对其所指的命名,流行不断地把符号直接神圣化。所指和它的能指分离,但仍以其自然的、不可侵犯的权力与之藕断丝连。

20 - 5 蒙上面纱的流行

影响 A 组的第二种异化(即,当它第二次向世事开放的时候)涉及流行在这些组的结构中的位置。在这样一个表述中:**印花布赢得了大赛**,世事所指(**大赛**)从某种意义上讲,是把所指流行驱逐在外,并把它归于含蓄意指(文字上)不可探知的领域。没有什么能断然宣称,印花布和大赛之间的同义要服从于流行价值,而从权力上讲,同义本身也总是并且只是所指流行的能指:印花布只有在流行的认可之下才是大赛的符号(来年,符号又将废除)。在这种形式上的"欺诈"中,我们认识到含蓄意指的定义:流行避免作为一个实际符号,而表现为一个隐匿的规则,一个沉默的恐慌,因为不遵从印花布和大赛之间的同义(今年),就会陷入不流行的错误之中,直接意指系统的隐含所指和含蓄意指系统的潜在所指之间形成对立的差异性可以再度表现出来[8],结果,异化恰如其分地利用了隐含所指的隐匿性。流行以上帝的方式隐藏自我:万能的,但又假装给予印花布充分的自由来**自然地**意指大赛。总之,流行在这里把自己看作是一种羞耻的暴君似的价值,它隐瞒其特征,不再纯粹简单地剥夺其术语表达(像在直接意指总体中一样),而是以人类随意性的名义(世事所指的语义单元)来代替它。因此,含蓄意指与更为一般的异化组合起来,这种异化用不可避免的本性来伪饰决断的武断性。

20 - 6 乌托邦现实和实际乌托邦

向世事开放的最后一点(在 A 组中)是由"引导"流行的术语系统和含蓄意指的同一种修辞构成的。修辞与在理念上从现实转变为其矛盾意象的进程保持一致。修辞系统的功能是经由把同义关系转化为理性,来伪装从其属下表述所具有的系统化和语义本质。尽管系统本身的修辞活动是反系统的,因为它剥夺了流行话语中所有的符号表象,动用了原因、结果、亲密性等等,简单地讲,就是调动了所有的伪逻辑关系,把世事与衣服的连接变成了**日常**话语的对象。这种更迭活动可以大致比作梦中的**精神活动**：梦也是在调动天然原质的符号，即主要语义系统中的要素。但它以一种叙事的形式把这些要素连接起来，在这种叙事中，语段的力量掩盖了（或伪装着）系统深度。然而在这里，我们看到了一种颠倒的道德观，就流行修辞虚构的程度来说，它重新利用世事的某种现实来对抗术语系统，这种系统是（在文字上）深不可测的：严肃的互换于出现于真实和幻象之间，出现于可能的和乌托邦之间。在术语层面上，语义单元（**周末、晚上、逛街**）再度成为现实世事的碎片。但这些碎片已经是暂时的和虚幻的，因为世事并没有对**这件毛衣**和**这个周末**之间的关系赋予任何世事的限制：它并不是在真实系统的核心上体现它。因而，在文字上，流行中真实的东西纯粹是肯定的（我们不可知所意味着的）。面对这种术语层面的"非现实性"，流行修辞反而更为"真实"。由于它是由连贯的意识形态吸收的，以完整的社会现实为基础。**这件毛衣适合于周末穿**。在术语层面上，不过是一个肯定而已，由于它是**物质**的，因而是未异化的。相反，**如果你周末准备去都兰**（Touraine），**去你丈夫老板的乡村小屋，这件毛衣是必备之物**，这就是把衣服和整个情境联系在一起，既虚幻又真实的情境。与小说或梦具有同样深刻的真实性。正是在这一程度上，我们可以说，术语层面（直接意指）即是乌托邦式现实的层面（因为实际世事其实并不包括服饰语汇，尽管其要素——一是世事，一是衣服——可能是真实地赋予的），不管修辞层面是否为实际乌托邦的层面（因为修辞情境的完整性直接源于实际故事）。我们可以换种方式说，流行毫无**内容**，除非是在修辞层面，当流行系统殒灭之际，它也就向世事开放，自身充满了现实，变成异化和"人类"，从而以符号的方式演示着现实概念性的基本模糊性。不与现实分离，就不可能**谈及**它：去了解它即是与它同谋。

20-7 符号的自然化

直接意指的非现实和含蓄意指的现实之间的互换，与符号转变为理性的过程是一致的，它看起来就像是 A 组的基本过程。正是由于这些组建立衣服和世事的"自然化"视野,它们以其自身的方式(同时是乌托邦的和真实的)与产生它们的社会组合在一起。虽然纯粹和宣称的符号系统从来都只代表了人类竭力制造"意义"的努力,与所有的内容无关。符号向理性转换的一般要义在流行体系之外,也不难理解。其实,A组证实了我们所称的符号学矛盾:一方面,所有的社会似乎都在不断地开展活动,以深入意指作用的现实,通过建立起强大、完善、井然有序的符号系统,把事物转化为符号,从而建立起对意指过程的理解;另一方面,一旦这些系统建立起来(或更为确切地说,当它们正在建立之时),人类在伪装他们的系统本质时以及重新把语义关系转化为自然或理性关系时,表现同样活跃。这里有一个双重过程,既矛盾,又互为补充,既是意指作用的,又是理性化的。这至少在我们的社会里确实存在,因为我们不能肯定,符号学矛盾的应用有一种普遍意义,有一种人类学规则。社会的某些无序类型使它们精心阐释的概念性得以保持一种公开领导整体的形式,人自己无法分担把自然和超自然转化为理性的危险,而只是承担了释读这种转化的危险。世事是不能"解释的",它被阅读,哲学是一种 mantique。[9] 反过来,我们社会的特定特征——尤其是我们大众社会的特征——似乎是在经由我们在这里用**含蓄意指**的名称来加以描述的原始过程,把符号自然化或理性化。这说明了为什么我们社会精心阐述的文化物都是武断随意(像符号系统一样),尚未完善(像理性进程一样)。于是,我们可以设想,根据人类社会语义系统"率意直言"的程度,根据它们为事物所绝对划定的概念性是坦率意指的,还是宣称为理性的,或者,再一次根据它含蓄意指的力量来定义人类社会。

Ⅲ. B组:意义的失落

20‐8 无限隐喻

与A组的开放和异化相比,B组显得有点单纯。实际上,它们并未经历所指的"具体"命名。在它们中间，流行仍保持着直接意指价值。只有通过衣服的修辞（更何况，就像我们已经看到的那样，这还是一个贫乏的修辞[10]），通过意指作用的修辞（它把流行肯定转变为规律或事实），它们才会变成世事的异化。再说，这样的转换并不是一成不变的，它们在这样或那样的表述中仍是偶然的，换句话说，B组不会"撒谎"。B组中，服装公开意指流行。这种单纯——或鲁莽——出于两种情况。一是由流行直接意指在其能指数量和所指数量之间产生的极度不成比例形成的。在B组中，所指绝对是唯一的[11]，无论何时何地，它总是流行。能指数量众多，它们包括服装的所有变化，包括流行特征的过剩。由此，我们看到一种无限隐喻的经济体系，它在某个所指的能指以及同一所指之间自由变幻。[12]建立起倾向于能指的比例关系，并非毫无价值。任何一个包含着大量所指为一个有限数量能指的系统，都会产生一种焦虑，因为每个符号都能以几种方式读解。相反地，任何颠倒的系统（具有大量的能指和数量萎缩的所指）是一个为了愉悦而产生的系统，越是强调类型的这种不成比例，愉悦的感觉就越强烈：只有一个所指的隐喻清单就是这种情况，它建起一种慰藉的诗意（例如，在连祷文中）。于是，凭藉它的符号学结构，隐喻看起来就像是一种"镇定自若"的操作者。正是因为它是隐喻的，B组中的流行才会是一个愉悦的物体，尽管建立流行的武断规律具有组合特征。

20-9 意义的失落

隐喻过程（在这里是一个激烈的过程，因为所指是独一无二的）只是B组的这种"单纯性"的第一种情况，我们刚才讨论过，第二种情况涉及所指的本质，这是所有的流行表述在只涉及衣服时的核心问题（这是B组的情况）。这个所指其实是循环论证：流行只有通过它自身才能确定，因为流行只是一件衣服，流行服饰只不过是流行决定它为时髦的东西而已。因此，从能指到所指，一个纯粹的自反过程是建立在所指不断空泛的过程中，也可以说是内容空泛的过程中，但这一过程丝毫不会放弃它的意指力量。在这一进程中,衣服是作为某一事物的能指而构建起来的,但这一事物却不过是这种构建而已。或者,为了能更为精确地描述这一现象,应该是,能指(即,流行时装表述)不断地通过意指作用的结构释放意义(对象物、支撑物、变项、母体的层理结构),但这种意义最终仍不过是能指本身。因此,流行怀着一份弥足珍贵的矛盾,即,**语义系统,其唯一的目的就是使它精心加以详细阐述的意义失落**。于是,系统抛弃了意义,但却不放弃意指作用的任何一个方面。[13]这种自反活动有一个心理模式:形式逻辑。像逻辑一样,流行是由单一循环论证的无限变化决定的;像逻辑一样,流行寻求的是同义关系和有效性,而非真理;像逻辑一样,流行被抽去了内容,却保留了意义。就像是一架保持意义却不固定意义的机器,它永远是一个失落的意义,然而又确实是一种意义,没有内容的意义。它变成了人类自恃他们有能力把毫无意义的东西变得有所意指的一种景观。因而,流行看起来就像是意指作用的一般行为的典型形式,重归文学的存在,它提供给人们阅读的不是事物的意义,而是它们的意指作用。[14]于是,它变成了"十足人类"的符号,这种基本的地位绝不是脱离现实。在书写服装系统展示其最为形式化的本质之际,也是它与其最为深远的经济环境联合之时。时装杂志之所以会成为一种持久的制度,关键就在于(绝非空泛)意指作用的活跃进程。因为对**这一本**杂志来说,"说"即是标记,标记就意味着产生意指。杂志的言语是一个充分的社会行为,不论其内容如何。这种言语可以无限地发展下去,因为它是空泛的,但又有所意指。因为,如果杂志确实有什么东西要说,它会形成一种规则,其目的就是要穷尽这个东西。相反地,杂志从所有观点的纯粹意指中获得其言语,从而开始了一个纯属基础支撑性的进程,它所开创的事业从理论上讲,是无限的。[15]

20-10 流行现在时态

B组形式上的单纯和封闭性是由流行极为特殊的时间性支撑的。当然,在A组中,服装与世事的同义也是流行支配的,受制于一种报复性的当前,它每年都要牺牲前一年符号:只有**今天**,印花布衣服才代表了大赛。而流行以功能和理性的形式,让它的符号向世事敞开,仿佛是在让时间服从于更为自然的顺序,其中,当前变得缄默不语,变得有点羞耻,在含蓄意指中伴随着流行。所有自然性的藉口都从 B 组中消失了,由此,流行现在时态保证了系统公然的武断随意性。这个系统最接近其共时性,每年它都要全盘颠覆,轰然一声,便崩塌为过去的毫无意义。理性或自然不再控制着符号,一切都是为了系统的利益,开始对过去的公然扼杀。B 组,或者说是逻辑流行,认可了现在与结构之间的典型混乱。一方面,流行的**今天**是单纯的,它破坏了周围的一切,强行地否认过去,指责未来(只要未来僭越了季节)。另一方面,每一个**今天**都是一副志得意满的结构,其规则与时间的同时扩展(或格格不入)。[16]就这样,流行驯服了新潮的东西,甚至在它尚未制造出来之前,由此而产生了一个矛盾,即"新潮"是不可预知的,但又是合法化的。总之,我们可以说,流行将不可预知的东西变得容易控制,却不剥夺其不可预知的特性。每一流行都是无以名状的,同时又不悖常规。长期的记忆销蚀以后,时间简化为一对排除在外的东西和正式介入的东西。纯粹流行、逻辑流行(B 组中的)从来都只不过是现在为过去丧失记忆后准备的代用品。[17]我们几乎可以说是流行神经症,但这种神经症融入渐增的热情中,融入意义的构造物中。流行,只有在它表演意义、**玩弄**意义时才是不忠诚的。

Ⅳ. 流行的双重体系

20‐11 流行的道德模糊性

一个语义完整的体系是一个封闭的、空泛的、自反的体系。B 组就是一例(至少在它们不把流行决定神秘化的时候)。当系统经由含蓄意指的途径向世事敞开的时候,它就崩溃了。流行的双重体系(A 和 B)就像是一面镜子,从中可以读出现代人的道德困境。每一个符号系统一旦被世事"充斥",它就要被强行拆散,改变自我,崩隤。为了将自身向世事开放,它必须逐渐异化。为了理解世事,它必须从世事中回撤。一种深奥的二律背反,使生产行为模式与反应行为模式分离,使行动系统和意义系统分离。经由其 A 组和 B 组的分散,流行亲身体验到了这种双重假定。有时候,它用世事的断片充斥其所指,并将它转化为用途、功能、理性的梦想;有时候,它倾空这个所指,回复到剥去所有观念实体的结构行列中去。一个"自然"系统(A 组中)或一个"逻辑"系统(B 组中),流行也就从一个梦想漫游到另一个梦想,全凭杂志扩大世事所指,或是相反地,去破坏世事所指。出版物具有广泛的大众读者群,它们体现的似乎是自然时装,具有丰富的功能—符号,而成为"贵族"的出版物则喜欢展示纯流行。这种动荡与历史环境是一致的:最初,流行是一种贵族模式,但这种模式如今受制于民主化过程的强大压力。在西方,流行逐渐成了一种大众现象。正是由于它的消费是通过大众传播的出版物进行的(书写流行的重要性及自主性也正在于此),公众社会接受了体系的成熟(在这个例子中,即是其"无偿性"),他们达成协议:流行必须突出其声誉的根源,即贵族模式——这就是纯粹流行。但与此同时,流行必须以一种愉悦的方式,通过把内在世事的功能转化为符号(工作、运动、度假、季节、庆祝会),来表示其消费者的世事——这就是自然流行,其所指是有命名的。出于它的模糊地位:它意指世事,也意指自身,它或是构成一种行为的框架,或是构成一种奢华的景象。

20-12 转形

然而,在流行的一般体系中,有一块领域是被保留在结构之中而进行渗透之现象(其重要性正在于此),此即为流行所称的**转形(夏天的风衣在冬天会变成雨衣)**。这是一个绝不过分的概念,我们之所以会赋之以典型涵义,是因为,在过渡行为规则和符号规则之间的持续对立中,转形的概念为两者的冲突提供了一个解决办法。其实,转形出现于系统前沿,而从不会超越它。一方面,它始终要依赖于结构,因为表述总是要结合一段时间(在能指中,它是不变的,一般总保持着将转形服装持续不断的意指作用作为目标的对象物)和一个变化(转形自身[18])。但在另一方面,为了成为历时性的,变化不再是潜在的(即,同时性的)。历时性经由转形,被引入系统,不再是作为复仇似的现在,不再轻轻一抹即销蚀了过去的所有符号,而是以一种慰藉的方式引入的(正是因为它是被术语系统本身认可,所吸收的)。因此,融和的时间(过去不再是被消除,而是被利用),新的"做事"(流行语言变成了真正的制造者)以及符号系统的表达(制造出来的物体仍符合通常的结构),这三者结合于转形之中。总之,这是流行为过去和现在、事件和结构、"做事"和符号之间的冲突所提出的一个辩证解决方案,这种解决办法很自然地又与经济现实联系起来。转形在现实中是可能的(它花费很少),同时仍不失其特别的技巧。流行越来越多地把这种转形融入它的表述中去。

V. 面对系统的分析家

20‑13 捉摸不定的分析

对于一个面对,或者更进一步讲,是**处于**他刚才研究过的系统普遍性之中的分析家,我们仍有一些要加以说明。这不仅是因为,把分析家看作是与这种普遍性格格不入,不啻为一种欺诈,而且还因为符号方案为分析人士提供了一种形式工具,以深入他所构建的系统中去。更重要的是,它是迫使他去深入。可以说,正是在这种强制义务中,他发现了他的终极哲学,保障他既参与历史的游戏,在这段时间内,他是固定不动的,同时又保证他重新回到现在的时态,这样就必须剥夺他从其他语言,从其他科学中得到的利益。为了理解这种形式术语上的运动(在这里,我们没有其他方案),我们必须回到修辞系统。[19]我们已经看到,这个系统的所指在系统使用者的层面上并不容易控制：它是潜在的、一般性的，无法被那些接受含蓄意指信息的统一方式**命名**。它没有确定无疑的术语存在，除非是在分析学的层面，他的功能就是在潜在所指上再附加一个专业语汇。他独掌发现揭示的大权。如果他把某某修辞所指命名为**调和**或**愉悦**[20]，他深知这些概念在流行读者中间是不使用的，他也知道，为了利用这些概念，他必须借助于一个封闭性的概念性语言，简单地说，就是借助于书写。现在，这种书写，要像一个新的元语言一样，在流行的系统—物体上，发挥作用。于是，如果我们试图表示流行体系不再是在其本身之内（我们出于必须，迄今为止，一直在假装这样去考虑），而是它在分析过程中必然会露出来，即，完全托付于一种多余的言语，我们就必须以下面的方式来构筑同时系统的图示[21]：

4. **分析家的语言**
3. **修辞系统**
2. **术语系统**
1. **服饰符码**

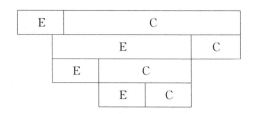

显然，尽管它是一种"操作手段"，而非一种"含蓄意指"[22]，分析家的元语言仍难免成为介入。首先，在他语言的范畴之内（这里是指法语），因为语言不是现实；其次，在他所处的历史情境下，在他自身的存在中，因为写作从来都不会是中立的。[23]譬如，利用结构来谈论流行[24]，就意示着某种选择，其本身依赖于研究的某种历史情境，依赖于在这个问题上的话语。从而，我们认识到，符号分析和修辞表述之间的关系全然不同于真理和谎言之间的关系：它从来都不是对流行读者"解密"的问题。这种关系是互为补充的，内在于流行及其分析所从属的无限系统（尽管时间上是有限的）。当服务修辞假定某种修辞理念时（即世事的自然本性，其大胆创新和谨慎在法律上是成了"真正"的心理本质），分析家们则重建了某种**文化**的理念（**大胆创新**和**谨慎**符合世事介入的断片化，它们的结合形成了人有意去制造愉悦的藉口）。而系统绝不会把这种释读的大门关上，自然本性和文化之间的对立是某种元语言的一部分，即某种历史状态的一部分。其他人过去难以（或者将来也不会）言表的是暂时的二律背反。因此，系统—物体和分析家的元语言之间的关系并不表示对分析家来说深信不疑的"真正"实体，而是一种形式上的有效性。这种关系既是短暂的，同时又是必不可少的。因为人类的知识无法介入世事的生成变化过程，除非经由一系列持续不断的元语言，每一个元语言在判断的同时又在异化。这种辩证法可以再度用形式术语表示：分析人士在其自身的元语言中谈论修辞所指，他孕育出（或者吸收了）一种无限的科学。因为如果碰巧有人（其他人或稍后于他的人）采纳了他写作的分析，并试图揭示其内容，如果碰巧有人不得不借助于新的元语言，反过来给他以启示。当结构分析最终将不可避免地走向语言—对象物的行列时，它会在一个反过来解释它的高级系统中得到认识。这种无限的结构并不是一种诡辩，它阐释了过渡性，并在某种程度上，克服了研究的主观性。它证实了所谓人类知识的赫拉克利特本质，每一次它都因其反对把真理与语言联系起来而为人诟病。这里所包含的必要性也正是结构主义竭力加以理解的，即加以言说：符号学家就是那种用他业已命名并理解世事的术语来表达自己未来之消亡的人。

注释：

[1] 自斯宾塞（Spencer）以来，社会学对更迭和模仿的辩证关系进行了分析。

[2] 在讨论摄影时，这显然是无效的。

[3] 我们想起，意义是一种有控制的自由，其限度也是作为选择构成的。

[4] 在流行体系中，我们不能像刚才描述它那样谈及双重分节，因为母体中各自独立的要素与语言中各异的符号或音素是无法等而视之的。母体能相互组合，但这是系统唯一的组合特征。

[5] 参见3-11。

[6] 然而，我们回想起，即使是在B组中，当流行从属于某个修辞时，它也与世事相互沟通。

[7] 柏格森（Bergson）曾经说过："给予人类语言以特征的，与其说是它们的一般性，倒不如说是它们的流动易变性。本能的符号是一种附着的符号，智识的符号是一种流动的符

号。"[《进化论创始人》(*Évolution créatrice*)，第 3 版，巴黎，阿鲁出版社，1907 年，第 172 页]

[8] 参见 16－5。

[9] 黑格尔：《历史哲学讲录》(*Leçons sur la philosophie de l'histoire*)。

[10] 参见 17－2。

[11] 结构上，所指是双重的：**时髦/不时髦**(否则，它毫无意义)，但第二个术语被取消，排斥于历时性之外。

[12] 在 A 组中，通过泛义素，也有同样的趋势(但在这里，它只是一种趋势)。(参见 14－7 和 8)。

[13] 马拉梅对此仿佛深有感触：**最新流行**不具有完整的所指，也就是说，只有流行的能指。马拉梅旨在通过重建"小衣饰"纯粹的内在性，人为地精心勾勒出纯本能反应的语义系统。世事是意指的，但它意指着"**虚无**"：空泛，但并不荒谬。

[14] 我们已经看到，**意指作用**是一个过程(相对于意义)。

[15] 出版社和流行，我们在这里面对的是具有稳定形式和变化内容的文化物。从这个观点上看，相对来说是未经审视的，我们可以给予这些物体以阿尔戈号船(Argo，希腊神话中，Jason 率领其他英雄寻找金羊毛时坐的船——译者注)的符号，其每一个部件都被逐渐替换，但仍是阿尔戈号。现实是**一种形式**，因而对语言学分析来说是一种绝好的材料。

[16] 正如我们曾经说过的，流行在系统上是不忠诚的。在这，忠诚(像在过去的崩陷)和不忠诚(如同样的这个过去的解构)同样是神经质的，一旦它们采用一种形式，前者就具有一种法定的或宗教的责任[伊里尼斯型(Erinyes)古希腊神话中的复仇女神——译者注]，后者只有"生存"的自然权利。

[17] 实际上，流行假定一种无时性，一个并不存在的时间。在这里，过去是耻辱的，现在不断被流行的前卫所"吞噬"。

[18] 例子：**两面穿大衣，春裙加上一条硬纱领和腰带就可以变为夏裙。**

[19] 参见 16－Ⅲ。

[20] 参见 16－6。

[21] 上面 3－2 给出的图示，我们以一个最简单的组为例，即有三个系统的 B 组(E：表达层，C：内容层)。

[22] 叶尔姆斯列夫：《前言》，第 114—125 页。

[23] 分类学的幻想，即符号学家的幻想，既是心理分析学派的，同时又受历史批判主义的影响。

[24] 分析学家谈论流行，他并不说流行。他被人指责为了进入**逻各斯**(logos)，而脱离**实践**(praxis)，说流行就是创造流行。

附　　录

1. 流行时装的历史和历时

　　如果从一个相对较长的历史时期来看,时装变化是有规律的,如果我们把这段时期缩短,仅比我们自身所处的这个年代早那么几年的话,时装变化就显得没有那么规则了。远看井然有序,近观却是一片混乱。时装似乎拥有两个时期,一个是严格意义上的历史时期,另一个可以称之为**记忆时期**,因为它玩弄的就是某位女士对某一年份之前的时装所持有的记忆。

　　克鲁伯(Kroeber)曾经对第一种或者说历史时期做过部分研究。[1]他选择了女性晚装的几个特征,并对其在很长一段时期内的变化做了研究。这些特征是:(1)裙子的长度;(2)腰线的高度;(3)领口的深度;(4)裙子的宽度;(5)腰的宽度;(6)领口的宽度。克鲁伯采用的这些特征与我们前面描述的某些系统特征是一致的。[2]不同之处在于,克鲁伯研究的是图形而不是语言,他把人体高度作为主要参照,进行实际测量(从脖子到脚后跟)。克鲁伯论证了两个方面,一是,历史并未介入流行过程,除非是在重大的历史变故情况下,加速某些变化。在任何情况下,历史都不会产生样式。流行的状态从来都不能进行分析性的解释,在拿破仑时期和高腰之间并没有任何逻辑关系;另一方面,克鲁伯不仅强调流行变化的周期是有规律的(幅度大约是半个世纪,完整的一个来回是一个世纪),同时也指出,式样的变化会根据比例法则,例如,在裙子的宽度和腰的宽度之间总有一种相反的关系,一个窄,另一个就宽。总之,在一个较短的时间范围内,流行是一个有序的现象,这种秩序源自流行自身,其演化一方面是时断时续的,只有依各自独立的门径才能进行下去。[3]另一方面,又是自发的,因为不能说是在形式及其历史之间存在着一种基因关系。[4]

　　这就是克鲁伯所论述的。这是否是说，历史对于流行过程没有什么控制能力呢？历史无法类推地对形式施加影响，但它确实能对样式的周期产生作用，干扰，或改变周期。由此而颇为矛盾的是，流行只有一段较长的历史，或者根本就没有历史。因为，只要其周期是固定的，流行就游离于历史之外。它是在变化，但它的变化是有选择的、纯粹的和自发的。它不过是一个简单的历时问题。[5]为了让历史介入流行，必须改变其周期，而这只有在长期的历史时期下才有可能。[6]例如，如果克鲁伯的计算是正确的话，我们社会几个世纪以来实现的是同一个流行周期。**只有当这个周期改变以后，历史性的解释才能介入。**由于周期取决于体系（克鲁伯自己概括出来的），历史分析也就不可避免地要沿着系统分析展开。例如，我们可以设想——但这只是一个论证用的假定，因为它是一个服装未来的问题——流行周期（我们几个世纪以来就已经了解这个周期）可能会被阻断，并且，除了细微的季节变化，衣服很长一段时期以来没有发生变化。于是，历史就必须去解释新的永恒，而不是解释新的永恒系统本身，或许还会发现，这种变化是一个新社会的符号，取决于其经济制度和意识形态（例如，"大同世界"的社会）。服装广泛的历史周期所产生的影响程度甚微，以至于会形成固定的制度化的年度流行。实际上，那些并不过分的变化，同样也影响甚微。因为它们没有改变我们西方社会服装的"基本形式"。这里可能还有一个例子，即古代非洲社会在服装上的发展历程。这些社会很善于保持他们的传统服饰，然而，又听任它在流行上的变化（每年都在布料、印花等方面有所改变），于是，新的周期便产生了。

　　正如我们曾经说过的，对于具有稳定周期的历史时期来说，我们必须让它与较短的时段形成对立，与最近几个季节的流行变化，即所谓**微观历时**（micro-diachronie）形成对立。这第二个时期（当然，它是包含于第一个时期之内的）的独特性来源于流行年度特征。它的外表是由一个大的变化标记的，这种变化在经济上的应用已毫无秘密可言。更何况，它还不能穷尽其解释。流行时装是由某些生产集团支撑的,他们为了促使服装的更新,而这种更新如果单凭穿着消费,等着穿破,实在是太慢了。在美国,这些集团被称为**加速器**。[7]对于穿着服装来说(与书写服装相反),流行实际上是由两个周期的关系决定的。一个是损耗期(d),它只在物质需求层面,由一件衣服或全套服装的自然更换时间构成的[8],另一个是购买期(p),它是由购买两次同一件衣服或全套服装的时间构成。(真实)流行,可以说是 p/d。如果是 d = p,即如果衣服一穿破就更换的话,就不存在流行了。如果 d > p,即如果衣服的穿着超过了它的自然替换时间,那么就是贫困化。如果 p > d,即如果买的衣服超过她所要穿的,那就是流行。购买期大于损耗期越多,流行的倾向就越强烈。[9]

不论真实服装的情况怎样,书写服装的周期始终是一年一度的。[10]从这一年到下一年的样式更新似乎是毫无规律的。这种无规律性究竟源于何处呢?最明显的莫过于流行体系远远超出了人们的记忆,甚至——并且首先——是在一个微观历时过程中,也看不出任何变化规则。当然,流行可以通过替换一个单独变项的简单术语,沿对立方向年复一年地发展:**柔丝**代替**硬塔夫绸**。柔软变项的术语"倒转过来",但脱离了这种特定的例子,这些变化规则就逐渐变得混乱起来。主要原因有两个,一是出于修辞,一是出于系统本身。

在书写服装中,例如,裙子的长度——一般人总是把这个特征视为流行变化的重要象征——不断被华丽的辞藻弄得含糊不清。除了高级时装设计师中的顶尖人物经常为同一年度设想出不同的裙长以外,修辞不断地用厘米来混淆口头评估(**长的、较长的**)和量度的区别。因为如果,在共时层面上,语言经由使服装裁剪产生的意指变化而加速了意指作用的进程,在历时层面上,它剥夺了它们活力的对照。对比尺寸(像克鲁伯所做的那样)要比对比言词容易得多。其次,在系统层面,流行很容易放弃简单的聚合关系变化(**柔软/硬挺**),并且随着年份的推移,转变为另一变项的标写。其实,共时性从来都不过是由遴选出来的特征构成的整体。[11]支撑物的柔软性可以标记,其变项可以改变:这就是制造一个新的流行所必须做的一切。在数字上,一个支撑物和变项所适用的组合取决于支撑物的丰富程度。如果我们保证,一个支撑物平均能适用于 17 个变项,那么对于每一个流行来说,也有了超过几百个可能产生的系统变化,因为我们已经确定了其中 60 个属支撑物,加上同一变项的内部变化,支撑物和变项之间的组合就有了充分的自由,所以以任何流行预测都是困难的。

其实,这并不重要。我们感兴趣的是,如果流行预测是错觉的,它的结构方式绝不是。[12] 在这里,有必要回忆一下,一件衣服越是一般化,其变化就越是显得清晰可见。形成一段持续期的一般化时间(像克鲁伯的),似乎要比我们生活的微观历时性更具组织条理性。一个一般化样式也是如此,因为如果我们能够对比外形(书写服装不允许这样做),我们就能轻易地抓住流行特征的"变化"[13],其现实化过程是充满危险的,但其记忆库却是完全结构化的。换句话说,流行是在其历史层面上建构的,因此,也只有在其认知的层面上,即在现实中才能加以解构。

因而,流行的混淆并非出于其地位,而是出于我们记忆的有限性。流行特征数量众多,它是无限的:我们完全可以设想一台制造流行的机器。流行的组合结构自然会神话般地转变为一种愉悦的现象,一种直觉的发明创造,一种不可遏制、因而也是充满活力的新型式的扩张:有人告诉我们,流行讨厌体系。神话再一次把现实颠倒过来:流行是一种秩序,去制造一种无秩序。这种从现实到神话的转化过程是如何产生呢? 是经由流行修辞进行的。这种修辞的功能之一就是淡化我们对过去流行的记忆,以评议形式的数量和回潮。为此,修辞不断地给予流行符号以功能的借口(似乎要把流行从语言的系统性中抽离出来),它质疑过去流行的术语,使当前流行的术语变得愉悦,它玩弄同义词,假借它们以不同的涵义[14],它扩大了单个能指的所指,以及单个所指的能指。[15] 总之,系统淹没于文学之中,流行消费者被拖进一种无序状态,这种无序很快就变成了遗弃,因为它导致人们以一种新的形式来看待现在。毫无疑问,流行完全属于一种朔日现象,这种现象可能在资本主义发轫之初,就出现在我们的文明社会里[16]:以完全制度化的方式来看,新即是一种购买价值。[17]但在我们的社会里,流行中新潮似乎还有明确的人类学功能。它来自其模糊性:既是难以预见的,同时又是系统化的;既是有规律的,同时又是未知的;既是偶然的,又是结构化的。它奇迹般地糅合了概念性(少了它,他们就无法生活)和生命神话所固有的不可预知性。[18]

2. 流行时装摄影

流行能指(即衣服)摄影存在着方法问题。在这个研究分析开始时,我们曾将其抛开。[19]但流行时装(并且这种情况日益普遍)摄下的不仅是它的能指,还有它的所指,至少就它都出自"世事"(A组)来说是这样。这里,我们要谈谈对流行世事所指进行摄影,以完成对所指修辞的探讨。[20]

在流行时装摄影中,世事通常被拍摄成为一种装饰,一种背景或一个场景,简单地说,就是一个剧场。流行时装剧场总是有主题的:一种理念(或更确切地说,一个单词)经过一连串例子或类比而变化。例如,以**艾文霍**(Ivanhoé)为主题,装饰发展出苏格兰式、罗曼蒂克和中世纪的变化:光秃秃灌木的枝叉,古老坍塌城堡的城墙,暗道之门和一道壕沟:这是格子裙。这件旅行斗篷适于乡下阴冷、潮湿天气穿? 北站,金箭头,码头,废渣堆,渡船。回溯这些意指组合是一个基本过程:理念的联想。**阳光使人想起仙人掌,黑夜使人想起青铜雕像,马海毛使人想起绵羊,皮毛使人想起野兽,野兽使人想起笼子**:所以我们会展示一位身穿毛皮的女人,在粗铁柱的后面。**正反两面穿的衣服**怎么样呢? **打牌**,等等。

意义剧场可以采用两种不同的气氛。它可以注重"诗学",因为"诗学"是理念的联想。流行试图表现实体联想,以建立形体的或普通感觉的同义关系。例如,它会把针织毛衣、秋天、羊毛和农场马车的木材组合起来。在这些诗学链中,所指总是出现的(秋天、乡村周末),但它经由同质实体而分散,包括羊毛、木板和寒冷——概念和质料混在一起。可以说,流行目的在于重新抓住事物和理念的同质性,羊毛转变为木板,木板转变为舒适,就像巽他群岛(Sonde Islands)上的蝙蝠从枝干上垂下,如同枯叶的形状和色彩。在其他情况下(或许日益频繁),联想气氛变得很滑稽,理念的联想变成了简单的文字游戏,像"梯形"主题,模特儿就穿上梯形线条等。在这种式样中,我们再发现了严肃(冬天、秋天)和轻快(春、夏)在流行中的对立。[21]

在这种意指装饰中,女人是活生生的:衣装的穿戴者,杂志不断地用活动中的服装代替所指不发生作用的表象。[22]主体被赋予某种过渡特性,至少主体展示了某种过渡性的更壮观的符号,这就是"景象"。这里,流行控制有三种风格,一是客观的、文学性的。旅游就是一位妇女弯腰看看路线图,参观法国就是把你的视线停留在阿尔比(Albi)花园前面的旧石墙上;母亲拉着一个小姑娘,抱在怀里。第二种风格是罗曼蒂克的,它把景象变成一幅画面。"白色的节日"是一位妇女穿着白色衣服,站在紧靠绿草如茵的湖边,两双白天鹅泛波湖上("**诗学的出现**");夜晚是一位妇女穿着白色晚袍,怀里抱着一个青铜雕像,在这里,生活接受艺术的保护,修辞有了高雅艺术,这足以让人把它理解为它正展示着美丽或梦想。第三种经历景象的风格是嘲讽。妇女以一种滑稽的形式,或更进一步,以戏剧化的方式被摄入,她的姿态,她的表情都是夸张的、漫画式的。她夸张地张开大腿如孩子般故做惊奇,摆弄着过时的饰品(一辆旧车),像一座雕像似地高高站在台上,六顶帽子叠在她头上,等等,总之,由于嘲讽而使她显得不真实,这就是"疯狂"和"愤怒"。[23]

这些汇编(诗学、浪漫或"愤怒")的要点是什么?或许太明显的矛盾使得流行所指不真实。实际上,这些风格的领域不外乎某种修辞:经由把其所指置于引用标记,也就是说流行考虑到自身的语汇,而保持某段距离。[24]由此,流行使其所指不真实,从而使所有较真实的东西都成为其能指,即服装。经由这种补充性经济,流行从对其读者的一味迎合这种毫无作用的意指背景,转移到模特儿的现实,但模特儿却不因此而凝滞,冻结于景象边缘。这里有两个少女在分享着同一种信念。流行把一朵大雏菊送给某个女孩,即是给予这种所指以符号(敏感的、浪漫的少女)。但由此,所指、世事,以及**除服装以外的所有一切东西**都在辟邪,剥夺了一切自然主义:除了服装,没有什么似乎真实的东西能保留下来。在"愤怒"风格的例子中,辟邪尤为活跃。这里,流行最终达到意义的**失落**,我们在B组世事中已加以界定。[25]修辞是一种距离,几乎如同否认一样遥远。流行效果对意识的突然冲击,给符号的读者以一种破解秘密后的感觉。流行一面制造出天真所指的神话,一面又消解了这种神话。它试图用事物的虚假本质替代人造即替代文化。它并不压制意义,而是在用手指向意义。

注释:

［1］ 克鲁伯和理查森《三个世纪的流行女装》(*Three Centuries of Women's Dress Fashion*),柏克莱和洛杉矶:加州大学出版社,1940年。

［2］ (1)裙子＋长度;(2)腰＋垂直位置;(3)领口＋长度;(4)裙子＋宽度;(5)腰＋紧身(6)领口＋宽度。

［3］ 这不连贯性符合流行的符号特性**"语言只能是突然降生的,事物只能逐渐产生意指的。"**列维-斯特劳斯为莫斯的《社会学和人类学》(*Sociologie et Anthropologie*)所作的序言,巴黎,P. U. F. ,1950年,xlvii页。

［4］ 然而,有些服装史学家竭力想在衣服的时期形式和构建风格之间建立一种逻辑关系。尤为著名的是汉森(H. H. Hansen):《服装史》(*Histoire du costume*),巴黎,弗拉马里翁出版社,1956年;以及拉弗(J. Laver):《服装风格》(*Style in costume*),伦敦,牛津大学出版社,1949年。

［5］ **历时**这个单词可能会让历史学家们感到震惊。然而,必须有一个特定的术语来表示既是时间性的,又是非历史性的进程。我们甚至可以像布龙菲尔德派(Bloomfieldiens)所做的那样,用元时性(méta-chronie)来标识断时续的进程(参见马丁内:《经济学》,第15页)。

［6］ 周期属于历史,但这个历史是一个长期的历史作为一种文化物,衣服属于费迪南·布罗代尔(Ferdinand Braudel)所分析的[《历史和社会科学:长期》(*Histoire et Sciences Sociales: la longue durée*),载于《年鉴》,第13版,第4卷,10月-12月,1957年,第725-753页]。

［7］ 与那些围绕高级时装设计师所精心编造的神话相反,很有可能倒是那些千篇一律的成衣在服饰购买的实际加速增长过程中起了决定性的作用。

［8］ 显然,一个完全抽象的假设,不存在什么"纯粹",尤其是对有目的的沟通的抽象需求。

[9] 有时候,书写服装可以从穿着本身(即由一个所指)产生一种价值。"皮衣的魅力随时间的推移而增长,就像酒的价值一样。"(《时尚》)

[10] 为什么女装的周期要比男装的周期快得多?"男人的衣服,统一制作,无法轻易显示出一个人的经济地位,而这一角色便落到女装身上,因为男人是经由时装,以一种间接的方式来表现他的经济地位。"[杨(K. Young):《社会心理学手册》(*Handbook of Social Psychology*),伦敦,劳特利奇和基根·保罗出版社,第4版,1951年,第420页]。

[11] 这个例子是为说明1958年的"柔性打扮"特征而挑选出来:"罩衫式衬衫,开襟羊毛衫,柔软的长裙,茄克袖子下露出袖口,领子卷下,敞开以露出项链,轻松随意的腰身部分系条柔软的腰带,稍重的针织钟形帽戴在脑后。"这个表述采用了这些特征:罩衫+柔软+闭合状态,背心+属,裙子+柔软,领子、项链+显露,项链+增加,腰+标记,腰带+柔软,发式+属+方式,实体+属。

[12] 语言也有同样的问题,它会因为不同单元的数量减少而变得比较简单,也会因为双重分节而更加复杂。南美西班牙语只是由21个不同单元组成,但同一种语言的字典却包含着成上万种不同的意指因素,认为系统是排斥偶然因素可能是错误的,相反地,偶然性是任何一种符号体系的基本要素(参见R. 雅克布森:《论文集》,第90页)。

[13] 这就是杰出的服装史学家杜鲁门(N. Truman)所做的《历史的服装》(*Historic Costuming*)。这种一般化符合克鲁伯的基本类型(或者用施特策尔的表达就是基本灵感),由此而导致一段时期之内的服装。

[14] "1951年,羊毛皮备受推崇;1952年,又成了羊绒皮。"

[15] "缎子占了上风,但丝绒、锦缎、罗缎和缎带也不例外。"

[16] 在文艺复兴时期,一旦有人买了一件新衣服,他会立即画一幅新的画像。

[17] 流行属于鲁耶尔(R. Ruyer)所分析精神食粮现象的一种(《精神食粮和经济》(*La nutrition psychologique et l'économie*),载于《应用经济科学学会会报》,第55期,第1—10页。

[18] 流行融合了从众的欲望和孤立的欲望,用施特策尔的话来说,就是不具任何危险的历险(《社会心理学》,第247页)。

[19] 参见第一章。

[20] 参见第十八章。

[21] 所必须揭示的(但谁会教我们去做呢?)是当冬天变成一种模棱两可的价值之时,有时转变为家庭的、甜蜜以及舒适的愉悦神话。

[22] 实际上,这是流行时装摄影中最令人奇怪的东西。"活动"的是妇女,而非服装。凭藉严肃空气非真实的扭曲,妇女被束之于活动的极端,但她所穿的衣服仍是静止的。

[23] 在这一研究框架内,我们不能确定流行中"愤怒"出现的时间(这或许很大程度上要归因于电影),但可以肯定,它有某些革命性的东西,因为它打破了传统流行禁忌:艺术和妇女(妇女不是取笑的对象)。

[24] 精致的修辞被当作某种技巧:装饰的过度奢华(相对于服装的简洁),像影像梦幻样被扩大。运动的不可预知性(定格于最高点的那一步)。模特儿的前台性,她们无视摄影姿势的传统,直视你的眼神。

[25] 参见20-9。

名词对照表

前　言

进程　voyage

索尔绪　Saussure

符号学　semiologie

分化　divise

分节语言　langage articule

书写的　mode ecrite

描述的　decrite

语句　phrases

言语的　parle

转译　traduction

湮没的　deborde

能指　signifiant

所指　signifie

理性　raison

意指　signification

夸富宴　potlatch

复制　copierait

概念性　intelligible

第一章

意象服装　vetement-image

书写服装　vetement-ecrit

措辞　tours

真实服装　vetement-reel

看　voir

技术的　technologique

肖像的　iconique

文字的　verbale

言语　paroles

转译　traduties

转形　transforme

转换语　shifters

表象　representation

效果　effet

流行服装　vetement de Mode

表现　represente

印在纸上　imprime

共时性　synchronie

纯粹性　purete

流行　la Mode

字符码　sous-code

超符码　sur-code

样式　modele

涂尔干　Durkheim

莫斯　Mauss

唯社会学　sociologique

意义　sens

文字体　corpus

米什莱　Michelet

言语　langue

她　Elle

时装苑　Le Jardin des Modes

时尚　Vogue

时尚新闻　L, Echo de la Mode

差别　differences

区分　distinguer

标写　notations

描述　description

最大限度的　optima

知识　connaissance

知识　savoir

老土　demode

标记　notation

功能函数　function

词语　dites

自说自话　se dire

言语　langue

语言　parole

制度化的　institutionnel

服装　vetement

装扮　habillement

选择　choisi

噪音　bruit

第二章

对比替换测试　l'epreuve de commutation

共变　variations concomitantes

对比项　classes commutatives

世事　monde

充入　emplissant

同义　equivalence

读解　lecture

阅读　lire

符号　signe

服饰符码　code vestimentaire

深度　profondeur

诠释　demeler

第三章

服饰　vestimentaire

系统　ERC

分节　articulation

直接意指　denotation

含蓄意指　connotation

对象语言层　langage-objet

元语言层　metalangage

操作法　operations

修辞　rhetorieçue

习得　enseignee

言说　parlee

忘记　oublier

自然　naturel

角色　role

地质学　geologie

语言系统的一部分　pars
orationis

欧伊特　Auteuil

真实服饰符码　code vestimentaire
reel

书写服饰符码　code vestimentaire
ecrit

术语系统　systeme terminologique

大赛　les Courses

命题　proposition

参照物　reference

剩余物　reste

小小的　petit

标写　notation

标记　note

真正的　reelle

证实　prouve

第四章

集合　bloc

转形　transformation

分形　decoupage

准备　preparation

妥协　compromis

脱水　evaporer

辉煌的　brillant

严格的　strict

转译　traduisent

诀窍　rcette

理解　realiser

使用　usage

提及　mention

伪句法　pseudo-syntaxe

蒸发　evaporer

同义　l'equivalence

组合　combinaison

蕴涵　implication

连带　solidarite

联结　liaison

自然化　naturaliser

戏装　costume

从头到脚　de-haut-en-bas

全身　tout-le-long

丝绸的　velu

丝般的　poilu

利特雷　Littre

简化　reduction

预先编辑　pre-edition

双重共变　variation concomitante

聚合关系　paradigm

转换语　shifter

辅助表述　enonc, es subsidiaires

第五章

段语单元　unites syntagmatiques

聚合关系　paradigm

剪裁　raccourci

对象物　objet vise

支撑物　support

变项　variant

母体　matrice

审美上　esthetique

精美　elegante

质料　matiere

衣素　vesteme

食素　gustemes

变项　variant

变项类　classes de variants

长度　longueur

连带关系　solidarite

双重涵义　double implication

马丁内　Martinet

自主语段　syntagme autonome

特征　trait, feature

第六章

混淆　confusion

扩展　extension

母体的三要素　O. V. S.

特征　trait

布料　tissu

类项的肯定　d'tune espece

填上　remplir

细节　detail

动词　chanterons

词根　chant

汇集组合　recueilli

双重分节　double articulation

同形异义词的句法　syntaxe ho-
mographique

图式点　pattern-points

例行程序　routine

基本布局　briques

基础材料　configurations elemen-
taires

第七章

抗拒力　resistance

类项肯定　assertion d'sespece

博尔赫斯　Borges

剩余物　reste

语段　syntagmatiquement

系统　systematiquement

互不相容的测试　the test of incompatibilities

属　genus

统领　coiffe

衣装　habillement

阐释　interpreter

具体多样性　diversite concrete

自然本性　naturelle

第八章

扣件　Attache

子类　sous-especes

类项　espece

类别　variete

记忆库　pour memoire

亲近　rapprocher

第九章

对立　oppsitions

聚合关系　paradigme

半开　entrouvert

布罗代尔　Brondal

类项的肯定　assertion d'espece

抽象　abstracto

现实生活　vivo

极度　degre plein

零度　degre zero

人造　artifice

仿制品　simili

伪饰　le jeu

虚假整体中　faux ensemble

存在着标记　marque

中立的　neutre

构形　configuration

何身　fit

型式　forme

贴身　collant

鼓起　bouffant

移动　mouvement

摇摆　bascule

质感　cenesthesie

巴门尼德　Parmenide

柔韧性　souplesse

作用力　force

体积　volume

尺寸　grandeur

这一个　der

这个\那个　dieser/jener

这　ce

附着　attache

第十章

方向性 orientation

意义点 pointe du sens

增殖 multiplication

一次/多次 semel/multiplex

双重组合 bipartisme

作用词 operateur

意义点 pointe du sens

联结的 connectif

连带关系 solidarite

套装 tenue

齐平 au-ras-de, flush with

组合 association

介词 sur

连词 et

管理 regulation

标记 marque

显著的 accuse

内源互动 dose allopathique

强度 intensif

程度变项 variant

第十一章

记忆 memoire

系统产量 rendement systematique

关联特征 trait pertinent

两极对立 oppsitions polai-ros, polar opposition

失范对立 opposition anomi-que

数码主义 digitalisme

理性 raison

差别对立 Daube/Taube

尾端 Rad＝Rat

中性化 neurealisee

首要音素 archi-beaute

首要衣素 archi-vesteme

短裙 jupette

泛义素 pansemique

名祖类项 especes eponymes

第十二章

两件 deux-pieces

价位 valences

语段产量 rendement syntagma-tiqeue

典型组合 associations typiques

基本时装 Mode fondamentale

消殒 en abime

第十三章

同购 isologie

里维埃拉 Riviera

平常单元 unites usuelles

独创单元　unites originales

大溪地　Tahiti

加莱港　Calais

原词　primitifs

莱布尼兹　Leibnitz

索伦森　Sorensen

普列托　Prieto

鲍狄埃　Pottier

格雷马斯　Greimas

牡马　jument

第十四章

组合　combinaison

选言的　disjonctif

主要语素　archi-semanteme

函数　fonciton

函子　fonctifs

见证术语　termes-temoins

第十五章

错误　erreurs

缺陷　fautes, faults

解意指作用　designification

瑞昂莱潘　Juan-les-pins

启示　evocation

游戏　jeu

第十六章

服装诗学　poetique du vetement

理性　raison

分节特征　traits segmentaux

超音段特征　traits suprasegmentaux

形容词性　adjectif

说者群体　mass parlante

第十七章

诗学　poetique

莫内式　Manet

土鲁斯—劳特累克　Toulouse-
Lautrec

爱心　caritatisme

种子　grain

第十八章

博尔贝克　Balbec

原型模式　stereotype

做事　faire, doing

逗留　sejours

丹尼·罗宾　Dany Robin

弗朗索瓦·萨刚　Francoise Sagan

科莱特·迪瓦尔　Colette Duval

阿尔伯特·德·穆恩　Albert de
Mun

图书在版编目(CIP)数据

流行体系/(法)罗兰·巴特(Roland Barthes)著;
敖军译.—3 版.—上海:上海人民出版社,2016
ISBN 978 - 7 - 208 - 13905 - 3

Ⅰ.①流… Ⅱ.①罗… ②敖… Ⅲ.①符号学-应用-
服饰-研究 Ⅳ.①TS941.1

中国版本图书馆 CIP 数据核字(2016)第 142419 号

责任编辑 赵　伟　顾兆敏
封面设计 朱鑫意

流行体系

[法]罗兰·巴特 著　敖军 译

出　　版　上海人民出版社
　　　　　(200001　上海福建中路 193 号)
发　　行　上海人民出版社发行中心
印　　刷　上海商务联西印刷有限公司
开　　本　890×1240　1/32
印　　张　9.75
插　　页　2
字　　数　248,000
版　　次　2016 年 7 月第 3 版
印　　次　2019 年 10 月第 4 次印刷
ISBN 978 - 7 - 208 - 13905 - 3/B·1193
定　　价　48.00 元